U0208603

钢筋混凝土柱-钢梁组合框架结构受力性能与抗震设计方法

门进杰　著

科学出版社
北　京

内 容 简 介

本书是作者近年来对钢筋混凝土柱-钢梁组合框架结构有关受力机理、抗震性能和设计方法研究工作及成果的总结，并对国内外相关研究进行了总结。

全书共9章，主要内容包括绪论，RCS组合节点抗震试验研究，RCS组合节点抗剪承载力计算方法，RCS组合节点恢复力模型研究，RCS空间组合节点抗震性能有限元分析，RCS空间梁、柱组合件抗震性能试验研究，考虑楼板影响的RCS组合框架有效翼缘宽度分析，RCS组合框架结构抗震性能试验研究，RCS组合框架结构抗震设计方法等。此外，还对RCS组合节点的典型构造和作用，以及破坏模式等也做了较深入的阐述和分析。

本书可供结构工程专业的研究人员、工程技术人员和相关院校的师生阅读，也可供相近专业的科技人员参考。

图书在版编目(CIP)数据

钢筋混凝土柱-钢梁组合框架结构受力性能与抗震设计方法 / 门进杰著. —北京：科学出版社，2018.2

ISBN 978-7-03-056581-5

Ⅰ. ①钢… Ⅱ. ①门… Ⅲ. ①钢筋混凝土柱-钢梁-组合结构-受力性能-研究 ②钢筋混凝土柱-钢梁-组合结构-防震设计-研究 Ⅳ. ①TU398

中国版本图书馆CIP数据核字（2018）第029995号

责任编辑：童安齐 陈将浪 / 责任校对：陶丽荣

责任印制：吕春珉 / 封面设计：东方人华设计部

科学出版社 出版

北京东黄城根北街16号

邮政编码：100717

http://www.sciencep.com

三河市骏杰印刷有限公司印刷

科学出版社发行　各地新华书店经销

*

2018年2月第 一 版　开本：B5（720×1000）

2018年2月第一次印刷　印张：12 1/4

字数：250 000

定价：90.00 元

（如有印装质量问题，我社负责调换〈骏杰〉）

销售部电话 010-62136230　编辑部电话 010-62135927-2014

前　　言

我国的城镇建设正处于快速发展期，各种大跨、重载和高层建筑层出不穷，对结构性能的要求也越来越高，在这个大环境下，钢筋混凝土柱-钢梁组合框架结构因为既具有良好的受力性能，又在耐久性、耐火性和建筑使用空间等方面具有明显的优势，所以在我国是一种具有广阔发展前景的高性能结构体系。

本书以前人的研究成果为基础，提出一种新型钢筋混凝土柱-钢梁组合框架结构组合节点及组合框架，从系列节点的地震破坏机理、抗震性能和抗剪承载力计算方法、节点恢复力模型、组合框架的地震破坏机理和抗震性能，以及基于延性破坏、基于性能的抗震设计准则和设计方法等方面，开展了较为系统的研究，并取得了一系列研究成果，可供相关科技人员参考。

感谢国家自然科学基金“钢筋混凝土柱-钢梁组合框架结构抗震性能及其设计理论研究”（项目编号：51008244）、“高层建筑钢管混凝土斜交网格筒混合结构体系地震损伤机制与设计理论研究”（项目编号：51478382）和陕西省 2015 年度留学人员科技活动择优资助项目对作者所进行研究工作的资助；同时，也感谢西部绿色建筑国家重点实验室（西安建筑科技大学），以及教育部创新团队发展计划“现代混凝土结构安全性与耐久性”（项目编号：IRT_17R84）对本书的支持。

感谢西安建筑科技大学史庆轩教授在本书写作过程中的指导；感谢研究生郭智峰、熊礼全、管润润、李慧娟、李鹏、李欢、周婷婷、任如月等，他们对本书个别章节的内容进行了深入研究。

全书共 9 章，由门进杰撰写和统稿。

钢筋混凝土柱-钢梁组合框架结构组合节点连接构造多样，本书只是针对其中一种类型的节点和框架进行研究；此外，由于节点受力的复杂性，并限于作者水平有限，书中难免存在不足之处，恳请广大读者批评指正；同时也欢迎广大读者就书中相关内容和资料进行交流。

作者联系邮箱：jjmen@xauat.edu.cn。

作　者

2017年9月

目　录

第1章　绪　　论

1.1　研究背景和意义

钢-混凝土组合结构是在钢结构和混凝土结构的基础上发展起来的一类重要结构形式，它可以综合两者的各自特点，为结构工程的创新和超高、大跨、重载、复杂结构的设计、施工提供新的选择，并能产生显著的综合效益[1]。我国对组合结构开展系统而深入的研究主要是20世纪80年代以后，至今已取得了较丰富的成果[2~5]。随着建筑材料、设计理论和设计方法的不断发展，“组合结构”的概念已经由构件层次拓展到结构体系的层次。“组合”不仅局限于材料层次上钢与混凝土的组合，近年来，通过对不同结构构件及体系之间的相互组合，形成了一系列新型而高效的结构形式，这有力地促进了高性能结构体系的创新和发展。

钢筋混凝土柱-钢梁组合框架结构（composite frame consisting of reinforced concrete column and steel beam，RCS）充分地利用和发挥了钢与钢筋混凝土构件各自的优点，是一种低成本、高效率的结构形式[6,7]，在美国、日本等发达国家已得到广泛应用，在我国也是一种具有广阔发展前景的新型结构体系。

钢筋混凝土柱-钢梁结构体系是纯钢结构和钢筋混凝土结构的一种继承和发展。一般而言，与纯钢结构相比，钢筋混凝土柱的抗压性能更好，刚度更大，耐久性和耐火性更好，从而可节约钢材，增加结构的稳定性；与钢筋混凝土结构相比，钢梁的抗弯性能更好，质量更小，施工更方便，构件截面尺寸相对较小，从而可以增大有效使用空间，加快施工速度。

20世纪80年代初，美国工程界开始在中高层建筑中采用RCS组合结构[8,9]。如休斯顿市中心的“First City Tower”大厦，共49层，高207m，采用框-筒体系，内筒为组合剪力墙，外框架为RCS组合框架；得克萨斯州的“The Three Houston Center Gulf Tower Building”，共52层，3层以下为钢框架，3层以上为由RCS构成的框架。这两座建筑是按照美国的钢结构和钢筋混凝土结构规范设计的。

20世纪80年代，由于受到相关规范条文的阻碍，日本发展RCS组合结构起步稍晚。到20世纪80年代末，日本学者逐渐认识到RCS组合结构的优越性，并研制开发出能满足钢梁和混凝土柱之间复杂应力传递的梁、柱节点构造，使RCS组合结构在日本逐渐得到重视和发展[10,11]。与美国把RCS组合框架作为高层钢框架的一种延伸不同，日本工程界将RCS组合框架作为低层RC框架的一种变革，用钢梁来取代RC梁。因为能够以较低的成本实现大跨度，所以在商业中心等有大空间要求的多层建筑中常采用 RCS 组合框架结构。

然而，因为 RCS 组合节点具有连接构造多样、节点受力复杂等缺点，所以对其性能尤其是抗震性能的研究远滞后于其工程应用，目前国外仅美国和日本对该种结构形式进行了相对系统的研究；国内对于该种组合结构体系的研究还不完善，现行规范对于这种结构形式节点的设计方法也不明确，而对于 RCS 组合框架整体受力性能和抗震性能的研究更是十分缺乏，目前仅有数量有限的几榀框架的试验研究见于公开报道。基于上述分析，本书针对 RCS 组合节点及组合框架的基本受力性能、抗震性能和设计方法开展系统的研究，既为在我国实际工程中推广应用 RCS 组合框架结构，也为我国有关规范的制定或修订提供基础资料和技术支撑。

1.2 国内外相关研究现状

1.2.1 RCS 组合节点的研究

对于 RCS 组合节点，不同学者提出的节点构造措施是多样的，其连接构造也可简可繁，因此导致 RCS 组合节点的受力十分复杂，受力机理也不尽相同，相应的承载力计算模型和计算思路也不统一。

在美国，RCS 组合框架结构被视为传统的中高层建筑钢结构的一种延伸，它用钢筋混凝土柱来替代钢框架中的钢柱，且在柱的中心设置小截面的用于施工架立的型钢（小截面架立钢柱）；在节点处采用钢梁贯通（through beam）的方式，即钢梁连续穿过钢筋混凝土柱，柱中型钢不进入节点，而是焊接在钢梁的上下翼缘上，如图 1.1 所示。

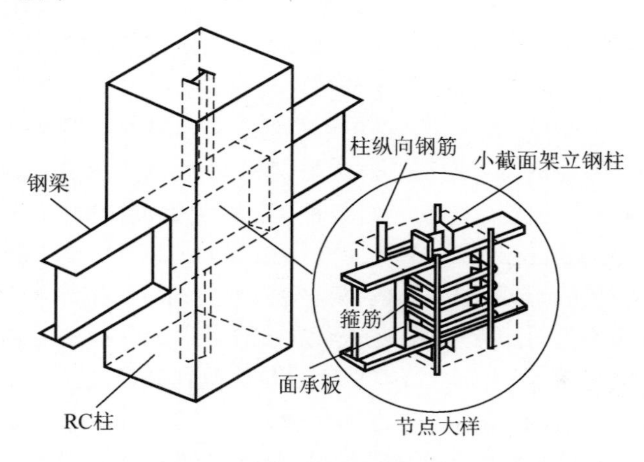

图 1.1 典型的美国 RCS 组合节点

随着RCS组合结构在实际工程中的应用越来越多，美国学者Griffis、Iyengar等深感RCS组合结构的理论研究工作已严重滞后于工程实践，纷纷要求研究RCS组合结构中钢和混凝土之间的相互作用，以及RCS组合框架梁、柱节点的性能[8]。从1985年开始，得克萨斯州立大学的Sheikh、Deierlein等先后进行了15个比例为2∶3的RCS框架梁、柱节点组合体试验，考察了节点组合体试件在静载（7个试件）和低周反复荷载（8个试件）作用下的弹性受力性能[10~12]。研究了节点的破坏形式、抗剪承载力组成和钢梁贯穿型节点的构造措施。这批试验研究的多数结论都在1994年被美国土木工程师协会（ASCE）收录入“RCS框架中间层中节点和中间层边节点设计指南”[13]（以下简称“指南”）。但因为这批试验并未深入研究节点在反复循环荷载作用下的非弹性变形性能，所以“指南”只允许在低烈度和中等烈度地区使用RCS框架结构。

为了在烈度较高的地区推广使用RCS组合框架结构，美国康奈尔大学的Kanno等于1993年起先后进行了11个大比例的组合节点试件抗震性能试验研究[14,15]，深入探讨了RCS框架梁、柱节点的失效模式，包括以下内容：①钢梁弯曲破坏引起节点组合体试件失效；②节点区的破坏引起组合体试件的失效；③梁和节点混合破坏引起组合体试件失效；④节点上下钢筋混凝土柱端出现塑性铰引起节点组合体试件失效。研究结果表明，试件的延性系数为3～4，经过合理设计的RCS组合框架可用于设防烈度较高的地区。

2000年，美国密歇根大学的Parra Montesinos和Weight对9个比例为3∶4的RCS组合框架中间层边节点进行了循环荷载作用下的试验研究[16]，主要研究了节点构造（包括钢梁腹板的U形箍筋，节点区上下的扁钢箍）和改性材料（节点区使用钢纤维混凝土、高强胶凝组合材料）对节点抗震性能的影响。研究表明，构造措施合理的RCS组合框架中间层边节点组合体试件具有较好的延性，可用于高烈度设防地区；扁钢箍、钢纤维混凝土或高强胶凝组合材料可提高节点的抗剪能力，增大延性。2001年，Parra Montesinos和Weight认为这次试验结果和“指南”的计算结果相差较大[17]，提出了新的设计模型，并在此基础上给出了确定中柱节点和边柱节点的抗剪承载力计算公式。

在美国，除了进行RCS平面节点的试验研究外，还进行了一些考虑混凝土板空间作用的RCS节点试验研究。1999年，得克萨斯农业机械大学完成了6个柱贯通型中柱节点试验研究[18]，考虑混凝土板和双向梁系，以研究混凝土板对节点性能的影响。同年，Bracci等通过6个2∶3比例的空间节点（5个中柱节点，1个边柱节点）的拟静力试验，研制出了适用于中低层建筑的三维RCS节点（在节点区设柱面钢板代替箍筋），同时研究了混凝土对节点性能的影响[19,20]。但这种节点仅适用于等高的正交梁系。2004 年，Xuemei 和 Gustavo 等进行了 4 个空间节点试验（2 个中节点，2 个边节点）[21]，试件设计依照“强柱弱梁”的原则，并以变形控制节点破坏。研究内容包括：节点的破坏模式、滞回性能、变形、梁端的转动、节点各组成部分的应变和楼层侧移的组成等。研究表明，两种节点均有良好的滞回性能，中节点的节点变形（节点剪切变形和节点承压变形）约占总侧移变形的 40%。

在日本，对 RCS 组合节点的研究始于一些私人的建筑公司。到 20 世纪末，各建筑公司研制的 RCS 组合结构的梁、柱节点构造技术获准专利并用于实践的已超过 30 余项[22]。日本建筑学会（AIJ）从 1988 年开始在钢骨混凝土结构运营委员会下设置了“组合、混合结构小委员会”，于 1994 年 12 月整理出了“RCS 组合节点设计准则”，将上述梁、柱节点归类总结为 12 种标准类型，包括柱面钢板型、面承板型、扩大的面承板型、内镶或外露横隔板型及局部钢骨混凝土梁型等，典型的日本 RCS 组合节点如图 1.2 所示。日本早期的 RCS 组合框架梁、柱节点通常采用的都是柱贯通型构造方案，这一方案将钢筋混凝土柱的纵向钢筋贯通穿过节点，钢梁采取适当的措施连接于节点上。为了便于柱的纵向钢筋贯穿节点，常要将进入节点范围后的钢梁翼缘切断，而通过较厚的面承板时将翼缘置换成竖直设置的中板，这一节点形式同时兼顾了混凝土的浇捣方便和钢板对核心混凝土的约束效应。但是，这种柱贯通型的方案构造较复杂，施工难度较大。

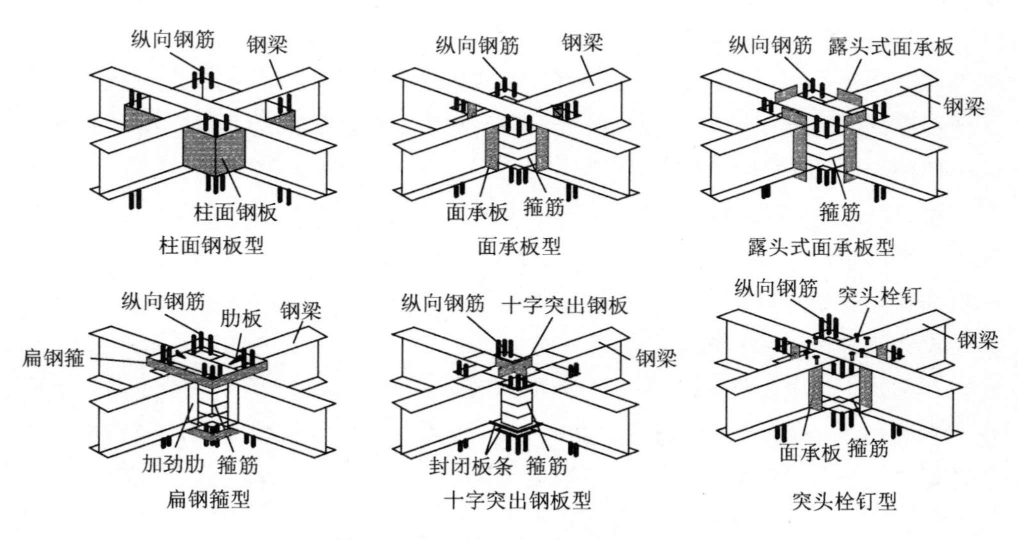

图 1.2 典型的日本 RCS 组合节点

1997 年，日本建筑研究协会和建筑承包商社进行了 10 个柱贯通型平面中节点试验[22]，研究了节点抗剪性能及各种构造（柱面钢板、面承板、横梁、加肋板）的影响。同年，Isao Nishiyama 等做了 4 个三维中节点（3 个柱贯通型节点，1 个梁贯通型节点）双向受力试验[18]，研究表明，在双向受力条件下，空间节点的强度和受力性能与平面节点相差不大，平面节点设计模型对于空间节点仍有效。1998 年，日本建筑承包商协会做了 6 个柱贯通型空间节点试验[19]，结果表明，柱轴力提高了节点的强度和刚度。1997 年，Kim 和 Noguchi 完成了 16 个节点试验[18]，既有柱贯通型节点，也有梁贯通型节点，研究了节点的传力机理并进行了节点应力传递机理的有限元模拟。1998 年，Nishimura 做了 7 个中节点和 5 个辅助构件试验[22]，研究梁贯通型节点的抗剪和承载力机理。2004 年，Hiroshi Kuramoto 和 Isao Nishiyama 进行了 3 个柱贯通型梁、柱节点试验[23]，以研究节点传力机理和抗剪强度。节点区设有柱面钢板、外伸式面承板和水平加劲肋。研究表明，加厚柱面钢板和选择适当的面承板可提高混凝土水平桁架和混凝土斜压杆的抗剪能力，从而提高节点的抗剪承载力及抗震性能。

应该指出的是，虽然美日两国已对 RCS 组合框架梁、柱节点做了不少研究，但因为组合节点本身的复杂性，也还有许多问题有待解决，如对节点受力机理还需要进一步的认识，尤其是不同的构造措施对节点传力机理的影响；美国的 RCS 组合框架的钢梁贯通型方案在顶层的中节点和角节点的处理问题（目前的方法是将这两处处理成铰接）。两国给出的 RCS 组合节点的设计公式都过于保守和离散，与试验结果的误差在 4%～35%[12]。

进入 21 世纪之后，这种新型组合结构形式开始受到世界各国学者的关注，研究的重点包括节点构造[24]、新型节点材料[25]、节点和整体结构的抗震性能分析[26~29]等。

RCS 组合结构在我国的应用和研究都还处于起步阶段，但已引起我国科技工作者的重视。鉴于对 RCS 组合节点的工作性能认识得不够，目前我国仅在一些工业厂房和轻型房屋中采用 RCS 组合结构。如华北电力设计院在 1988 年设计完成的山西神头第二发电厂框架结构厂房，柱子采用现浇钢筋混凝土平腹杆双肢柱，梁为焊接工字型钢梁，节点处采用钢梁通过柱竖肢并采用空腹式角钢辅助桁架加强节点核心区约束作用的刚性连接方案[30]。1999 年，郑州粮油食品工程建筑设计院设计的粮仓-房式仓 CB-30[31]，采用门式刚架，柱子为钢筋混凝土矩形截面柱，梁为焊接工字型钢梁。在我国的民用建筑结构中还没有采用 RCS 组合框架结构的工程实例。因此，为了更好地推广 RCS 组合结构在我国的应用，结合我国的工程实际，对 RCS 组合框架节点、组合框架结构开展抗震性能和设计方法研究，是 21 世纪我国结构工程领域的重要科研问题。

2001 年，杨建江等对 4 个 RCS 框架中节点进行了低周反复试验[32]，研究了节点的强度和变形性能，给出了承载力计算公式。2005 年，肖岩等提出了一种用螺栓端板连接的 RCS 组合节点构造，并对两组足尺节点试件进行了低周反复试验[33]。结果表明，两组试件均具有较高的承载能力，良好的延性和耗能能力。2005 年，易勇和崔佳对 3 个梁贯通型 RCS 组合框架中间层中节点试件进行了低周反复试验[34]，分析了不同节点构造和轴压比对节点抗震性能的影响，给出了节点受剪承载力建议计算式。2008 年，戴绍斌等对 3 个柱贯通型 RCS 节点进行了低周反复试验和有限元分析[35]，研究不同节点构造对节点抗震性能的影响。结果表明，设置小型钢柱并在节点核心区内配置箍筋的节点具有较高的承载力和良好的耗能性能。2012 年，郭子雄[36,37]、刘阳[36]等提出了一种装配式 RCS 节点，并研究了节点连接构造的受力性能和抗震性能。

1.2.2　RCS 组合框架结构的研究

2000 年，在日本大阪技术学院[18]完成了一榀缩尺比为 1∶3 的两层两跨 RCS 框架试验，该榀框架采用梁贯通型节点，节点构造措施采用的是面承板，在试件顶层施加低周反复水平荷载。试件设计时梁端塑性承载力和节点抗剪承载力相接近，以研究框架和节点的相互作用，柱端施加恒定轴压力使轴压比稳定在 0.2，柱端名义抗弯强度是梁端的 1.24 倍，以期望实现“强柱弱梁”破坏机制；但试验过程中该榀框架并没有发生“强柱弱梁”破坏机制，其主要破坏机制是节点钢梁腹板发生剪切屈服和柱端形成塑性铰。图 1.3 是该试验的试验试件，图 1.4 与图 1.5 是该试验的破坏过程与滞回曲线，结果表明，即便是发生普通混凝土框架不能接受的节点剪切破坏和柱端塑性铰破坏，RCS 组合框架结构的滞回性能依然良好，具有很高的延性和耗能能力；同时，该次试验也存在不足，即没能实现“强柱弱梁”破坏机制。

2002 年，中美两国学者[38]对一个平面足尺的 3 层 3 跨 RCS 组合框架进行了反复荷载与地震波的加载试验，该榀框架的钢梁是根据 AISC-LRFD Specification（1999）设计的，钢筋混凝土柱是依据 ACI-318（2002）的“强柱弱梁”设计的，柱端名义弯矩之和大于梁端的 1.2 倍，楼板及其他常规抗震措施依据 IBC（ICC 2000）的最低标准设计。此次试验主要是为了验证 RCS 组合框架是否可以运用于高设防烈度地区，以及对已有的 RCS 混合结构规范条文的合理性进行验证。试验结果表明，该榀 RCS 组合框架在不同受力阶段的位移值完全符合“小震不坏、中震可修、大震不倒”的要求，但是对于“强柱弱梁”的设计准则，试验过程中梁端和柱端均出现了塑性铰，并没有完全实现“强柱弱梁”。图 1.6 是框架试件图片，图 1.7 是框架破坏部分图片。

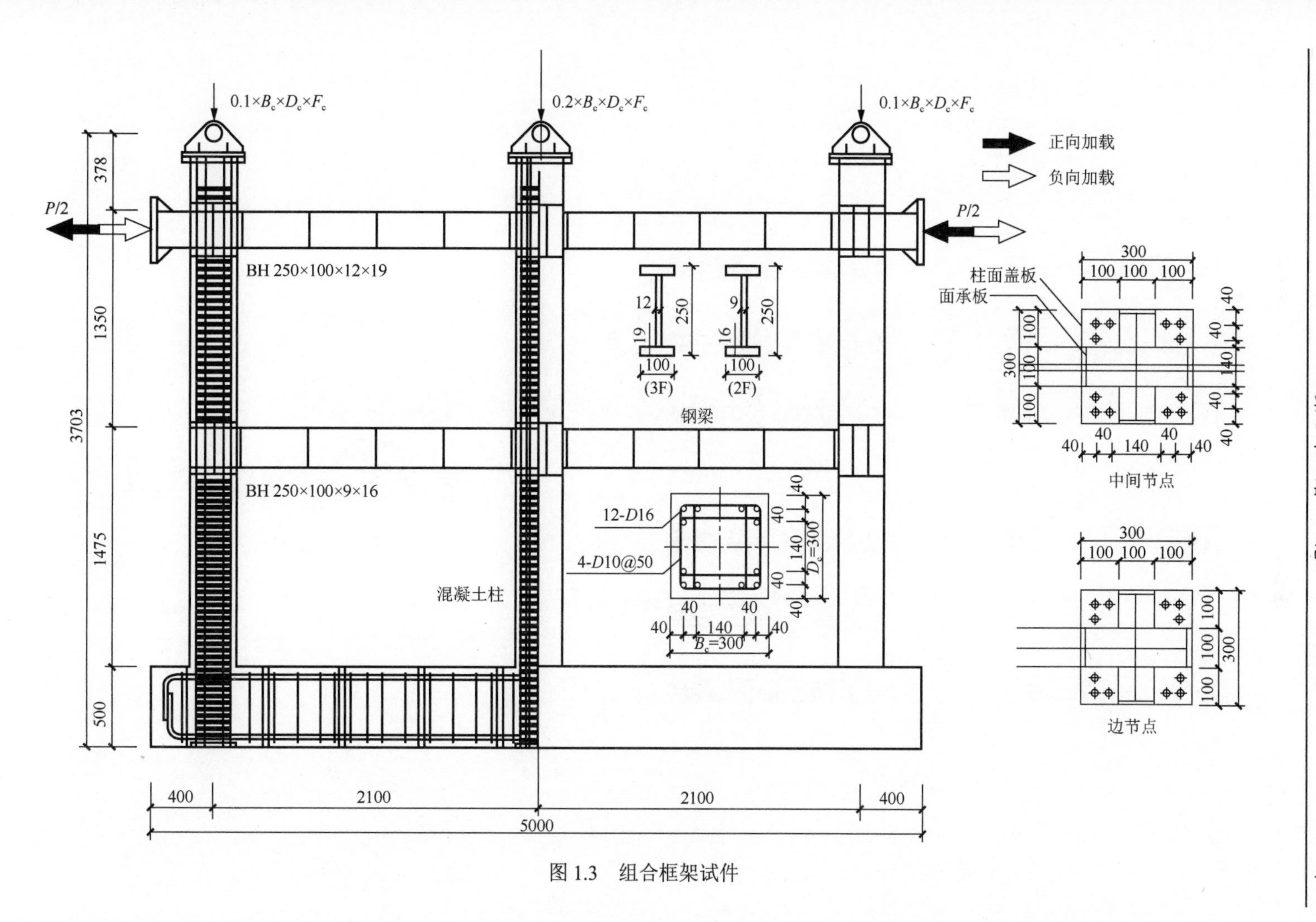

$0.1\times B_c\times D_c\times F_c$
$0.2\times B_c\times D_c\times F_c$
$0.1\times B_c\times D_c\times F_c$
正向加载
负向加载
P/2
P/2
BH 250×100×12×19
BH 250×100×9×16
(3F)
(2F)
钢梁
混凝土柱
12-D16
4-D10@50
D_c=300
B_c=300
柱面盖板
面承板
中间节点
边节点
378
1350
1475
500
3703
400
2100
2100
400
5000

图1.3 组合框架试件

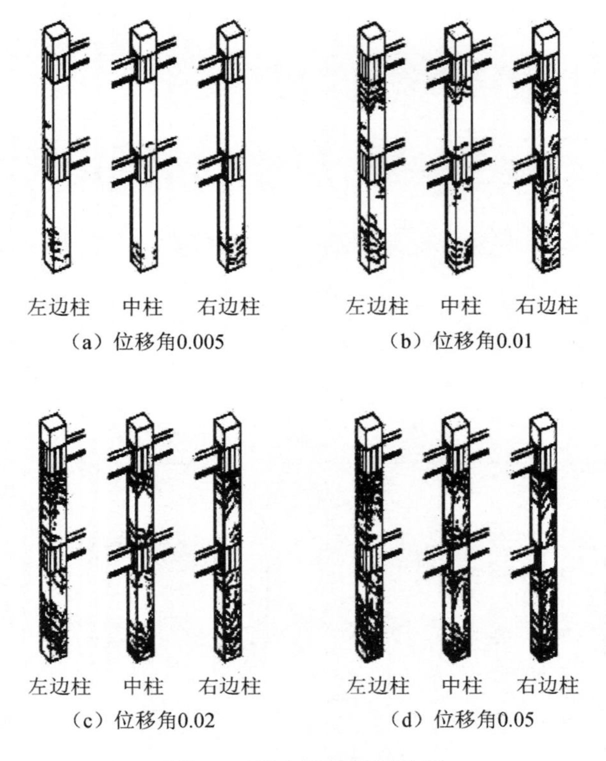

图 1.4　组合框架破坏过程

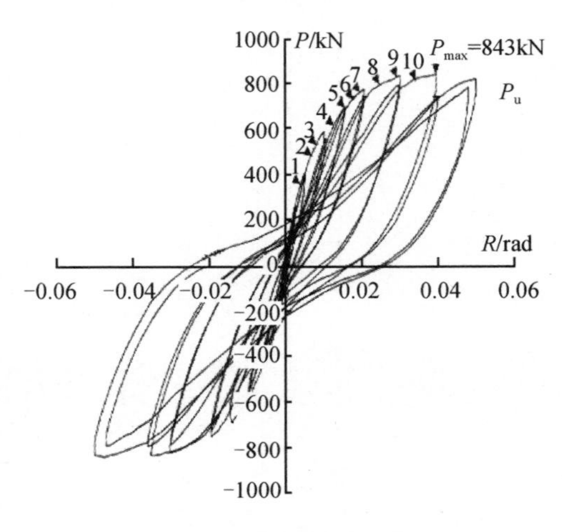

图 1.5　组合框架滞回曲线

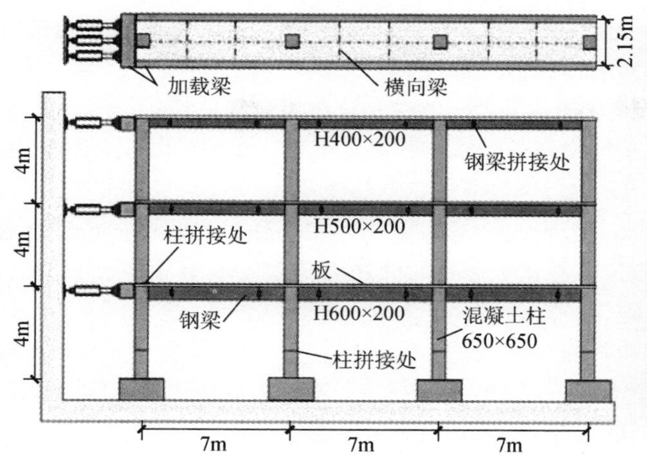

图 1.6 框架试件图片

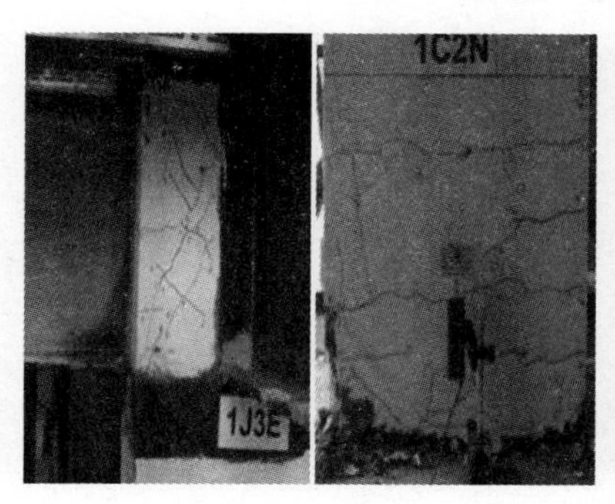

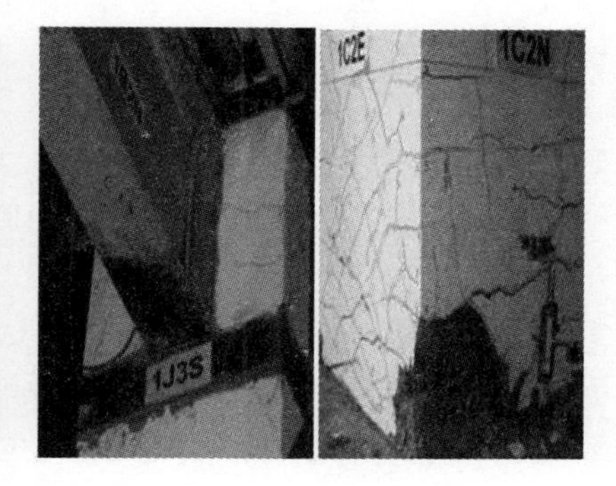

图 1.7 框架破坏部分图片

此外，日本学者 Yamamoto 等[39]也制作了一榀足尺 3 层 2 跨的 RCS 组合框架（层高 2.8m，跨度 5.5m），并进行了低周反复加载试验，研究了其弹塑性性能。研究表明，该框架结构具有良好的延性性能，结构破坏时梁端和一层柱底出现了塑性铰。

1.3 本书的主要工作

本书针对作者提出的一种新型 RCS 组合节点及组合框架，从系列节点的地震破坏机制和抗震性能、抗剪机理和抗剪承载力计算方法、节点恢复力模型、RCS 组合框架的地震破坏机制和抗震性能，以及基于延性破坏的抗震设计准则和设计方法等方面，开展了较为系统的研究，主要内容如下：

第 2 章基于现有 RCS 组合结构在节点构造方面存在的不足，提出了一种钢梁腹板贯通、翼缘部分切除的 RCS 组合节点。通过低周反复加载试验，研究 6 种不同构造措施的RCS组合节点的破坏过程、破坏模式、承载力和变形性能，为揭示RCS组合节点的破坏机制及承载力公式的建立提供数据。

第3章基于RCS组合节点的受力机理，总结并分析不同构造措施对节点抗剪承载力的贡献，进而对已有承载力计算公式进行系统分析，并结合试验结果提出改进公式。

第4章总结并分析不同类型节点的恢复力模型，并在第2章试验研究的基础上，对RCS组合节点的恢复力特性进行分析，并建立其恢复力模型，为RCS组合节点的弹塑性分析提供基础资料。

第5章基于有限元建模和参数分析，探讨RCS空间组合节点的传力机理和承载力，并对基于RCS平面组合节点的承载力公式进行改进，以适用于空间组合节点的计算，并为后续空间组合节点的试验研究提供计算依据。

第6章综合考虑柱、梁抗弯承载力比，楼板宽度两个主要因素，对RCS空间梁、柱组合体试件进行试验研究，重点分析这两个因素对RCS梁、柱组合件地震破坏机制的影响，为其有效翼缘宽度的计算和“强柱弱梁”破坏机制的实现条件提供基础数据。

第7章主要以梁跨度、板宽度等作为参数，通过有限元分析和理论推导，结合试验研究结果，提出考虑楼板影响的RCS组合构件的有效翼缘宽度计算公式，并用于框架结构的刚度计算。

第8章基于前几章的研究成果，针对RCS组合平面框架进行低周反复加载试验，研究其破坏过程、破坏模式、承载能力和耗能能力等。除了验证前面章节所提的节点承载力计算方法、有效翼缘宽度建议之外，还可以为RCS组合框架结构基于“强柱弱梁”破坏模式、基于性能的抗震设计方法等提供数据支撑。

第9章通过有限元分析，结合相关试验研究结果，探讨RCS组合框架结构“强柱弱梁”破坏机制的实现条件，提出其性能水平、性能目标和量化指标，分别建立RCS组合框架结构基于“强柱弱梁”破坏机制的抗震设计方法及基于性能的抗震设计方法。

参 考 文 献

[1] 聂建国，等．抗拔不抗剪连接新技术及其应用[J]．土木工程学报，2015，48(4)：7-14．

[2] 赵鸿铁．钢与混凝土组合结构[M]．北京：科学出版社，2001．

[3] 钟善桐．钢管混凝土结构[M]．北京：清华大学出版社，2003．

[4] 韩林海，杨有福．现代钢管混凝土结构技术[M]．北京：中国建筑工业出版社，2004．

[5] 聂建国，刘明，叶列平．钢-混凝土组合结构[M]．北京：中国建筑工业出版社，2005．

[6] ISAO NISHIYAMA，HIROSHI KURAMOTO，HIROSHI NOGUCHI．Guidelines：Seismic design of composite reinforced concrete and steel buildings[J]．Journal of Structural Engineering，2004，130(2)：336-342．

[7] 李侥婷，李国强．组合节点端板连接节点高温性能的研究现状与前景[J]．结构工程师，2008，24(1)：82-87．

[8] GRIFFIS L G. Some design considerations for composite frames structures[J]. AISC Engineering Journal，1986，23(2) ：59-64.

[9] SHIEKH T M. Moment connections between steel beams and concrete columns[D]. Austin：The University of Texas，1987.

[10] SHEIKH T M，DEIERLEIN G G，YURA J A，et al. Beam-column moment connections for composite frames：Part 1[J]. Journal of Structural Engineering，1989，115(11)：2858-2875.

[11] DEIERLEIN G G，SHEIKH T M，YURA J A，et al. Beam-column moment connections for composite frames：Part 2[J]. Journal of Structural Engineering，1989，115(11) ：2877-2896.

[12] DEIERLEIN G G. Design of moment connections for composite framed structures[D]. Austin：The University of Texas，1988.

[13] American Society of Civil Engineers. Guidelines for design of joints between steel beam and reinforced concrete columns[J]. Journal of Structural Engineering，1994，120(8)：2330-2357.

[14] KANNO R. Strength，Deformation and seismic resistance of joints between steel beams and reinforced concrete columns[D]. Ithaca，N Y：Cornell University，1993.

[15] KANNO R，Deierlein G G. Seismic behavior of composite (RCS) beam-column joint subassemblies[J]. American Society of Civil Engineers，1996：236-249.

[16] PARRA MONTESIONS G，WEIGHT J K. Seismic response of exterior RC columns-to-steel beam connections[J]. Journal of Structural Engineering，2000，126(10)：1113-1121.

[17] PARRA MONTESINOS G，WEIGHT J K. Modeling shear behavior of hybrid RCS beam-column connections[J]. Journal of Structural Engineering，2001，127 (1)：3-11.

[18] DEIERLEIN G G，HIROSHI NOGUCHI. Research on RC/SRC column systems[C]. 12WCEE，Auckland：1AEE，2000.

[19] MIEHAEL N BUGEJA，JOSEPH M BRACCI，WALTER P MOORE JR. Seismic behavior of composite RCS frame systems[J]. Journal of Structural Engineering，2000，126(4) ：429-435.

[20] XUEMEI，GUSTAVO J，PARRA-MONIESINOS. Seismic behavior of reinforced concrete column-steel beam subassemblies and frame systems[J]. Journal of Structural Engineering，2004，130(2) ：310-319.

[21] AIJ Composite RCS Structure Sub-Committee. AIJ design guidelines for composite RCS joints[S]. Tokyo：Architectural Institute of Japan，1994.

[22] DEIERLEIN G G，HIROSHI NOGUCHI. Overview of U.S. -Japan research on seismic design of composite reinforced concrete and steel moment frame[J]. Journal of Structural Engineering，2004，130 (2) ：361-367.

[23] HIROSHI KURAMOTO，ISAO NISHIYAMA. Seismic performance and stress transferring mechanism of through-column-type joints for composite reinforced concrete and steel frames[J]. Journal of Structural Engineering，2004，130(2)：352-360.

[24] KADARNINGSIH R，SATYARNO I，MUSLIKH，et al. Analysis and design of reinforced concrete beam-column joint using king cross steel profile[J]. Procedia Engineering，2017，171：948-956.

[25] ALIZADEH S，ATTARI N K A，KAZEMI M T. Experimental investigation of RCS connections performance using self-consolidated concrete[J]. Journal of Constructional Steel Research，2015，114：204-216.

[26] ASL M H H，CHENAGLOU M R，ABEDI K，et al. 3D finite element modelling of composite connection of RCS frame subjected to cyclic loading[J]. Steel & Composite Structures，2013，15(3)：281-298.

[27] AZAR B F，GHAFFARZADEH H，TALEBIAN N. Seismic performance of composite RCS special moment frames[J]. Ksce Journal of Civil Engineering，2013，17(2)：450-457.

[28] CHEN X. Research on design and ANSYS of joints between steel beams and reinforced concrete columns[J]. Applied Mechanics & Materials，2015，744-746：244-247.

[29] WANG K，XU S Y，LUO H H. Nonlinear analysis of shear performance for joint of steel reinforced concrete beam and angle-steel concrete column[J]. Applied Mechanics & Materials，2013，256-259：674-679.

[30] 白国良，姜维山，赵鸿铁. 钢梁-钢筋混凝土柱组合结构厂房的动力性能实测[J]. 工业建筑，1996，26(4):

21-26.

[31] 刘存中，刘凯，李作正. 钢梁-钢筋混凝土柱组合门式刚架房式仓的设计计算分析[J]. 郑州粮食学院学报，1999，20(3)：54-56.

[32] 杨建江，郝志军. 钢梁-钢筋混凝土柱节点在低周反复荷载作用下受力性能的试验研究[J]. 建筑结构，2001，31(7) ：35-38.

[33] 李贤，肖岩，毛炜烽，等. 钢筋混凝土柱-钢梁节点的抗震性能研究[J]. 湖南大学学报(自然科学版)，2007，34(2)：1-5.

[34] 易勇. 钢梁-钢筋混凝土柱组合框架中间层中节点抗震性能试验研究[D]. 重庆：重庆大学，2005.

[35] 黄俊，徐礼华，戴绍斌. 混凝土柱-钢梁边节点的拟静力试验研究[J]. 地震工程与工程振动，2008，28(2)：59-63.

[36] 刘阳，郭子雄，戴镜洲，等. 不同破坏机制的装配式 RCS 框架节点抗震性能试验研究[J]. 土木工程学报，2013，46(03)：18-28.

[37] 郭子雄，朱奇云，刘阳，等. 装配式钢筋混凝土柱-钢梁框架节点抗震性能试验研究[J]. 建筑结构学报，2012，33(07)：98-105.

[38] CHEN C H. Pseudo-dynamic test of full-scale RCS frame：part 1-design，construction and testing[C]. Proceedings of 13th World Conference on Earthquake Engineering，Vancouver：Structures，2003：107-118.

[39] YAMAMOTO T，OHTAKI T，OZAWA J. An experiment on elasto-plastic behavior of a full-scale three-story two-bay composite frame structure consisting of reinforced concrete columns and steel beams[J]. Journal of Architecture & Building Science，2000，6(10)：111-116.

第 2 章　RCS 组合节点抗震试验研究

目前，RCS 组合节点的构造方式主要有两类，一类是钢梁贯通式，即钢梁连续穿过钢筋混凝土柱，这类节点虽然保证了钢梁的连续性，但会增加钢梁与柱连接处的局部承压要求；此外，在进行具体的构造连接时，往往需要在钢梁的上下翼缘钻孔，以使柱中的纵筋穿过，这增加了现场施工的难度。另一类是柱贯通式，即钢筋混凝土柱贯通穿过节点，这类节点需要把钢梁完全切断，并采取适当的措施连接于节点上，这种连接构造措施相对复杂，施工难度较大。基于上述背景，本书提出一种新型 RCS 组合节点，以期改善节点受力性能和施工性不能兼顾的问题，并通过试验研究探讨其抗震性能和破坏机制。

2.1　节点形式的提出

本章提出了一种钢梁腹板贯通、翼缘部分切除的 RCS 组合节点，如图 2.1 所示，为该系列节点的基本构造形式。该新型节点的特点为：与一般的梁贯通型和柱贯通型 RCS 节点相比，梁、柱的主要组成部分都是连续的，既保证了构件传力的有效性，又在一定程度上避免了在梁翼缘上穿孔或钢梁与节点连接焊缝的失效。此外，翼缘部分切除后，还有利于混凝土的浇筑，保证了节点核心区的整体性。

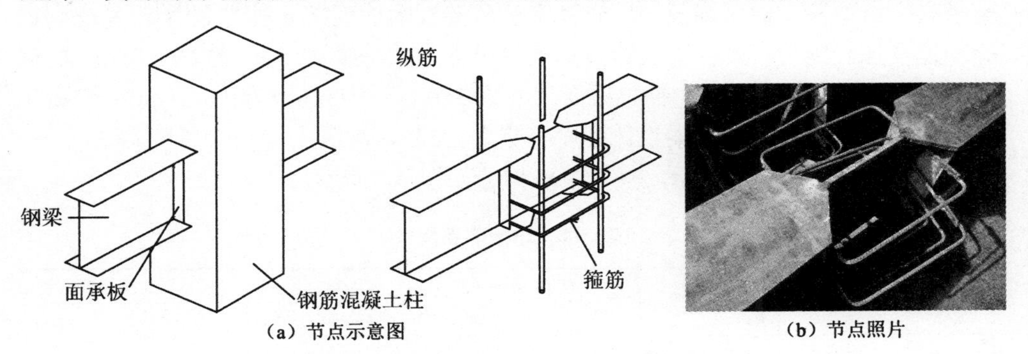

图 2.1　翼缘切除型 RCS 组合节点的基本构造形式

在节点基本构造形式的基础上，可在节点核心区增设扩展面承板、扁钢箍、柱面钢板、X 交叉钢筋等构造措施，以满足不同的需求，如图 2.2 所示。

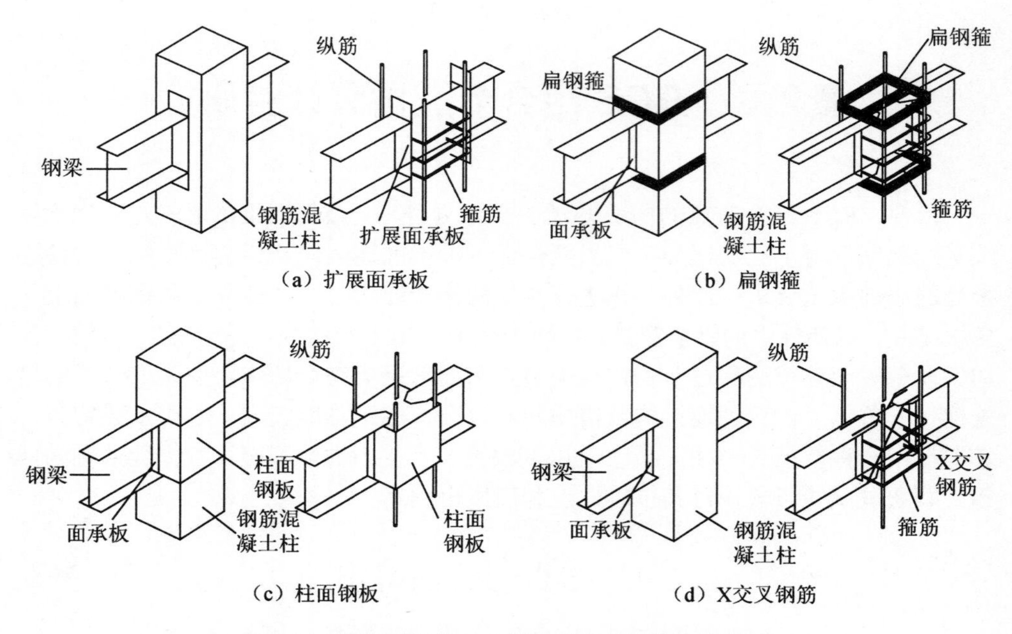

（a）扩展面承板　　（b）扁钢箍

（c）柱面钢板　　（d）X交叉钢筋

图 2.2　翼缘切除型 RCS 组合节点的可选构造形式

2.2　试件设计与制作

本书列出了 6 个 RCS 组合节点，根据节点核心区的构成特点分为面承板、正交短梁、扁钢箍、柱面钢板、X 交叉钢筋和端板螺栓连接 6 种类型[1,2]。考虑到试验场地及加载能力，最后选取的节点模型尺寸为梁跨度 2.25m，柱高 2.55m；柱截面尺寸为 350mm×350mm，钢梁截面尺寸为 350mm×175mm×7mm×11mm；混凝土设计强度等级为 C40，钢梁设计强度等级为 Q235，混凝土保护层厚度为 25mm。详细节点尺寸见表 2.1 所示，具体节点构造如图 2.3 所示。

表 2.1　详细节点尺寸

<table>
<tr><th rowspan="2">试件编号</th><th rowspan="2">节点名称</th><th rowspan="2">主要构造措施</th><th rowspan="2">节点核心区配筋</th><th colspan="2">RC 柱配筋</th><th>钢梁截面尺寸</th></tr>
<tr><th>纵筋</th><th>箍筋</th><th>(h×b×t_w×t_f) /mm</th></tr>
<tr><td>RCSJ1</td><td>面承板</td><td>面承板</td><td rowspan="3">Φ8@60</td><td rowspan="6">12Φ20</td><td rowspan="6">Φ8@100/200</td><td rowspan="6">350×175×7×11</td></tr>
<tr><td>RCSJ2</td><td>正交短梁</td><td>正交短梁+面承板</td></tr>
<tr><td>RCSJ3</td><td>扁钢箍</td><td>扁钢箍+面承板</td></tr>
<tr><td>RCSJ4</td><td>柱面钢板</td><td>柱面钢板+面承板</td><td>—</td></tr>
<tr><td>RCSJ5</td><td>X 交叉钢筋</td><td>X 交叉钢筋+面承板</td><td>Φ8@60+2Φ12</td></tr>
<tr><td>RCSJ6</td><td>端板螺栓</td><td>扩展面承板+端板+螺栓</td><td>Φ8@60</td></tr>
</table>

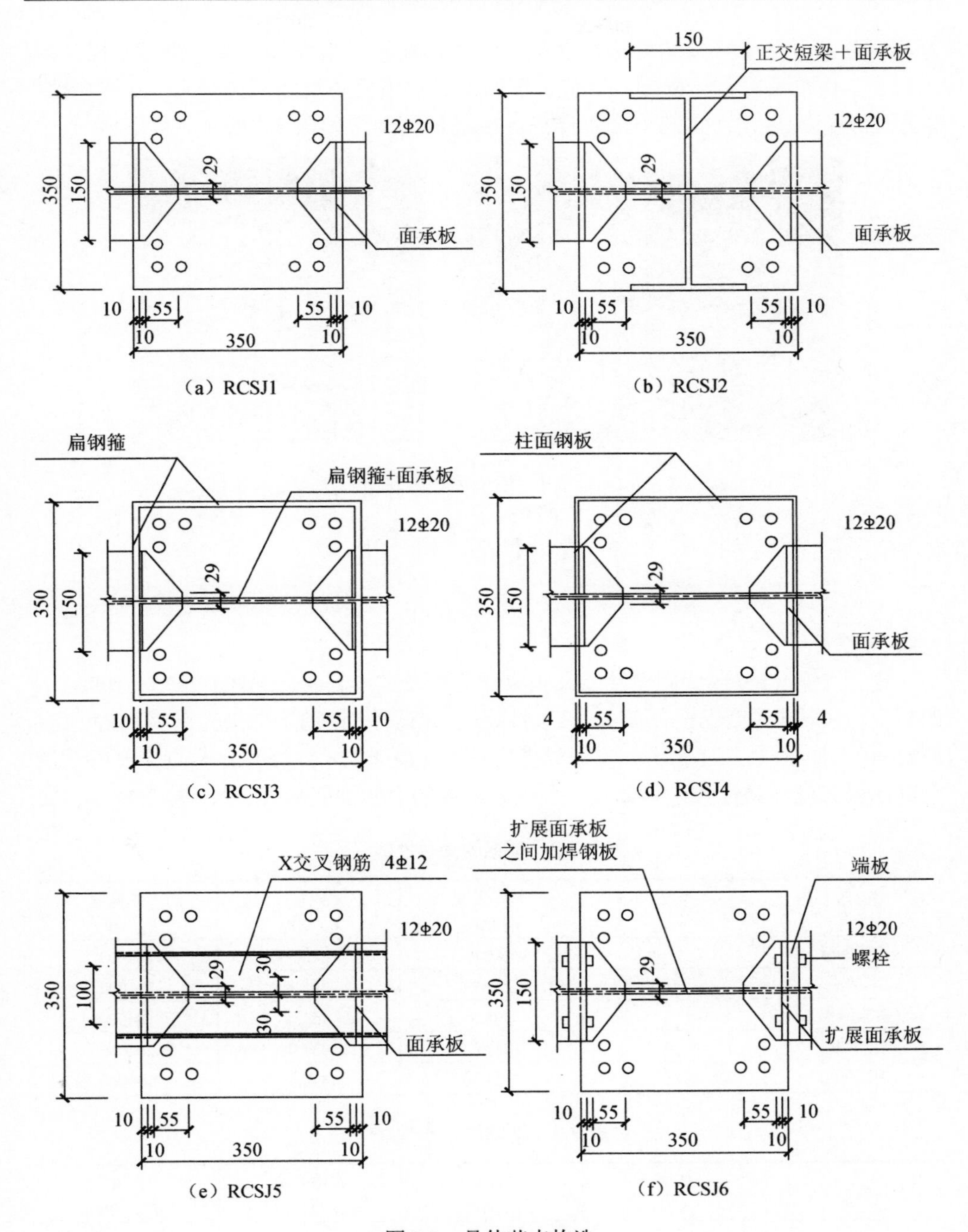

（a）RCSJ1

（b）RCSJ2

（c）RCSJ3

（d）RCSJ4

（e）RCSJ5

（f）RCSJ6

图 2.3　具体节点构造

RCS 组合节点中的钢梁采用热轧型钢，在节点核心区部分切除钢梁翼缘，再焊接各种构件。除 RCSJ4 节点外，在其余节点核心区的钢腹板上打孔，配置 U 形箍筋并焊接在一起。在钢梁加工完成之后，再将纵筋、箍筋和钢梁按设计方案贴好应变片，并包上环氧树脂进行保护。绑扎钢筋笼，搭好脚手架，将骨架搭在脚手架上，调平后将钢梁固定。所有试件均采用木模板浇筑商品混凝土，立式振捣。混凝土浇筑完后，在常温下浇水养护。现场试件制作如图 2.4 所示。

图 2.4　现场试件制作

2.3　材 料 性 能

1. 型钢与钢筋

根据《钢及钢产品　力学性能试验取样位置及试样制备》(GB/T 2975—1998) [3] 的规定，对不同厚度钢板各加工了三组标准拉伸试件，钢筋采用热轧钢筋。按照《金属材料　拉伸试验　第 1 部分：室温试验方法》(GB/T 228.1—2010) [4]规定的方法测量其屈服强度、弹性模量等参数。型钢与钢筋的力学性能见表 2.2、表 2.3。

表 2.2　型钢的力学性能

类别	厚度/mm	屈服强度 f_y / MPa	极限强度 f_u / MPa	弹性模量 E_s / MPa
柱面钢板	4	289.8	396.5	184000
扁钢箍	6	358.2	445.2	211000
钢梁腹板	7	308.5	455.0	184000
面承板	10	317.0	437.0	202000
钢梁翼缘	11	287.7	448.4	199000

表 2.3　钢筋的力学性能

类别	直径/mm	屈服强度 f_y / MPa	极限强度 f_u / MPa	弹性模量 E_s / MPa
Φ8	8	500.0	685.0	205000
Φ12	12	395.0	575.0	197000
Φ20	20	330.0	540.0	203000

2. 混凝土

试件浇筑的同时，预留 150mm×150mm×150mm 标准立方体试块 6 组，同条件养护，依据《普通混凝土力学性能试验方法标准》（GB/T 50081—2002）[5]，测得混凝土立方体抗压强度平均值为 58MPa，试验时混凝土立方体抗压强度平均值为 64.47MPa。

2.4　试验加载装置和测试方案

2.4.1　试验加载装置

本次试验采用柱端反复加载方式测试 RCS 组合节点的抗震性能。试验时，先在柱顶施加轴压力 N_0 并保持稳定，然后安装钢梁梁铰装置，最后在加载端通过 MTS 伺服加载系统施加低周反复加载。试验装置如图 2.5 所示。

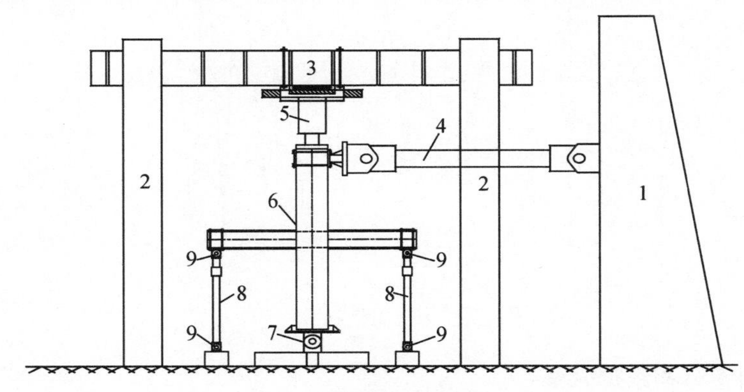

（a）试验装置示意

（b）试验现场

图 2.5　试验装置

1—反力墙　2—门式刚架　3—反力梁　4—作动器　5—千斤顶　6—试件
7—柱铰装置　8—传感器　9—梁铰装置

2.4.2　加载制度

根据《建筑抗震试验规程》(JGJ/T 101—2015)的建议[6]，采用如下加载制度：试件屈服前采用荷载控制加载，按照 10kN、20kN、30kN…进行加载；试件屈服后，采用位移控制加载，按照 $1\Delta_y$、$2\Delta_y$、$3\Delta_y$…进行加载。每级循环 3 圈，当试件加载到峰值状态后每级循环 1 圈，当荷载降低到峰值荷载的 85%以下时或达到装置最大位移时停止加载，加载制度如图 2.6 所示。正式加载前，试件先要进行物理对中和几何对中。试验开始时，先取 $0.4N_0$～$0.6N_0$（N_0 为试验时加载在柱顶的轴力）加卸载一次，以消除装置初始缺陷的影响，再加载至 N_0 并保持轴力恒定，然后在柱端按照加载制度施加水平反复荷载。

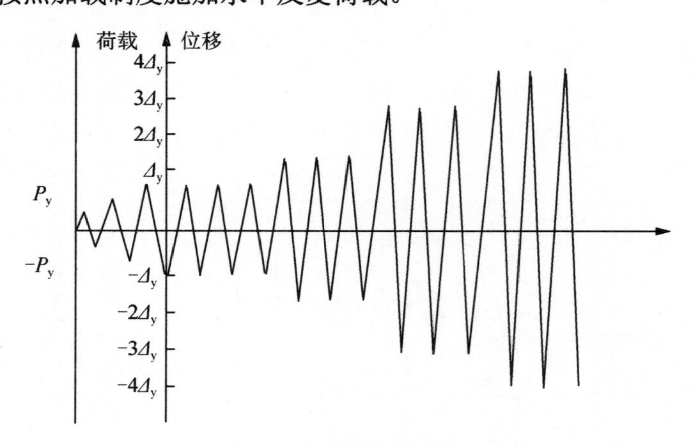

图 2.6　加载制度

2.4.3　量测内容和数据采集

节点试验的主要量测内容有：柱顶水平荷载和位移、梁端荷载、节点核心区剪切变形，以及钢梁、纵筋及节点核心区腹板的应变发展，图 2.7 和图 2.8 给出了位移计和应变片布置示意图。具体测试方案如下：

1）柱顶水平荷载由 MTS 加载系统自动采集，柱顶水平位移用位移计 1 测量。

2）在钢筋混凝土柱内，柱塑性铰区的纵筋及箍筋上布置应变片，用以测量柱纵筋及箍筋的应变发展。

3）钢梁两端的梁端反力，通过在刚性支杆中部连接的荷载传感器测得。

4）在钢梁端部布置位移计 6、7 和 8，用以测量梁端水平位移和竖直位移。

5）在钢梁塑性铰区，钢梁翼缘及腹板上布置应变片，用以分析钢梁截面的应变发展。

6）节点核心区布置位移计 2、3、4 和 5，用以测量节点核心区沿对角线方向的变形。

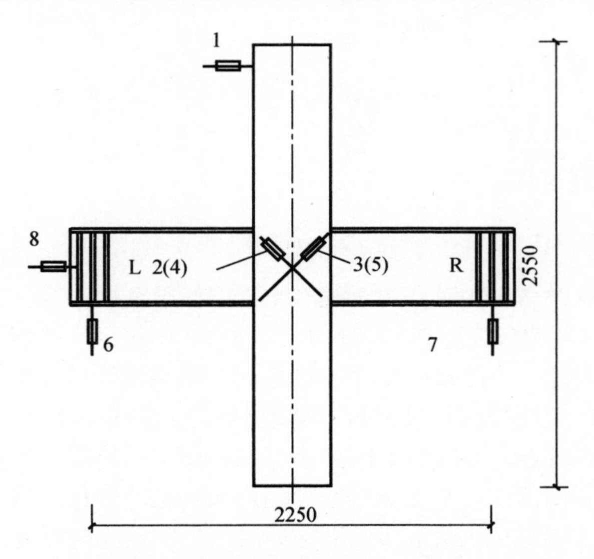

图 2.7　RCS 组合节点位移计布置示意

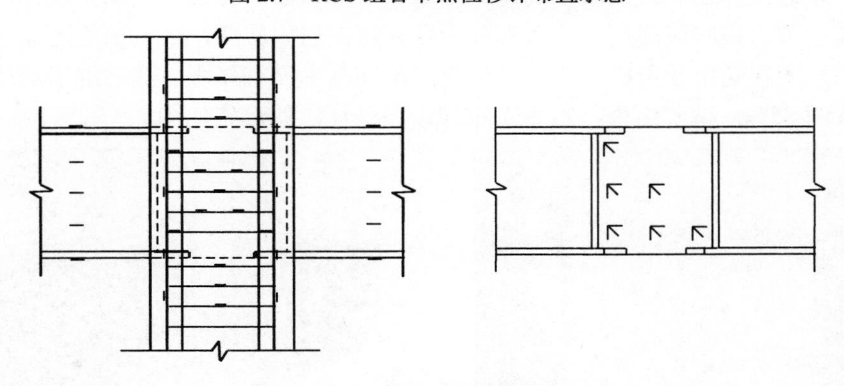

图 2.8　节点应变片布置示意

7）在节点核心区内的钢梁翼缘之上布置应变片，用以测量节点核心区内翼缘的应变发展；在节点核心区内的钢梁腹板上布置应变花，用以测量钢梁腹板的剪切应变发展情况。

8）在节点核心区的箍筋上布置应变片或应变花，用以测量节点核心区箍筋的应变发展。

9）在节点核心区的各剪切件上布置应变片或应变花，用以测定剪切件的应变发展。

试件的水平荷载由 MTS 加载系统自动进行采集；试件的应变、位移和梁端反力等数据由 TDS-602 数据自动采集系统进行采集，并在试验过程中对钢筋混凝土柱、钢梁，以及节点核心区的变形和应变进行实时监测。

2.5　试验破坏过程及破坏形式

2.5.1　试验破坏过程

1. 试件 RCSJ1

当荷载加载到-80kN 时，由于混凝土强度低于钢梁强度，下柱端西侧受钢梁压力产生裂缝。当荷载施加到 120kN 时，下柱端东侧混凝土受压产生沿 45° 方向斜向下发展的裂缝。当荷载施加到 140kN 时，钢梁翼缘对混凝土柱的压力增大，裂缝继续沿 45° 方向发展。此时，钢梁翼缘测点的最大应变未达到屈服应变，为-906με；节点核心区腹板的主拉应变为 2247με，已屈服；节点核心区箍筋最大应变为 903με，尚未屈服；柱子纵筋应变为最大，达到 391με。在位移加载到 28mm 时，节点核心区南面左边从下往上沿保护层产生一条竖向裂缝。随着荷载的继续增加，裂缝继续发展。当加载到 46mm 时，节点核心区内部靠近面承板的混凝土被压碎，节点核心区腹板上的大部分应变花超出屈服应变，节点核心区靠近柱端箍筋的应变花超出屈服应变，其余位置的箍筋基本没有屈服。随后继续加载到峰值荷载的 85%，试验结束。RCSJ1 试件最终破坏时的形式如图 2.9 所示。

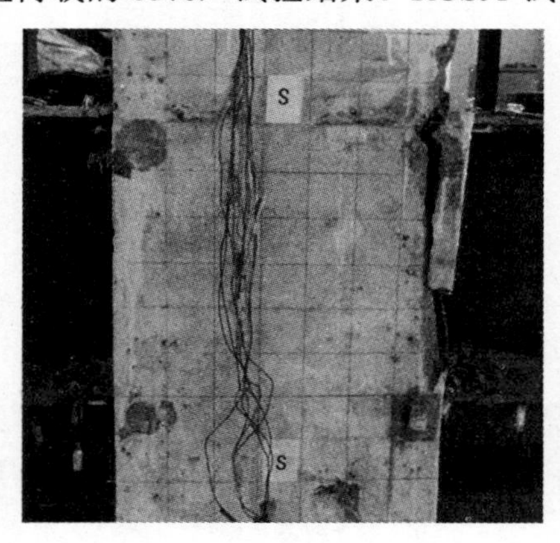

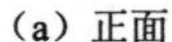
(a) 正面

(b) 侧面

图 2.9　RCSJ1 试件最终破坏时的形式

2. 试件 RCSJ2

当水平荷载加载到 120kN 时，由于混凝土强度低于钢梁强度，下柱柱端东西两侧受钢梁压力均产生裂缝。当荷载施加到 130kN，钢梁翼缘对混凝土柱的压力增大，局部压裂缝继续沿 45° 方向对称发展。此时，钢梁翼缘测点测得的最大应变为-1241με，未达到屈服应变；节点核心区腹板的主拉应变为 2351με，已屈服；

节点核心区箍筋的最大应变的 283με，尚未屈服；柱子纵筋的应变为 358με，达到最大。此后，以位移控制继续加载。在以位移加载 33mm 时，节点核心区的局部受压裂缝进一步发展；当位移加载到 40mm 时，节点核心区的角部产生竖向裂缝及斜向裂缝；当位移加载到 47mm 时，节点核心区的 4 个角部均产生斜向裂缝；当位移加载到 54mm 时，节点核心区内部靠近面承板的混凝土产生向内部发展的裂缝，这与 RCSJ1 的现象类似。随着加载继续增加，节点核心区的 4 个角部斜向裂缝继续增加。随后继续加载到峰值荷载的 85%，试验结束。RCSJ2 试件最终破坏时的形式如图 2.10 所示。

（a）正面

（b）侧面

图 2.10　RCSJ2 试件最终破坏时的形式

3. 试件 RCSJ3

当荷载施加到-90kN 时，节点核心区腹板的最大应变为 2718με，其余应变尚未屈服；当荷载施加到 150kN 时，由于扁钢箍的存在，节点混凝土受钢梁压力出现两条裂缝。钢筋混凝土柱纵筋的最大应变为 515με，钢梁外边缘的应变为-1643με。当位移施加到 35mm 时，节点核心区产生第一条裂缝，钢梁外边缘最大应变为-1286με，箍筋最大应变为 1278με。在位移施加到 43mm 时，下柱柱端西侧混凝土受压出现多条裂缝，且保护层薄薄地鼓起一块。在位移施加到-59mm 时，北面节点核心区的对角线斜裂缝进一步扩展，下柱柱端西侧扁钢箍把混凝土保护层压碎，并脱落一整块，且扁钢箍受到挤压变形，扁钢箍的最大应变为 2351με。在位移施加到-66mm 时，西侧下部扁钢箍变形严重，扁钢箍与钢梁的焊接处被拉裂，裂缝长度为 5mm。此后，试件强度开始退化，但承载力退化缓慢。当位移施加到 120mm 左右时，试验结束。RCSJ3 试件最终破坏时的形式如图 2.11 所示。

（a）正面

（b）侧面

图 2.11　RCSJ3 试件最终破坏时的形式

4. 试件 RCSJ4

当荷载加载到 80kN 时，下柱柱端东侧承受钢梁压力产生第一条局部受压裂缝。当荷载施加到 130kN 时，下柱柱端东侧由于钢梁的压力，梁上下均产生局部受压裂缝，且沿 45° 方向继续发展。此时，钢梁翼缘的最大应变未达到屈服应变，为-941με；节点核心区腹板的主拉应变为 2709με，已屈服；节点核心区柱面钢板的最大应变为-255με，尚未屈服。此后，以位移控制继续加载。位移施加到 30mm 时，由于柱面钢板的作用，柱端混凝土角部受压产生裂缝；位移施加到 61mm 时，柱端角部混凝土受压局部脱落。位移施加到 68mm 时，原有裂缝继续发展，东西面的柱面钢板节点核心区混凝土被拉开，柱面钢板屈服变形；南北面的柱面钢板未屈服，随后继续加载到峰值荷载的 85%，试验结束。RCSJ4 试件最终破坏时的形式如图 2.12 所示。

（a）正面

（b）侧面

图 2.12　RCSJ4 试件最终破坏时的形式

5. 试件 RCSJ5

试件 RCSJ5 的裂缝发展过程与试件 RCSJ1 基本相似。当荷载加载到 90kN 时，节点核心区东南角部的钢梁下翼缘与钢筋混凝土柱的结合处产生一条水平裂缝。当荷载施加到−130kN 时，节点区的南面产生第一条对角斜裂缝。此时，柱纵筋的最大应变为 456με，节点核心区腹板的最大应变为 2325με；箍筋的最大应变为 279με，X 交叉钢筋的最大应变为−214με，仍在弹性状态；钢梁的最大应变为−1433με。当荷载施加到 160kN 时，节点核心区的角部沿保护层产生竖向裂缝。当位移加载至 33mm 时，节点核心区斜裂缝增多，并且节点核心区沿保护层的裂缝进一步发展，裂缝增长、增宽。当位移加载到 47mm 时，钢梁上下混凝土被压裂，裂缝呈“X”形。X 交叉钢筋与钢梁焊缝连接良好。RCSJ5 试件最终破坏时的形式如图 2.13 所示。

（a）正面

（b）侧面

图 2.13　RCSJ5 试件最终破坏时的形式

6. 试件 RCSJ6

当加载到−90kN 时，柱端局部受压，裂缝出现。当加载到−130kN 时，北面柱端出现一条斜裂缝（由东向西沿 45° 方向，此时钢梁翼缘出现最大应变，为−905με；节点核心区腹板的主拉应变为 4010με，其余均未屈服；节点核心区箍筋的最大应变为−204με；柱端箍筋的最大应变为−156με。当荷载施加到 170kN 时，北面下柱柱端出现另一方向的斜裂缝，由西向东沿 45° 方向）。之后，用位移控制加载，当加载到 36mm 时，南面节点区的下柱柱端产生一条斜裂缝，并且节点核心区出现斜裂缝；节点区南北两面出现沿保护层的裂缝。当加载到 44mm 时，南面上柱的端部产生一条从西向东沿 45° 方向斜向上发展的斜裂缝，南面节点核心区的斜裂缝发生扩展。当加载到−48mm 时，下柱柱端西面由于面承板的压力，混凝土保护层局部鼓起，东梁端板和面承板之间的受拉裂缝明显增大；南北两面节点区裂缝数量增多，裂缝进一步扩展，柱端裂缝不再明显扩展。当加载到 73mm 时，东面梁的上端板也发生弯曲。RCSJ6 试件最终破坏时的形式如图 2.14 所示。

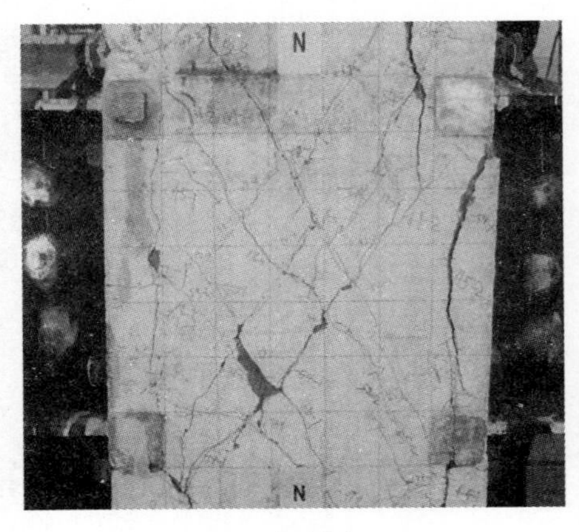

（a）正面

（b）侧面

图 2.14　RCSJ6 试件最终破坏时的形式

2.5.2　破坏形式

RCS 组合节点核心区常见的破坏形式分为局压破坏、剪切破坏和承压破坏三种，本书中的 RCS 组合节点主要发生局压破坏和剪切破坏。为了详细分析 RCS 组合节点的破坏机制，首先分析 RCS 组合节点裂缝的发展规律。将 RCS 组合节点破坏区域分为以下三个部分：节点核心区外混凝土、节点核心区内混凝土和节点核心区外混凝土，如图 2.15 所示。

RCS 组合节点破坏时主要产生以下裂缝（图 2.16）：

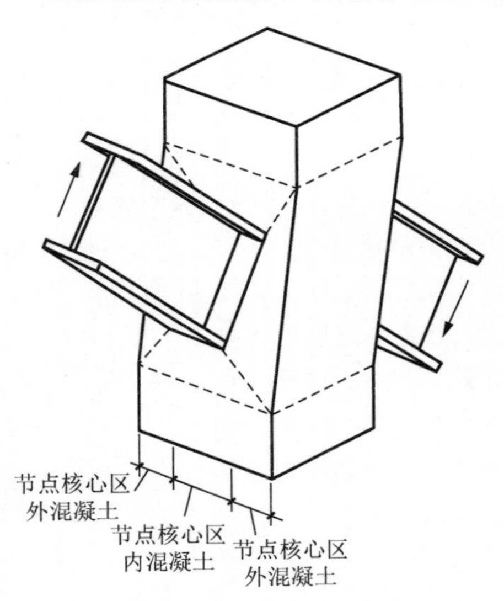

图 2.15　RCS 组合节点破坏区域

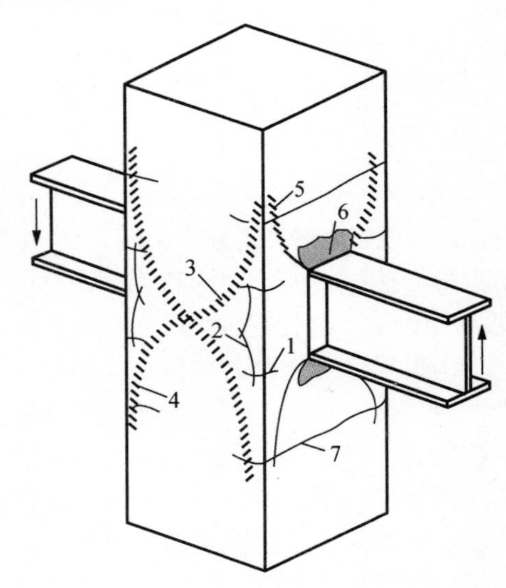

图 2.16　典型裂缝模式

1）裂缝 1：节点核心区上下的混凝土柱角部在受力初期产生少量的水平裂缝，该裂缝产生的主要原因可能是混凝土的收缩。这些裂缝对节点的力学性能影响很小，与节点破坏形式无关。

2）裂缝 2：节点核心区沿柱纵向钢筋处混凝土产生竖向裂缝，当节点发生中等程度破坏时，裂缝 2 的产生同时伴随裂缝 3 和裂缝 4 的产生，该裂缝的产生有可能是因为纵向钢筋与混凝土之间发生黏结破坏。

3）裂缝 3：由于节点核心区发生剪切变形，产生对角斜裂缝。该裂缝的产生与节点的破坏形式和节点的构造形式有很大关系，剪切裂缝的宽度和数量与节点的损伤程度有直接的关系。

4）裂缝 4：当节点发生中等到严重程度的破坏时，会产生斜向裂缝 4，裂缝 4 是在裂缝 3 的基础上延伸发展而成的。裂缝 4 产生的同时裂缝 5 也产生，裂缝 1、4、5 容易导致角部混凝土的三角形开裂。

5）裂缝 5：在受到轻微到中等程度破坏时，柱端混凝土由于受到钢梁的压力，在钢梁的角部容易产生斜向裂缝，且与节点破坏形式无关。

6）裂缝 6：由于承受钢梁的压力，柱端混凝土被压碎，该种破坏与节点破坏形式无关，局压破坏、剪切破坏和承压破坏均有局部压碎现象。当节点发生承压破坏时，钢梁与混凝土之间会产生较大间隙，且承压破坏较为明显[7]。

7）裂缝 7：混凝土柱产生少量水平弯曲裂缝，主要发生在受荷初期，它的产生可能是因为箍筋与混凝土之间作用产生，且与节点破坏形式无关。

本试验中，试件 RCSJ1、RCSJ2 和 RCSJ4 发生局压破坏。局压破坏试件的主要破坏特征是钢梁翼缘之间的内部混凝土局部受压破坏，而未全部破坏；节点核心区外混凝土无裂缝或少量沿柱的保护层竖向裂缝；柱端混凝土发生轻微局压破坏。其主要原因是节点核心区由于翼缘部分切除较多，钢梁与混凝土之间锚固措施不足，当梁端弯矩较大时，钢梁翼缘尚未屈服，节点核心区内翼缘削弱处的钢梁截面开始屈服，梁端荷载无法正常传递，造成节点核心区内混凝土局部受压破坏，节点核心区未见明显剪切变形。局压破坏形态如图 2.17（a）所示。

试件 RCSJ3、RCSJ5 和 RCSJ6 发生剪切破坏。剪切破坏试件的主要破坏特征为节点核心区内混凝土发生剪切破坏；节点核心区外混凝土也发生剪切破坏，由于构造措施不同，节点核心区外混凝土剪切破坏的程度也不同，且伴有竖向沿保护层的裂缝；柱端混凝土发生中等程度的局压破坏。其主要原因是节点核心区由于钢梁翼缘补强后，节点可以正常传力，随着梁端弯矩的增大，节点核心区钢腹板屈服，节点核心区内混凝土发生剪切破坏；当节点核心区无扁钢箍或扩展面承板时，节点核心区外混凝土斜裂缝较少；当有以上两种构造时，节点核心区外混凝土斜裂缝发展较充分，节点核心区有明显的剪切变形。剪切破坏形态如图 2.17（b）所示。

RCS 组合节点核心区还有一种破坏形式——承压破坏，本书试验中没有该种破坏形式。与以上两种破坏形式不同，其主要特点是节点核心区钢梁翼缘与腹板均未屈服，随着荷载的增大，柱端混凝土被压碎，且钢梁发生刚体转动，钢梁和钢筋混凝土柱之间会产生一定的压碎和间隙，节点核心区未见明显剪切变形。承压破坏形态如图 2.17（c）所示。

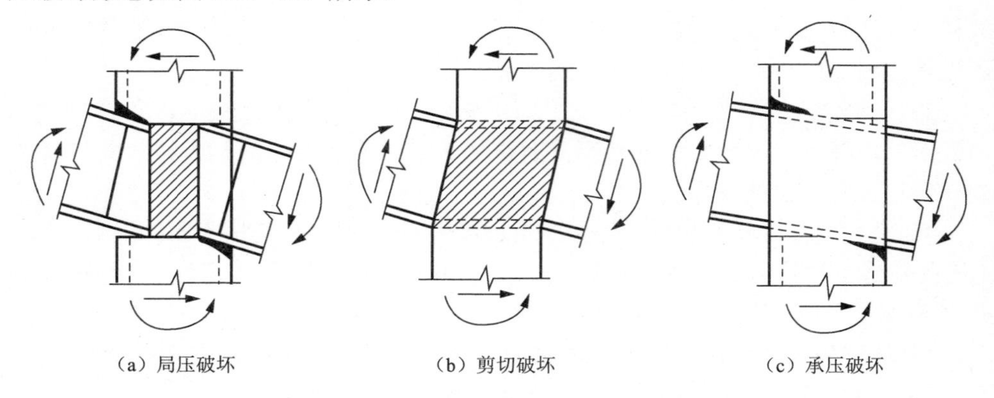

（a）局压破坏　（b）剪切破坏　（c）承压破坏

图 2.17　RCS 节点核心区典型破坏形态

2.6　试验结果与分析

2.6.1　滞回曲线

滞回曲线是试件在反复荷载作用下反应的综合体现，对分析试件的抗震性能具有重要的意义。

试件的荷载-位移滞回曲线（P-Δ曲线）如图 2.18 所示，根据节点破坏形式不同，分成以下两类：

1）局压破坏试件 RCSJ1、RCSJ2 和 RCSJ4 的滞回曲线形状基本相同，如图 2.18（a、b、d）所示。由图可知，前期节点核心区的钢腹板与混凝土共同作用，随着荷载的增加；后期节点核心区的钢腹板与混凝土开始滑移，并且钢梁翼缘削弱处首先屈服，节点核心区内混凝土局部开始压碎，柱端混凝土保护层部分开裂脱落。此时，钢梁无法继续传力，但钢梁腹板继续发挥作用，所以滞回曲线较饱满。

2）剪切破坏试件 RCSJ3、RCSJ5 和 RCSJ6 的滞回曲线形状基本相同，如图 2.18（c、e、f）所示。由图可知，主要原因是不同构造措施的增加，弥补了因为节点核心区型钢梁翼缘部分切除而形成的传力缺陷，使得节点抗剪承载力提高。试件 RCSJ3 滞回曲线的卸载刚度明显较试件 RCSJ5 和 RCSJ6 要高，这和节点核心区的构造有关系，说明适当的构造可以改变试件的耗能能力。

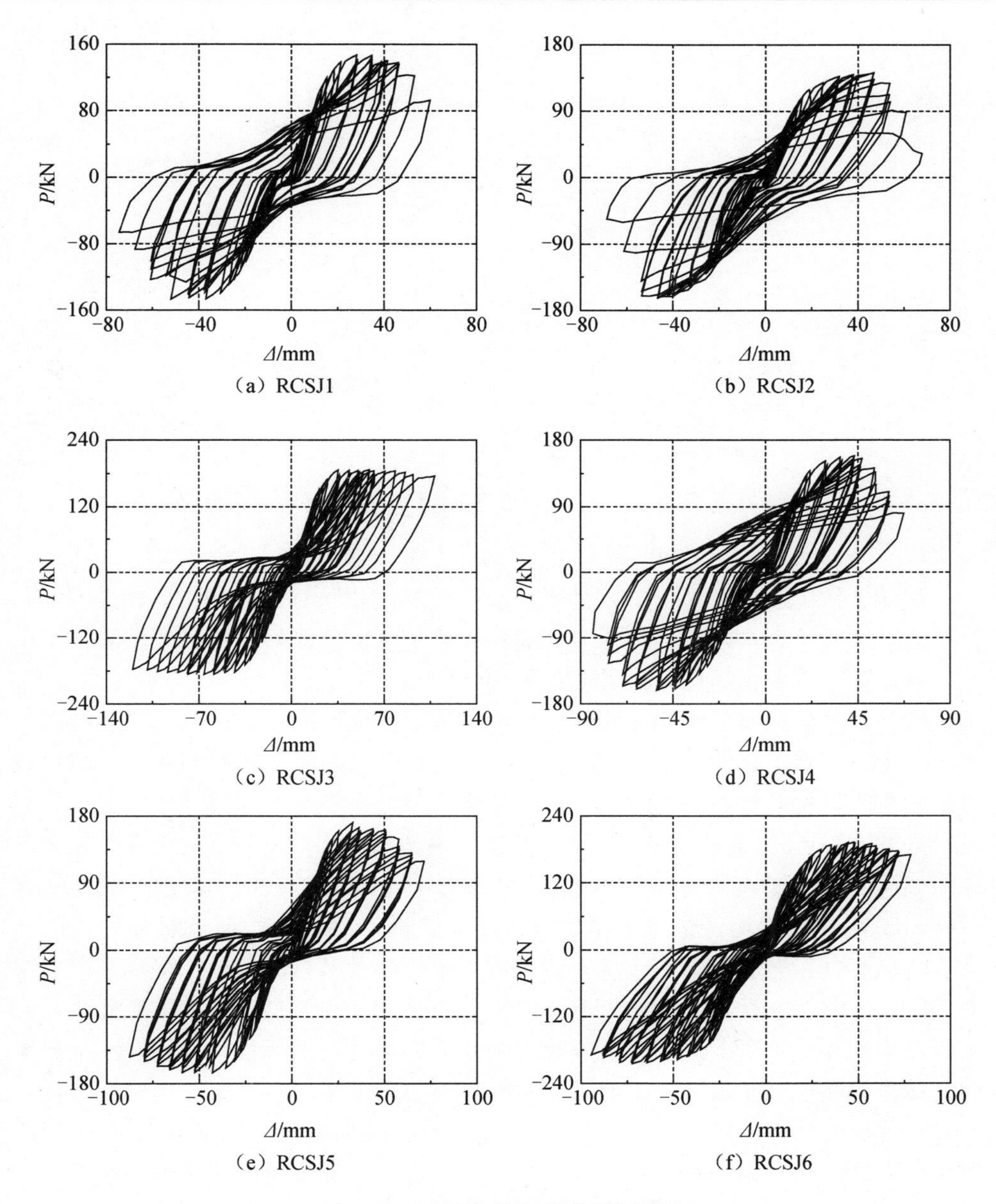

（a）RCSJ1　（b）RCSJ2

（c）RCSJ3　（d）RCSJ4

（e）RCSJ5　（f）RCSJ6

图 2.18　试件的荷载-位移滞回曲线

2.6.2　骨架曲线

采用通用屈服弯矩法[8]确定曲线的屈服点时，对应的荷载为 P_y，对应的位移为 Δ_y，P-Δ 曲线上的峰值点对应的荷载和位移分别为 P_{max} 和 Δ_{max}，试件的峰值点取 P_{max} 的 85%作为极限荷载 P_u，对应的位移为极限位移 Δ_u。

将 RCS 组合节点 P-Δ 曲线中各级别滞回环的峰值点相连，即得到其 P-Δ 关系的骨架曲线，骨架曲线可以反映出试件承载力和位移的大致关系，如图 2.19 所示。

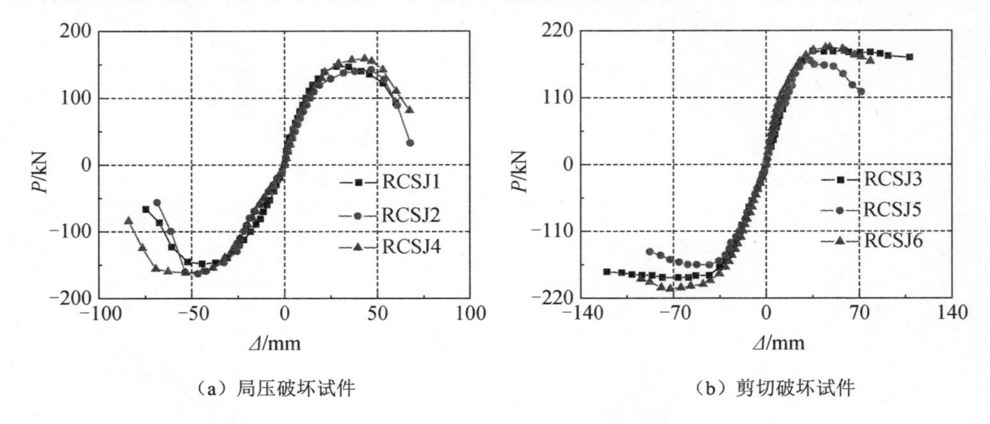

（a）局压破坏试件　　　　（b）剪切破坏试件

图 2.19　RCS 组合节点 P-Δ 骨架曲线

从图 2.19（a）可以看出，局压破坏试件的曲线趋势基本相同，承载力也基本相同，RCSJ4 承载力略高。局压破坏试件在达到峰值荷载后，承载力下降很快，主要原因是节点发生局压破坏后，节点核心区无法正常传力，节点的承载力较低，延性较差。另外，试件负向位移较正向位移大，主要原因有：试件钢梁与混凝土产生一定的滑移；试验装置中梁端传感器与过渡件之间有一定的间隙，正向加载时影响不大，负向加载时会造成一定的滑移；节点损伤不对称。

从图 2.19（b）可以看出，剪切破坏试件由于构造不同，节点的承载力和变形性能也不同。剪切破坏的试件 RCSJ3、RCSJ5 和 RCSJ6，它们的曲线正负向较为对称，说明这三种构造情况下钢梁与混凝土之间滑移减少，节点整体性增强。RCSJ3 试件的承载力无明显下降，说明扁钢箍改善了节点的延性，提高了节点抗剪承载力；RCSJ5 试件的承载力下降较快，主要原因是 X 交叉钢筋配置较少，但承载力和延性均有所改善。RCSJ6 试件的承载力最高，下降段较为缓慢，主要原因是较厚的端板和扩展面承板使更多的混凝土参与抗剪。

表 2.4 为 RCS 组合节点承载力，可以看出：试件 RCSJ1 与试件 RCSJ2 的承载力大小基本相同，但试件 RCSJ2 到达峰值荷载时的位移较试件 RCSJ1 要高，表明正交短梁的存在对节点的承载力影响较小而对变形的影响较大。与试件 RCSJ1 相比，试件 RCSJ3 的承载力和变形能力均显著提高，表明扁钢箍的存在，可以有效地约束节点核心区，使得节点整体性良好，增加了外部混凝土的贡献，从而提高了承载力和变形能力。试件 RCSJ4 的承载力比试件 RCSJ1 要高，变形能力也有提高，说明柱面钢板参与抗剪提高了节点抗剪承载力。对试件 RCSJ5 来说，X 交叉钢筋增强了节点核心区对角方向的拉力，从而提高了节点抗剪承载力。试件

RCSJ6 的扩展面承板和较厚的端板约束了节点核心区混凝土，使得外部混凝土更好地参与抗剪，与试件 RCSJ1 相比，试件的正向加载承载力得到较大提高，变形能力也提高明显。

表 2.4　RCS 组合节点承载力

试件编号	加载	屈服点		峰值点		破坏点		μ
		P_y/kN	Δ_y/mm	P_{max}/kN	Δ_{max}/mm	P_u/kN	Δ_u/mm	
RCSJ1	推	84.93	15.50	147.28	28.12	125.18	51.85	5.68
	拉	−61.27	−21.29	−148.20	−44.20	125.97	−59.73	6.25
RCSJ2	推	86.12	19.74	142.26	46.82	120.92	55.17	4.94
	拉	−79.53	−27.61	−163.15	−46.60	−138.65	−56.14	2.97
RCSJ3	推	115.28	25.10	186.53	58.78	175.80	108.41	6.69
	拉	−106.94	−33.60	−186.38	−66.32	−176.82	−119.98	6.42
RCSJ4	推	111.55	22.15	158.83	43.34	133.42	54.91	3.48
	拉	−83.83	−33.23	−161.68	−53.16	137.43	−73.09	4.03
RCSJ5	推	104.14	23.08	171.13	32.98	145.46	58.61	4.15
	拉	−98.48	−29.46	−165.46	−43.00	−143.81	−87.64	5.31
RCSJ6	推	139.06	24.02	192.51	47.82	169.83	78.40	4.55
	拉	−126.35	−33.24	−204.76	−72.30	−188.71	−94.46	4.62

2.6.3　节点层间位移延性

延性是指结构或构件在破坏之前，在其承载力无显著降低的条件下经受非弹性变形的能力，也就是在外荷载作用下，其变形超过屈服，结构或构件进入塑性阶段后，在外荷载持续作用下，变形继续增长，而结构不致破坏的性能。在结构抗震设计中，延性指标是一个重要的特性，通常用延性系数来表示。位移延性系数 μ 反映的是构件的延性宏观反应[9]。μ 的定义为

$$\mu=\frac{\Delta_u}{\Delta_y} \tag{2-1}$$

由表 2.4 可以看出，本次试验中试件 RCSJ3 的节点位移延性系数 μ 最大，RCSJ1 试件为局压破坏，屈服位移较小。RCSJ2 试件正负向位移延性系数相差较大，主要原因是 RCSJ2 试件正负向位移发展不同，负向位移发展较大（可能是因为试件加工的初始缺陷、负向破坏程度较正向严重，以及试验装置本身缺陷等原因造成负向位移较大、位移延性系数较小）。RCSJ4 试件的位移延性系数略小，主要是因为节点核心区无箍筋，钢梁翼缘在节点核心区被部分切除，造成 RCSJ4 节点延性较差。总体上，剪切破坏试件比局压破坏试件位移延性系数要大，此外节点构造形式对其位移延性系数影响也较大。

2.6.4 应变分析

本小节通过 RCS 组合节点上布置的应变片测得的数据和前文所述的试验现象及结果，综合分析节点试验结果。

1. 钢梁应变

在各个 RCS 组合节点的钢梁上下翼缘处布置应变片，以监测钢梁上的应变发展。图 2.20 和图 2.21 分别为局压破坏试件 RCSJ1 和剪切破坏试件 RCSJ6 的梁端反力与钢梁翼缘应变的关系，从图中可以看出，钢梁在整个试验过程中基本保持在弹性范围之内，应变未达到屈服应变，梁端未形成塑性铰。

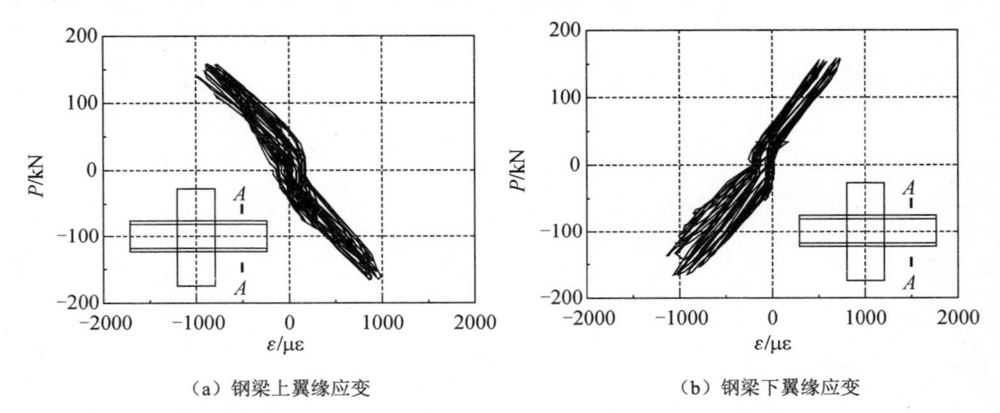

（a）钢梁上翼缘应变　　（b）钢梁下翼缘应变

图 2.20　局压破坏试件梁端反力与钢梁翼缘应变的关系（RCSJ1）

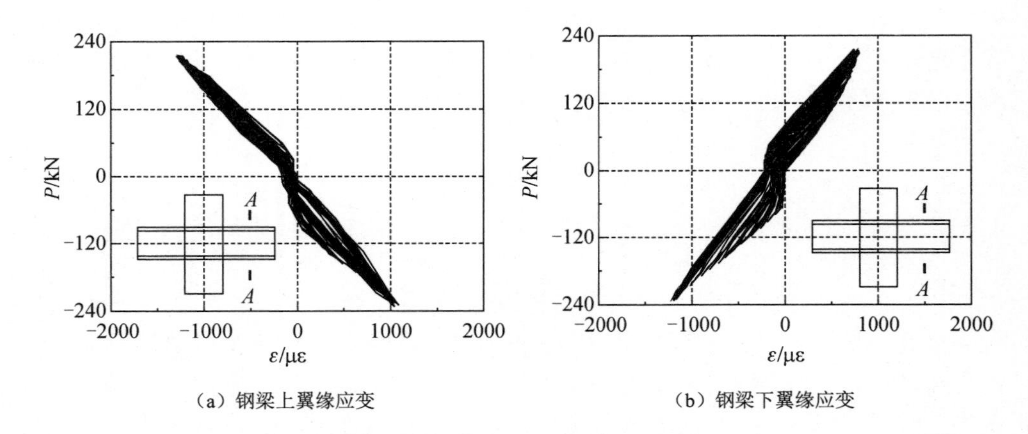

（a）钢梁上翼缘应变　　（b）钢梁下翼缘应变

图 2.21　剪切破坏试件梁端反力与钢梁翼缘应变的关系（RCSJ6）

2. 柱纵向钢筋

图 2.22 和图 2.23 为 RCS 组合节点不同破坏形式下钢筋混凝土柱柱端纵筋的应变发展。从图中可以看出，局压破坏试件的柱端纵筋应变基本处于弹性阶段，且应变发展基本相同；剪切破坏试件柱端纵筋的应变发展较局压破坏试件要大。

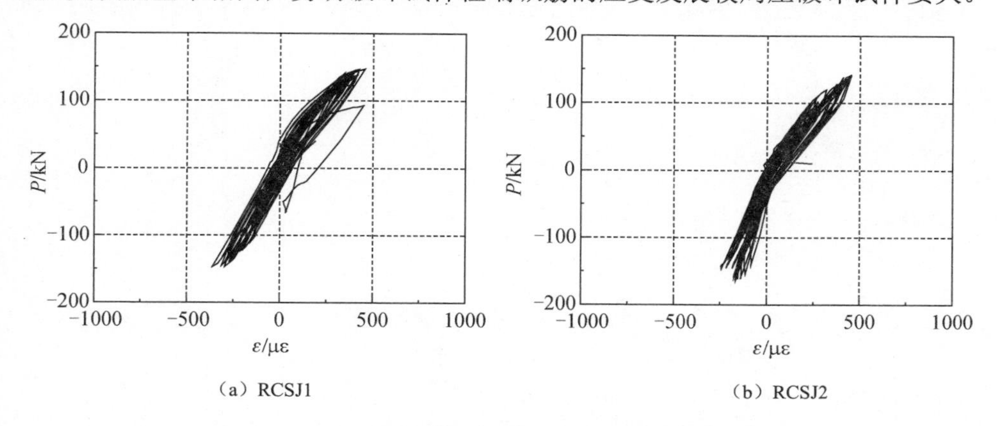

（a）RCSJ1　　（b）RCSJ2

图 2.22　局压破坏试件柱纵筋水平荷载与应变的关系

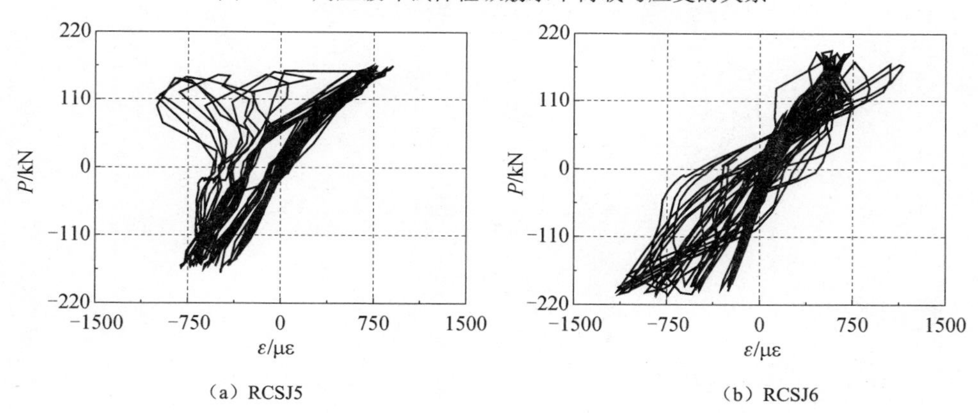

（a）RCSJ5　　（b）RCSJ6

图 2.23　剪切破坏试件柱纵筋水平荷载与应变的关系

3. 节点核心区钢腹板

在节点核心区外混凝土上布置了指示表用以测量节点核心区的剪切变形（由于一侧指示表不够灵敏，测量数据不是很理想）。这里仅给出节点核心区钢腹板剪力与剪应变关系曲线，由于篇幅有限，每种破坏形式选取两个试件的剪力与剪应变关系曲线，说明不同破坏状态下的钢腹板应变发展规律。

图 2.24 和图 2.25 为节点核心区钢腹板剪力与剪应变关系曲线。从图中可以看出，虽然节点的破坏模式不同，但因为节点核心区钢腹板直接承受剪力，所以节点核心区钢腹板均受剪屈服。另外，不同构造措施在不同程度上弥补了因翼缘部

分切除造成的钢梁腹板屈服较早及钢梁传力不足的缺点，从而保证了 RCS 组合节点的承载力。

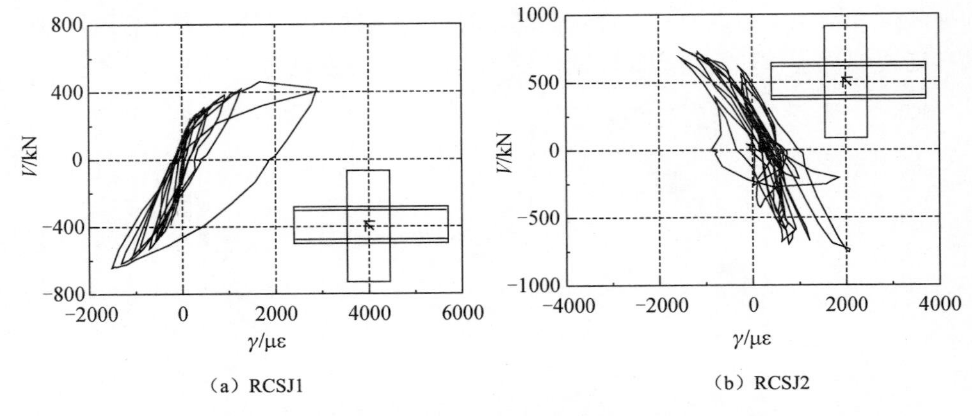

（a）RCSJ1　　（b）RCSJ2

图 2.24　局压破坏试件节点核心区剪力与剪应变关系

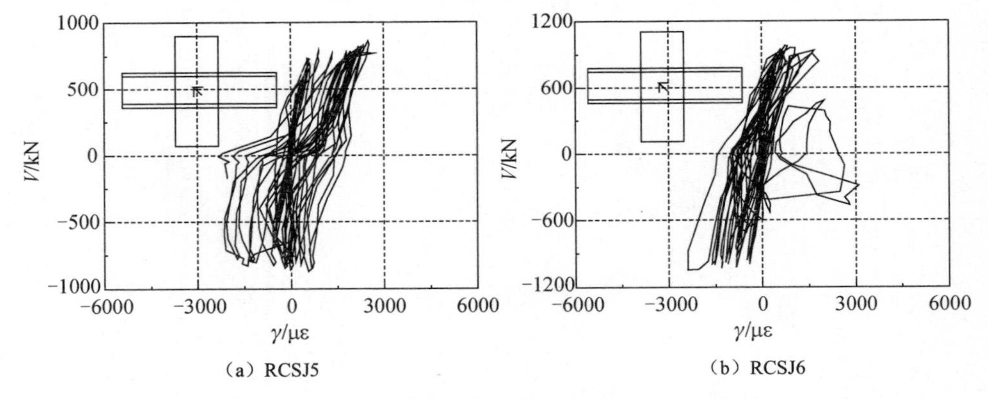

（a）RCSJ5　　（b）RCSJ6

图 2.25　剪切破坏试件节点核心区剪力与剪应变关系

4. 节点核心区箍筋

节点核心区箍筋可以承担一部分节点剪力，节点核心区横向布置 5 道箍筋，并且沿对角线方向布置 9 个应变片，本节列出局压破坏试件 RCSJ1 和 RCSJ2，剪切破坏试件 RCSJ5 和 RCSJ6 的节点核心区箍筋的剪力与应变发展关系曲线，以分析不同破坏模式和构造下的节点核心区箍筋抗剪规律。

图 2.26（a）给出了节点核心区箍筋剪力与应变关系曲线。试件 RCSJ1 第 5 道箍筋上的应变值较第 4 道要大，第 4 道箍筋的应变值较第 3 道要大，第 3 道箍筋的应变值最小。根据试验的破坏形式综合分析，可知因为 RCSJ1 节点只设置了面承板，没有其他锚固措施，随着荷载的增加，节点核心区钢腹板受到拉-压-剪复合力作用，削弱处首先开始屈服；柱端混凝土被钢梁翼缘局部压坏和破碎，从而造成节点核心区最外侧箍筋受力较大且屈服，而中间箍筋受力较小，未屈服。

由图 2.26（b）可以看出，RCSJ2 组合节点第 5 道箍筋上的应变值最大；第 4 道箍筋的应变值较第 5 道略小，但也已屈服；第 3 道箍筋应变值最小，未屈服，但比 RCSJ1 的相应位置应要变大。与 RCSJ2 试验的破坏形式等综合考虑，可以分析出，由于 RCSJ2 节点设置了正交短梁，增加了钢梁锚固措施，骨架曲线峰值荷载对应的位移也增大，说明增加正交短梁后节点的延性更好。

由图 2.27（a）可以看出，节点核心区箍筋第 3 道和第 4 道均屈服，而第 5 道未屈服，说明节点核心区内部受力较大而外侧受力较小，符合一般节点核心区的箍筋抗剪规律，说明试件 RCSJ5 剪切破坏。

由图 2.27（b）可以看出，节点核心区的 5 道箍筋中，同一时刻第 3 道箍筋受力最大，当第 3 道达到 2500με 时，应变片失效；同其他试件相比，同一时刻第 1 道箍筋和第 2 道箍筋的应变值较大，这说明扩展面承板和较厚的端板共同作用，使得更多的混凝土参与节点抗剪，RCSJ6 的抗剪承载力也最高。

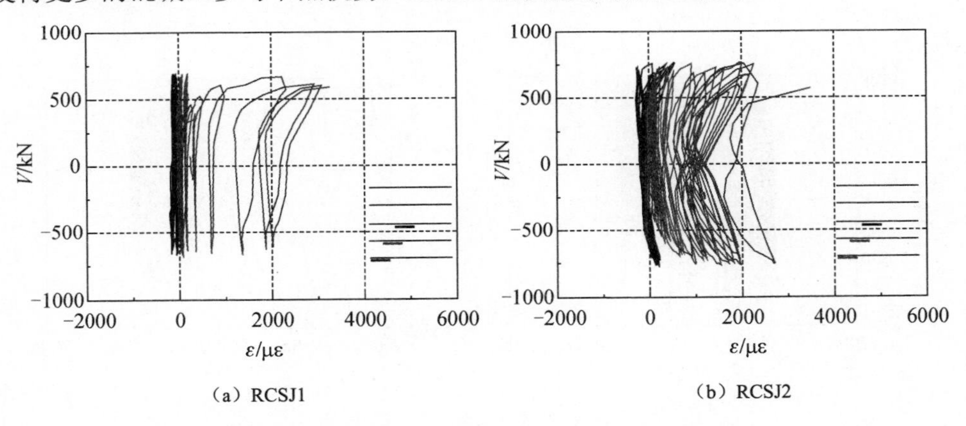

（a）RCSJ1　　（b）RCSJ2

图 2.26　局压破坏试件节点核心区剪力与应变关系

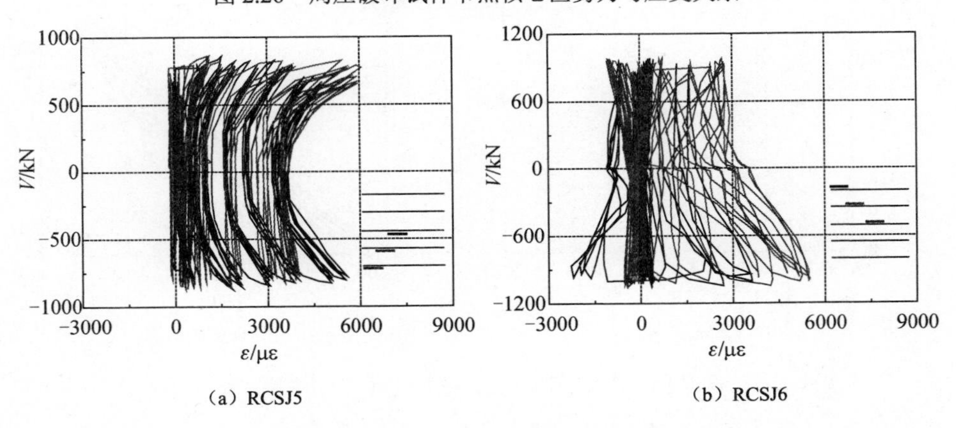

（a）RCSJ5　　（b）RCSJ6

图 2.27　剪切破坏试件节点核心区剪力与应变关系

5. 剪切件关键部位

构造对节点的受力性能影响较大，图 2.28 列出了各种剪切件关键位置处剪力与应变关系曲线。

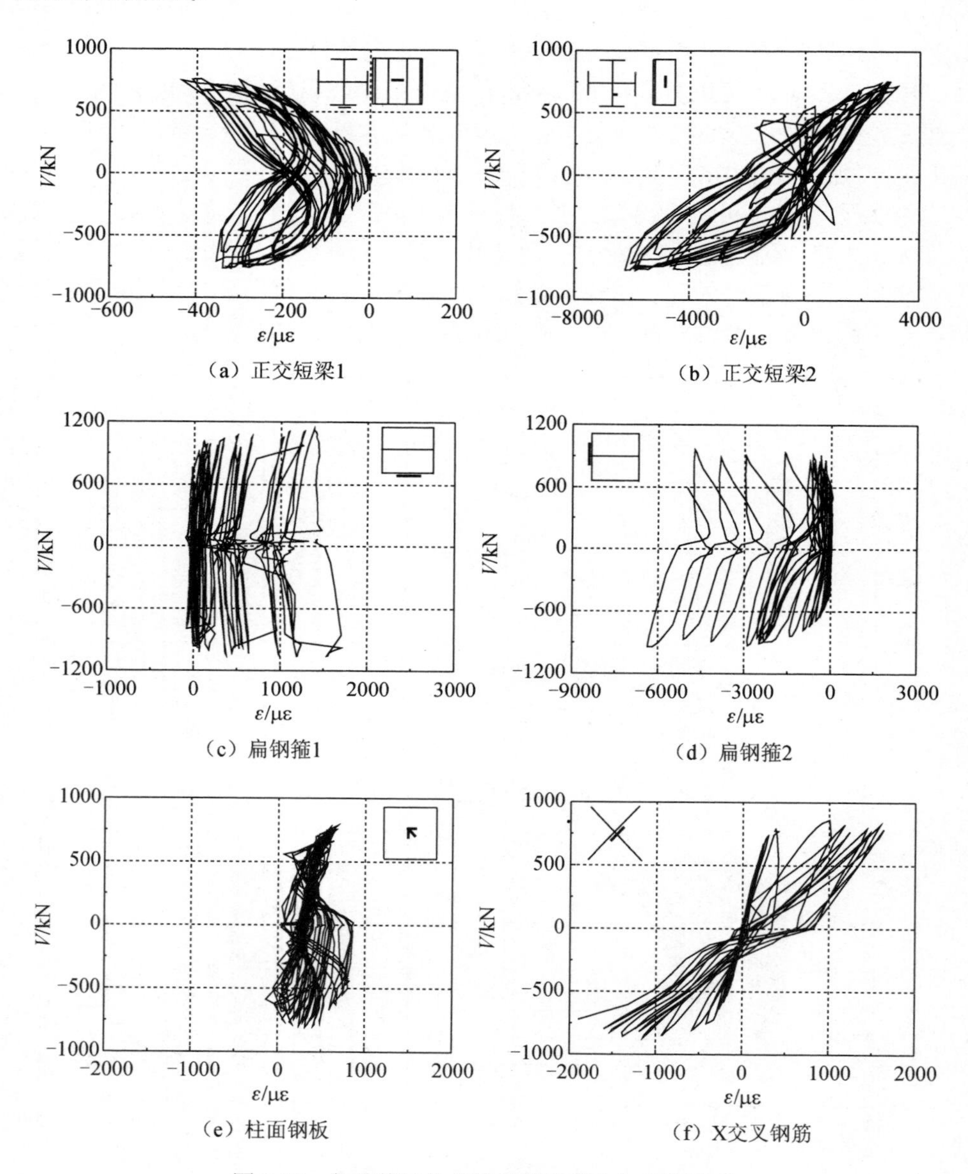

（a）正交短梁1　（b）正交短梁2

（c）扁钢箍1　（d）扁钢箍2

（e）柱面钢板　（f）X交叉钢筋

图 2.28　各种剪切件关键位置处剪力与应变关系

图 2.28（a）和图 2.28（b）为 RCSJ2 组合节点正交短梁面承板和腹板的剪力与应变关系曲线，面承板受力较小，基本处于弹性状态；正交短梁的腹板受力较大，中后期已经屈服。由图中可以看出，该节点构造的正交短梁起到对正交方向钢梁的锚固作用，故正交短梁的腹板参与抗剪，受力较大；而正交短梁的面承板只是对其周围混凝土有一定的挤压作用，受力较小。

图 2.28（c）和图 2.28（d）为 RCSJ3 组合节点扁钢箍正面及侧面的剪力与应变关系曲线。因为 RCSJ3 节点核心区钢梁翼缘部分切除，扁钢箍中间的钢板因起到补强的作用而受力较大，但外侧的钢板只起到拉结的作用，相对受力较小，所以并未屈服。扁钢箍侧面的钢板焊接于钢梁之上，对扁钢箍中间的钢板起到锚固作用，受力较大；另外，整个扁钢箍还对柱端混凝土起到约束作用，一方面使得更多的混凝土参与抗剪，另一方面对柱端的局压破坏起到抑制作用。

图 2.28（e）为 RCSJ4 组合节点柱面钢板的剪力与应变关系曲线，由图可以看出，柱面钢板的应变较小，其主要作用是为钢梁提供一定的锚固作用和约束节点核心区混凝土，使得更多的混凝土参与抗剪，节点峰值强度提高。从试验现象可以看出，柱端的局压破坏程度有所减小，试件滞回曲线更加饱满，增加柱面钢板之后节点耗能能力增强。另外，RCSJ4 组合节点核心区未配置箍筋，说明柱面钢板可以起到节点核心区箍筋的效果。

图 2.28（f）为 RCSJ5 组合节点 X 交叉钢筋的剪力与应变关系曲线，由图可以看出，前期 X 交叉钢筋处于弹性状态，随着梁端弯矩的增大，X 交叉钢筋受力明显，这说明 X 交叉钢筋对节点核心区的削弱可以起到一定的补强作用，另外对节点抗剪也可以提供一部分帮助。

2.6.5　承载力退化规律

承载力退化是指在位移幅值不变的条件下，构件承载力随反复加载次数的增加而降低的特性[10]。可通过同级荷载承载力退化曲线和总体荷载承载力退化曲线来综合反映 RCS 组合节点的承载力退化规律。同级荷载承载力退化系数是指在位移幅值不变的条件下，同一级加载最后一次循环所得峰值荷载与该级第一次循环所得峰值荷载的比值 λ_i。同时，为反映试件在整个加载过程中荷载的总体退化特征，本书还引入总体荷载承载力退化系数。总体荷载承载力退化系数为每一级加载循环所得峰值荷载与加载过程中所得最大峰值荷载的比值 λ_j。试件的承载力退化曲线如图 2.29 和图 2.30 所示。

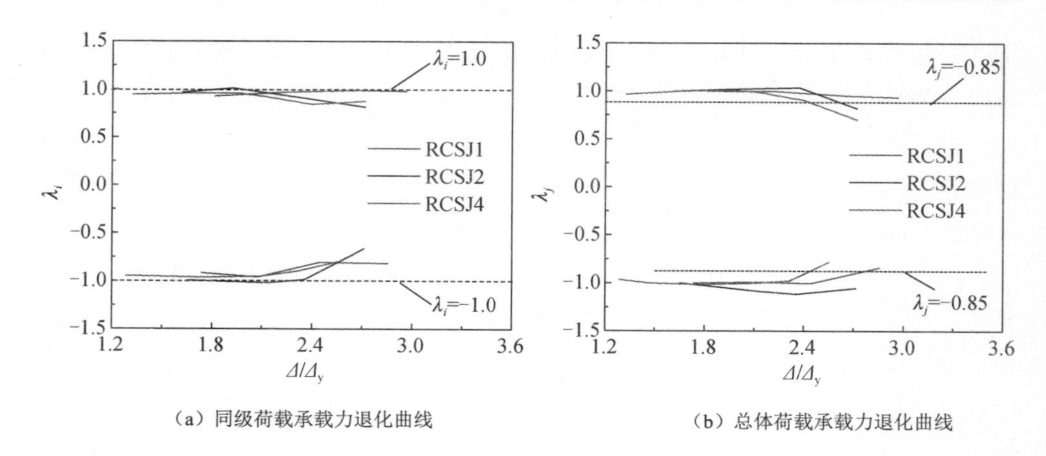

（a）同级荷载承载力退化曲线　　（b）总体荷载承载力退化曲线

图 2.29　局压破坏试件承载力退化曲线

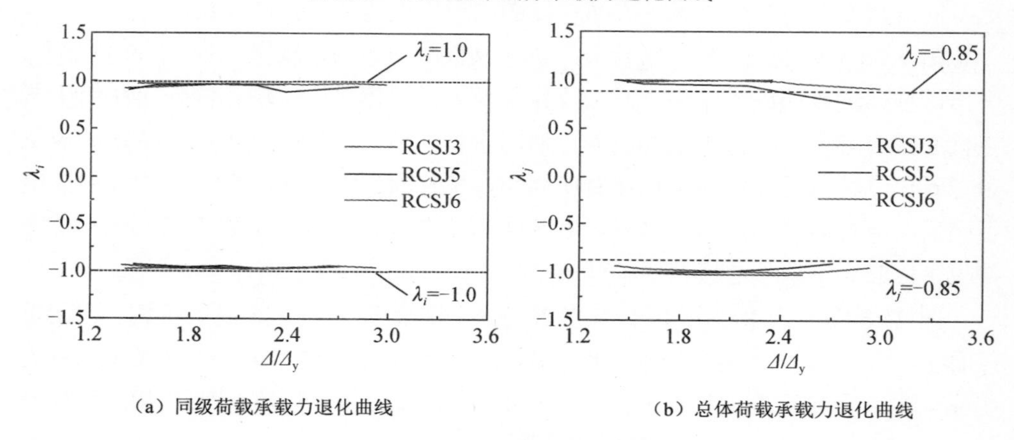

（a）同级荷载承载力退化曲线　　（b）总体荷载承载力退化曲线

图 2.30　剪切破坏试件承载力退化曲线

由图 2.29 可以看出，局压破坏试件的同级荷载承载力退化系数（λ_i）和总体荷载承载力退化系数（λ_j）均随着加载位移级别（Δ/Δ_y）的增多而逐渐减小，说明局压破坏试件对节点核心区的约束程度不够，随着混凝土的压碎，节点承载力逐渐降低。由图 2.30 可以看出，剪切破坏试件的同级荷载承载力退化较小，但总体荷载承载力退化程度略有不同；其中，试件 RCSJ3 和试件 RCSJ6 的承载力退化均较为缓慢，且总体荷载承载力退化基本相同；试件 RCSJ5 随着位移的增加，其总体荷载承载力退化明显，说明扁钢箍和较厚的端板可以使节点核心区的整体性加强，并延缓了试件的破坏。

2.6.6　刚度退化规律

刚度退化是刚度随着循环周数或位移增加而减少的特性，本书主要研究在相同位移幅值下，采用同级位移的环线刚度（K_j）随加载位移级别（Δ/Δ_y）的变化

情况，并以此来研究试件的刚度退化规律。K_j 的定义为

$$K_j = \frac{\sum_{i=1}^{n} P_j^i}{\sum_{i=1}^{n} u_j^i} \tag{2-2}$$

式中，K_j 为环线刚度（kN/m）；P_j^i 为当加载位移级别为 j（$j=\Delta/\Delta_y$）时，第 i 次加载循环的峰值点荷载值；u_j^i 为当加载位移级别为 j（$j=\Delta/\Delta_y$）时，第 i 次加载循环的峰值点变形值；n 为循环次数。

由刚度退化曲线图 2.31 可以看出，各节点刚度随着加载位移级别的变化一直呈退化趋势，其主要原因是节点屈服后的塑性发展导致的累积损伤。环线刚度降低率越小，滞回曲线越稳定，结构耗能能力也越好。局压破坏试件 RCSJ1、RCSJ2 和 RCSJ4 的刚度退化较剪切破坏试件要严重，主要原因是随着荷载的增加，柱端混凝土压碎现象较为严重，以及节点核心区翼缘部分切除削弱了节点的整体性；另外，RCSJ4 节点核心区内没有箍筋，该节点后期刚度退化较严重。剪切破坏试件 RCSJ3、RCSJ5 和 RCSJ6 的正向刚度退化程度相差不大；负向刚度的退化程度方面，RCSJ6 略大于 RCSJ3，RCSJ5 最低，这是因为节点核心区构造措施不同，给予节点的约束效果也不同。RCSJ6 较厚的端板可以很好地约束节点核心区混凝土，从而使得节点刚度较大；RCSJ3 的扁钢箍也可以起到很好的控制作用。

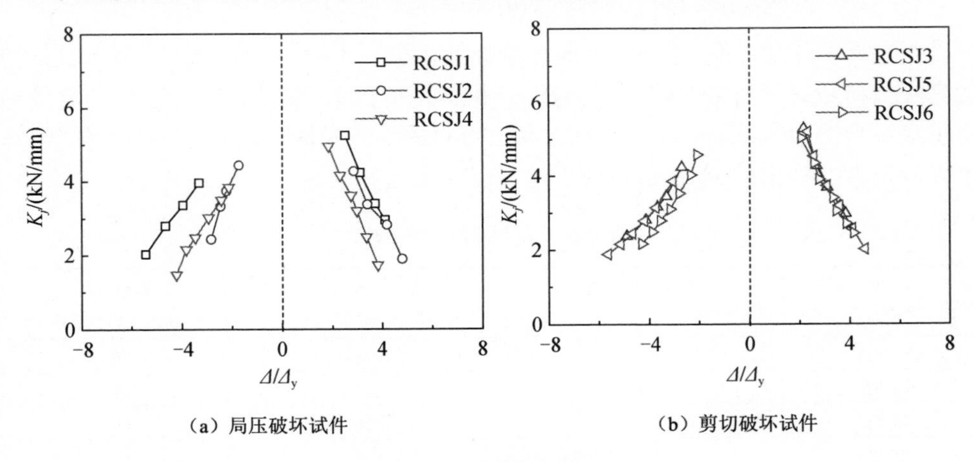

（a）局压破坏试件　　（b）剪切破坏试件

图 2.31　刚度退化曲线

2.6.7　耗能能力

耗能能力是研究结构抗震的一个重要指标，本书采用峰值荷载时的等效黏滞阻尼系数来反映构件的耗能能力[11]。其中，等效黏滞阻尼系数（h_e）用于评价节点的耗能能力，h_e 的定义为

$$h_{\mathrm{e}}=\frac{E_{\mathrm{d}}}{2\pi} \tag{2-3}$$

式中，能量耗散系数（E_{d}）定义为试件在柱的加载端荷载（P）-位移（Δ）关系的一个滞回环的总能量与弹性能的比值，即

$$E_{\mathrm{d}}=\frac{S_{ABC}+S_{CDA}}{S_{OBE}+S_{ODF}} \tag{2-4}$$

式中，$S_{ABC}+S_{CDA}$ 为试件一个完整滞回环下的实际面积；$S_{OBE}+S_{ODF}$ 为弹性能，如图 2.32 所示。

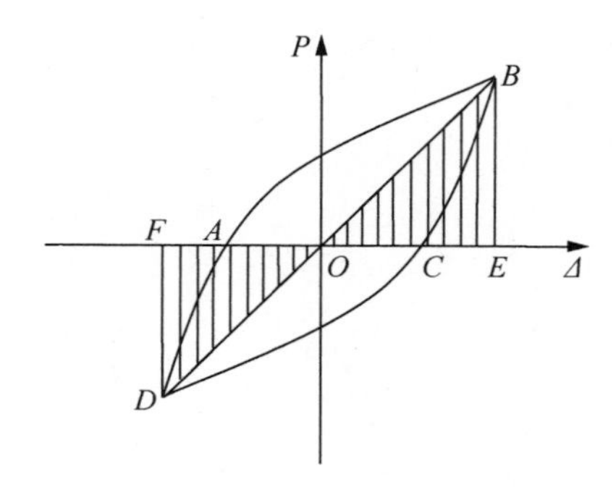

图 2.32　等效黏滞阻尼系数 h_{e} 计算方法示意

由表 2.5 可以看出，6 个试件的能量耗散系数在 1.63～1.88 之间，节点试件在达到峰值荷载时的等效黏滞阻尼系数 h_{e}=0.260～0.299。钢筋混凝土节点的等效黏滞阻尼系数一般为 0.1 左右，型钢混凝土节点的等效黏滞阻尼系数为 0.3 左右[12]。可以看出本书提出的 RCS 组合节点的耗能能力较好。

表 2.5　节点试件性能指标

试件编号	能量耗散系数 E_{d}	等效黏滞阻尼系数 h_{e}	累积耗能 E_{total}/（kN · m）
RCSJ1	1.65	0.263	170.92
RCSJ2	1.88	0.299	181.04
RCSJ3	1.63	0.260	369.69
RCSJ4	1.80	0.286	280.73
RCSJ5	1.66	0.264	289.17
RCSJ6	1.67	0.266	440.51

试件的耗能能力还和试件加载过程中的实际耗能相关，可以计算出试件每半周耗能（E_{h}）和累积耗能（E_{total}），以此说明节点试件在加载过程中的耗能情况，并对其进行综合评估[13]。试件每半周耗能和累积耗能，如图 2.33 和图 2.34 所示。

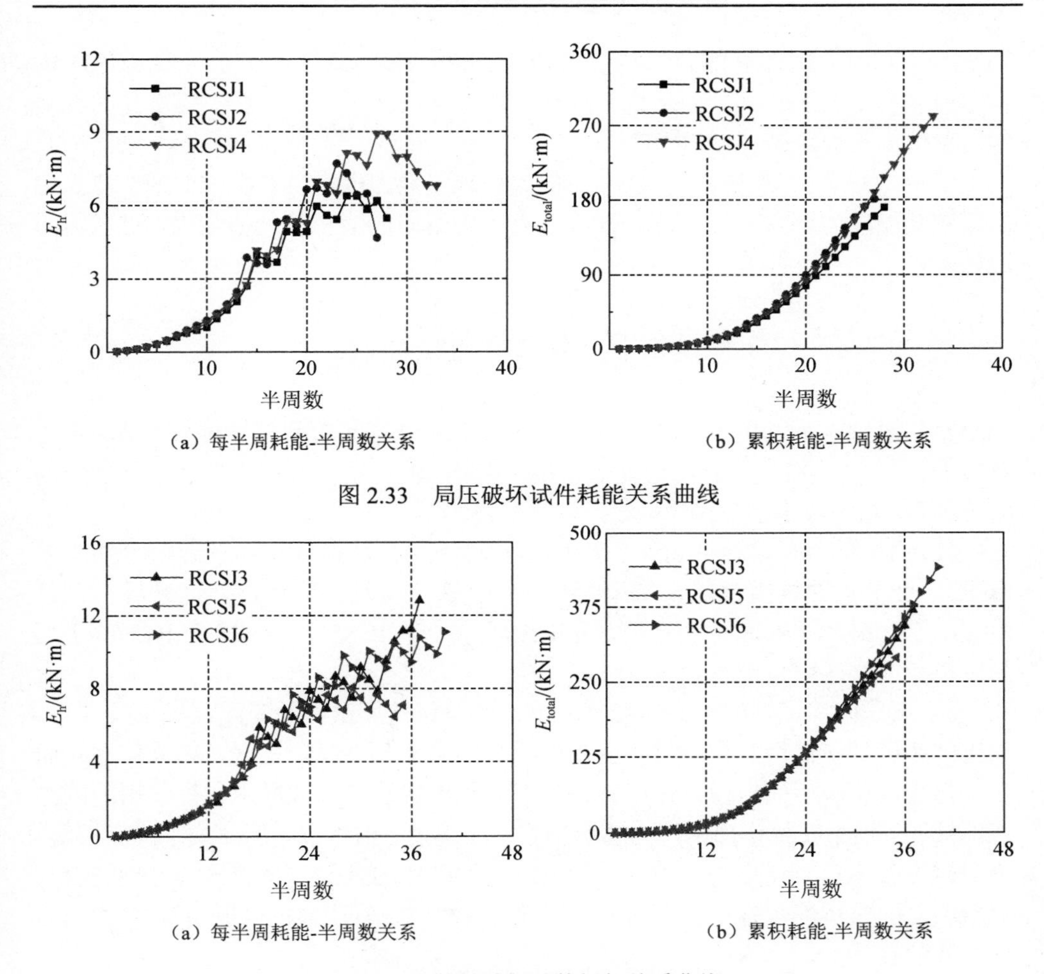

（a）每半周耗能-半周数关系　（b）累积耗能-半周数关系

图 2.33　局压破坏试件耗能关系曲线

（a）每半周耗能-半周数关系　（b）累积耗能-半周数关系

图 2.34　剪切破坏试件耗能关系曲线

节点试件半周耗能曲线的前半段是由力控制的，每级循环一次，所以曲线前半段随着加载周数的增加呈上升趋势；而后半段由位移控制加载，每级循环一次，曲线呈阶梯形。在同一级位移循环加载下，随着循环次数的增加，试件的柱加载端荷载有所退化，耗能能力也有所下降。

由图 2.33（a）和图 2.34（a）可知，局压破坏试件因为节点核心区翼缘部分切除造成节点部分无法正常传力，而试件 RCSJ1、RCSJ2 和 RCSJ4 因为试件最终发生局部受压破坏，试件的后期半周耗能能力有所降低，且试件 RCSJ4 的半周耗能能力大于试件 RCSJ2，试件 RCSJ2 的半周耗能能力大于试件 RCSJ1，这说明正交方向的梁和柱面钢板可以增强钢梁的锚固作用和约束作用，从而提高 RCS 组合节点的耗能能力，其滞回曲线也较为饱满。而剪切破坏试件的耗能规律与局压破坏试件略有不同，RCSJ3 和 RCSJ6 试件的耗能情况基本相同，当试件承载力下降到85%左右时，试件RCSJ3和RCSJ6的耗能能力没有降低；由于试件RCSJ5的构造措施相对较弱，试件的后期半周耗能能力降低。另外，剪切破坏试件的耗能能力总体高于局压破坏试件。

从图2.33（b）和图2.34（b）中的累积耗能能力也可以看出，剪切破坏试件的累积耗能能力要高于局压破坏试件。试件RCSJ6的累积耗能值最大，耗能能力最好。

2.7　本章小结

本章通过6个RCS组合节点的低周反复试验结果，对其破坏过程、破坏形态及应力-应变关系曲线进行了研究，分析了影响RCS组合节点强度和延性性能的主要因素，得出如下结论：

1）通过低周反复荷载试验，研究了6种不同构造措施下的翼缘部分切除的RCS组合节点的抗震性能。结果表明，6个试件均发生节点核心区破坏；试件RCSJ1、RCSJ2和RCSJ4主要发生局压破坏；试件RCSJ3、RCSJ5和RCSJ6主要发生节点核心区剪切破坏。

2）局压破坏试件的滞回曲线呈弓形，而剪切破坏试件的滞回曲线呈反S形。局压破坏试件在前期，节点核心区钢腹板与钢筋混凝土黏结良好，共同作用；而后期随着局压破坏的出现，钢梁腹板与混凝土出现滑移，混凝土发挥作用的能力逐渐减弱，钢梁发挥作用的能力逐渐增强，曲线较之前饱满，但曲线下降段较陡，说明局压破坏对节点后期受力影响较大；剪切破坏的试件，节点核心区钢腹板与混凝土之间整体性较好，主要发生剪切破坏，故曲线有明显的“捏缩”，且曲线后期下降较缓。

3）合理构造可以增大节点的抗剪强度，改善由于翼缘部分切除引起的节点强度降低；局压破坏试件达到峰值荷载时的位移比剪切破坏试件要大；局压破坏试件的承载力在前期有所增强，但后期承载力退化较剪切破坏试件严重；RCS组合节点的等效黏滞阻尼系数介于钢筋混凝土节点和型钢混凝土节点之间，具有较好的耗能能力。

参考文献

[1] 门进杰，郭智峰，史庆轩，等．钢筋混凝土柱-腹板贯通型钢梁混合框架中节点抗震性能试验研究[J]．建筑结构学报，2014，35(8)：72-79.

[2] MEN J J，ZHANG Y. Experimental research on seismic behavior of a composite RCS frame[J]. Steel and Composite Structures，2015，18(4)：971-983.

[3] 国家质量技术监督局．钢及钢产品 力学性能试验取样位置及试样制备：GB/T 2975—1998[S]．北京：中国标准出版社，1999.

[4] 中华人民共和国国家质量监督检验检疫总局，中国国家标准化管理委员会．金属材料 拉伸试验 第 1 部分：室温试验方法：GB/T 228.1—2010[S]．北京：中国标准出版社，2011．
[5] 中华人民共和国建设部，国家质量监督检验检疫总局．普通混凝土力学性能试验方法标准：GB/T 50081—2002[S]．北京：中国建筑工业出版社，2003．
[6] 中华人民共和国住房和城乡建设部．建筑抗震试验规程：JGJ/T 101—2015[S]．北京：中国建筑工业出版社，2015．
[7] KANNO R．Strength，Deformation and seismic resistance of joints between steel beams and reinforced concrete columns[D]．Ithaca，N Y：Cornell University，1993．
[8] 姚谦峰，陈平．土木工程结构试验[M]．北京：中国建筑工业出版社，2001．
[9] 周鹏，薛建阳，陈茜，等．矩形钢管混凝土异形柱-钢梁框架节点抗震性能试验研究[J]．建筑结构学报，2012，33(8)：41-50．
[10] 王文达，韩林海，陶忠．钢管混凝土柱-钢梁平面框架抗震性能的试验研究[J]．建筑结构学报，2006，27(3)：48-58．
[11] LI W，HAN L H．Seismic performance of CFST column-to-steel beam joints with RC slab：analysis[J]．Journal of Constructional Steel Research，2011，67(1)：127-139．
[12] 李帼昌，姜杰，蒋奇峰，等．低周往复荷载作用下钢管煤矸石混凝土梁柱节点抗震性能的有限元分析[J]．沈阳建筑大学学报（自然科学版），2011，27(2)：260-265．
[13] 卜凡民，聂建国，樊健生．高轴压比下中高剪跨比双钢板-混凝土组合剪力墙抗震性能试验研究[J]．建筑结构学报，2013，34(4)：91-98．

第 3 章　RCS 组合节点抗剪承载力计算方法

在 RCS 组合框架结构中，有效的节点设计是保证结构构件传力的关键，但是该类型节点构造措施具有多样性，使其在构造措施设计、受力机理、破坏模式和承载力计算等方面均不够完善[1~3]。为此，本章基于已有受力机理，总结并分析了不同构造措施对节点承载力的贡献，提出了 RCS 组合节点的不同破坏模式及其发生条件。对已有 RCS 组合节点的抗剪承载力计算公式展开了系统分析，探讨了节点区各组成部分对节点抗剪承载力的贡献，并结合试验结果提出了改进公式。

3.1　RCS 组合节点的典型构造及作用分析

3.1.1　RCS 组合节点的常见构造措施

图 3.1 是典型的 RCS 组合节点形式，根据对节点区混凝土约束情况的不同，将节点的构造措施分为内部措施和外部措施。

1. 内部措施

内部措施主要包括面承板、钢梁腹板、柱面钢板等。主要作用是使节点区的混凝土处于腹板、上下翼缘和这些构造的约束之中，使混凝土处于三向受力状态，从而提高节点区混凝土的抗剪能力。

2. 外部措施

外部措施主要包括纵向钢筋、箍筋、竖向加强筋、钢环箍、加焊栓钉和架立钢柱等。主要作用是将剪力传递到节点外部区域的混凝土中，使外部混凝土形成斜压杆机构；此外，还能够承担节点区的一部分压力，防止承压破坏的发生。

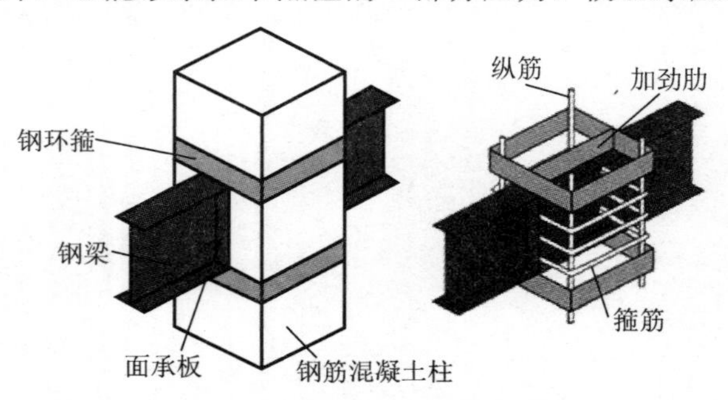

图 3.1　典型的 RCS 组合节点形式

3.1.2　RCS 组合节点构造措施的作用分析

1. 面承板

RCS 组合节点中的面承板有三种形式：一般面承板、加宽面承板和扩展面承板，如图 3.2 所示。

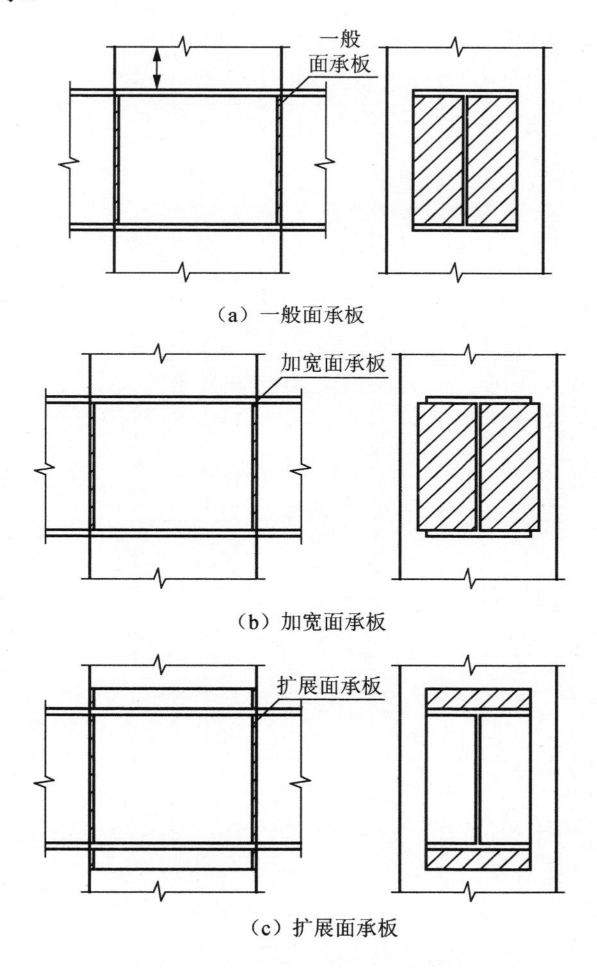

（a）一般面承板

（b）加宽面承板

（c）扩展面承板

图 3.2　常见的 RCS 组合节点构造措施——面承板

通过对文献[2]中 5 个节点（编号为 3、4、5、7、8）的试验结果，对面承板的作用进行分析，结果见表 3.1。从表 3.1 中可以看出，设置面承板的作用非常显著，与不设置时相比，节点承载力提高了约 61.2%；面承板长度和宽度对节点承载力的影响也较显著，当其分别增加 60%和 50%时，节点承载力分别提高了 73.6%和 27.1%；面承板厚度对节点承载力影响比较小，当厚度增加约 2 倍时，承载力提高幅度很小，约为 6.0%。其原因是：面承板的存在，以及面承板长度和宽度的增加均会增加斜压杆的受压面积，并提高混凝土的强度，从而提高了节点的抗剪承载力；此外，扩展面承板还可以将钢梁翼缘传来的一部分压力传递到柱中，从而也间接减小了节点的受力。面承板厚度的增大并不能增加斜压杆的受压面积，并且较厚的面承板在节点破坏时往往不能屈服，对承载力的贡献就相对较小。

表 3.1　构造措施对节点承载力的影响

数据来源	构造措施	影响因素	因素变化	承载力变化/kN	提高幅度/%
文献[2]	面承板	有无面承板	无面承板→有面承板	73.43 → 118.37	61.2
		厚度	10mm → 22mm	118.37 → 125.49	6.0
		宽度	203mm → 305mm	118.37 → 150.41	27.1
		长度	406mm → 648mm	118.37 → 205.59	73.6
文献[4]	箍筋	有无箍筋	无箍筋→ ϕ6@100mm/ϕ8@100mm（0.13%/0.46%）	535.37 → 572.83/636.8	7.0/18.9
文献[5]		配箍率	1.10% → 1.59%/2.84%	1114.79 → 1183.12/1224.39	6.1/9.8
文献[6]	纵向钢筋	纵筋强度	452MPa → 500MPa /700MPa	152 → 155/158	1.9/3.9
文献[5]		配筋率	4.18% → 5.06%/6.53%/8.19%	1183.12 → 1219.75/1309.58/1403.31	3.1/10.7/18.6
文献[7]	钢环箍	有无钢环箍	无钢环箍→有钢环箍	354 → 427.5	20.7
文献[8]	柱面钢板	有无柱面钢板	无柱面钢板→有柱面钢板	155.2 → 197.4	27.2
文献[2]	架立钢柱	有无架立钢柱	无架立钢柱→有架立钢柱	118.37 → 164.65	39.1
文献[7]	竖向加强筋	有无竖向加强筋	无竖向加强筋→有竖向加强筋	296.5→ 324	9.3
文献[2]	抗剪栓钉	有无抗剪栓钉 1	无抗剪栓钉 1→有抗剪栓钉 1	118.37 → 190.46	60.9
		有无抗剪栓钉 2	无抗剪栓钉 2→有抗剪栓钉 2	73.43 → 127.72	73.9

2. 箍筋

RCS 组合节点中，当节点区设置柱面钢板时，可以不设置箍筋。除此之外，一般均设置箍筋。

通过对文献[4]中 3 个节点（编号为 ZJD-01、ZJD-02、ZJD-14）和文献[5]中 3 个节点的有限元分析结果，从有无箍筋和配箍率的变化两个方面进行分析，相关结果见表 3.1。从表 3.1 可以看出，与没有设置箍筋时相比，当设置ϕ6@100mm 和ϕ8@100mm 的箍筋时，承载力提高约 7.0%和 18.9%；当配箍率从 1.10%提高到 1.59%和 2.84%时，承载力仅提高了 6.1%和 9.8%。可见，箍筋对节点承载力虽有一定的影响，但当配箍率较大时，影响程度较小。其原因是：一定数量的箍筋的确可以与其他构造措施一起形成斜压杆机构，但是过多的箍筋会导致其在节点破坏时不能达到屈服状态，也就不能完全发挥作用。因此，只提高配箍率并不会对节点承载力产生显著影响。

3. 纵向钢筋

通过对文献[6]中 3 个节点（编号分别为 1、7、8）和文献[5]中 3 个节点的有限元分析结果，分别从纵筋强度和配筋率两个方面对纵向钢筋的作用进行分析，结果见表 3.1。从表 3.1 可以看出，增加纵筋强度对节点承载力的提高影响比较小。当纵筋配筋率不变，纵筋强度从 452MPa 增加到 500MPa 和 700MPa 时，承载力仅提高了约 1.9%和 3.9%；增加纵筋配筋率对节点承载力有明显的影响，当配筋率从 4.18%增加到 5.06%、8.19%时，节点承载力提高了约 3.1%和 18.6%。其原因是：在文献[6]中，节点试件在整个受力过程中纵筋的最大压应力和拉应力分别为 168.26MPa 和 428.5MPa，均未达到其屈服强度，此时增强纵筋强度对节点承载力几乎是没有影响的；而在文献[5]中，纵筋基本上都达到了屈服强度，并且纵筋配筋率的增加意味着纵筋数量的增加，这对提高节点承载力是有利的。

4. 钢环箍

钢环箍是环绕混凝土柱的封闭环形短钢板，设置在节点区柱的根部，焊接在钢梁的翼缘上，一般成对设置，如图 3.3（a）所示。利用文献[7]中的 2 个节点试件（节点编号分别为 OJB2-0、OJB3-0）研究钢环箍（厚度为 10mm）对节点受力性能的影响，相关的承载力试验结果见表 3.1。从表 3.1 中可以看出，设置钢环箍和不设置钢环箍时相比，节点承载力提高了约 20.7%，对增强节点承载力的作用比较显著。其原因是：钢环箍的存在实际上增大了节点区的受力范围；同时，钢环箍可以约束混凝土，提高节点区混凝土的抗剪强度。此外，还能约束柱根部混凝土，有利于避免承压破坏。

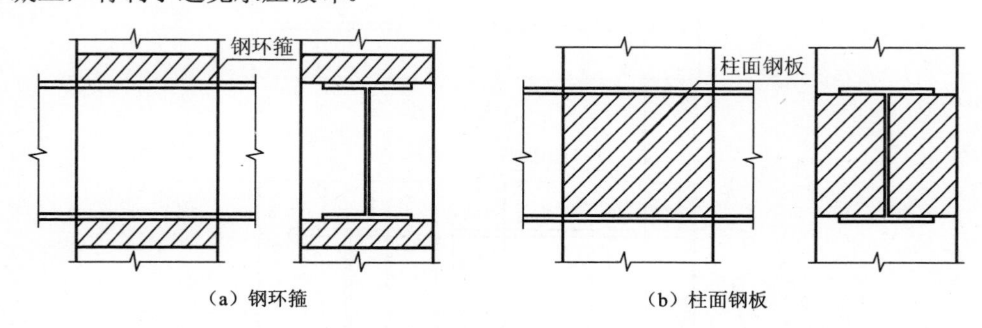

（a）钢环箍　　（b）柱面钢板

图 3.3　常见 RCS 组合节点构造措施——钢环箍、柱面钢板

5. 柱面钢板

柱面钢板是焊接在钢梁翼缘之间，将整个节点区包裹起来的薄钢板，如图 3.3（b）所示。设置柱面钢板时，一般可以不设置节点箍筋。

通过对文献[8]中 2 个节点（编号为 WJD4、WCS2）的有限元模拟结果，分析了柱面钢板对节点承载力的影响，见表 3.1。从表 3.1 中可以看出，设置厚度为 13mm 的柱面钢板和不设置时相比，节点承载力提高了约 27.2%，对节点承载力的影响较显著。其原因是：柱面钢板可以约束整个节点区的混凝土，不但可以提高混凝土的强度，还可以有效抑制混凝土裂缝的发展。需要说明的是，柱面钢板的承载力较大，在受力过程中往往不会达到屈服，因此本书建议柱面钢板的厚度取值不要太大，一般取 3～5mm。

6. 架立钢柱

在 RCS 组合框架的施工过程中，有时会在节点区钢梁上下翼缘的正中位置焊接或螺栓连接一个小截面钢柱，称为架立钢柱，如图 3.4（a）所示。通过对文献[2]中 2 个节点（节点编号为 4、15）的试验结果，分析了架立钢柱对节点承载力的影响，见表 3.1。从表 3.1 可以看出，设置架立钢柱（截面采用 W127mm×470mm）和不设置架立钢柱时相比，节点承载力提高了约 39.1%，影响是十分显著的。从受力机理上分析，加设架立钢柱可以与节点核心区外混凝土形成斜压杆机制，将型钢梁翼缘内部的力传递到节点外混凝土中传递钢梁中的部分荷载，从而提高节点承载力。

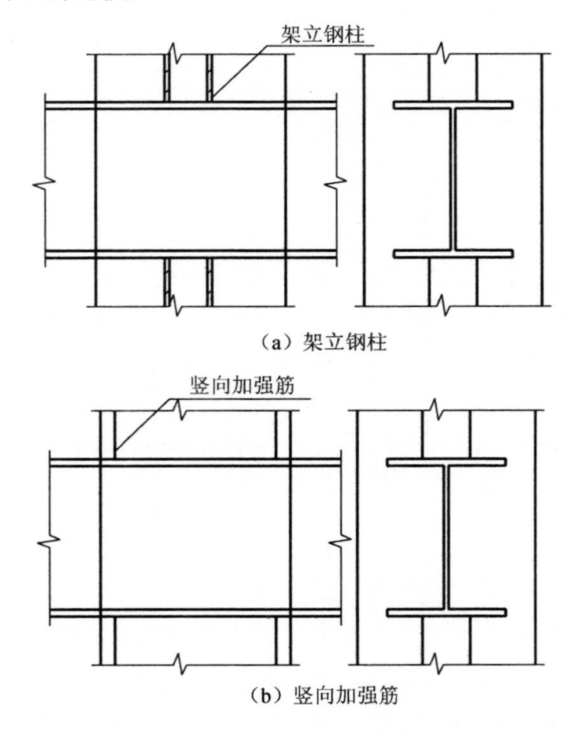

图 3.4　常见 RCS 组合节点构造措施——架立钢柱、竖向加强筋、抗剪栓钉

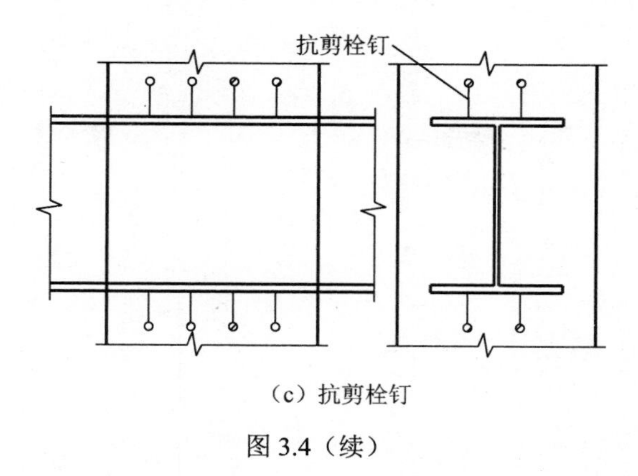

(c) 抗剪栓钉

图3.4(续)

7. 竖向加强筋

竖向加强筋是在靠近柱表面处设置并焊接在钢梁翼缘上的竖向钢筋，如图3.4(b)所示。通过对文献[7]中两个节点试件（编号分别为OJB1-0、OJB5-0）的试验结果，对竖向加强筋对节点承载力的影响进行分析，相关结果见表3.1。从表3.1可以看出，设置竖向加强筋和不设置时相比，节点承载力提高了约9.3%，对节点承载力的影响较小。

8. 抗剪栓钉

抗剪栓钉是焊接在节点区钢梁翼缘上的一种构造措施，如图3.4(c)所示。通过对文献[2]中4个节点试件（编号为3、4、12、13）的试验结果，对抗剪栓钉的作用进行了分析，其中节点12、13设置抗剪栓钉，节点3、4则没有设置。相关的承载力试验结果和对比结果见表3.1。从表3.1可以看出，设置抗剪栓钉时，节点承载力分别提高了60.9%和73.9%，可以看出抗剪栓钉对节点承载力的提高是十分显著的。虽然设置抗剪栓钉的初衷是减小钢梁翼缘与混凝土之间的滑移，实际上抗剪栓钉的存在使一部分荷载转移到了柱中，从而间接提高了节点区的承载力。

3.2 RCS组合节点的破坏模式分析

对于RCS组合节点，除了节点区的各种构造对其承载力有显著影响外，节点的破坏模式更是其承载力计算的依据。根据美国土木工程师协会设计指南[9]，RCS组合节点的破坏模式分为两种：腹板剪切破坏和混凝土承压破坏（图3.5）。

3.2.1 腹板剪切破坏

1. 破坏过程与受力机理

当钢梁的抗弯承载力大于节点的抗剪承载力，同时节点区的构造措施适当时，发生腹板剪切破坏，如图 3.5（a）所示。剪切破坏的典型特征是节点腹板屈服和节点混凝土出现斜向裂隙，这与钢筋混凝土节点和钢节点是类似的。腹板剪切破坏是寻找节点合理抗震设计控制条件较为理想的破坏形式。其受力机理，可采用框架-剪力墙机构和斜压杆机构来模拟[7,10]。

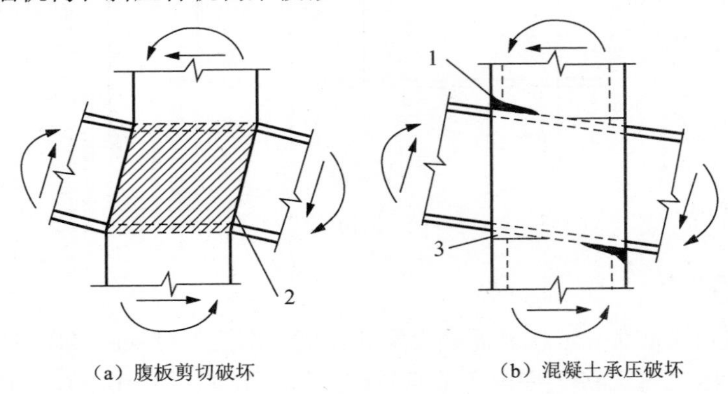

（a）腹板剪切破坏　（b）混凝土承压破坏

图 3.5　节点的剪切破坏和承压破坏

1—混凝土被压碎　2—腹板屈服　3—裂隙

2. 影响因素分析

要避免腹板剪切破坏并提高节点抗剪承载力，主要措施有两个：增强材料强度和采用适当的构造措施。根据本课题组的研究，在常规的梁、柱相对尺寸的条件下，腹板对节点承载力的贡献可以占节点总承载力的 30%左右，可见腹板强度对节点抗剪承载力的影响很大。然而在实际工程中，节点区腹板往往与型钢梁腹板相同，因此限制了腹板强度的继续提高。对于混凝土强度，根据本课题组的研究，在常规的梁、柱相对尺寸的条件下，混凝土对节点抗剪承载力的贡献（考虑了各种构造措施对混凝土强度的提高作用）大约占 60%。对于构造措施，根据本书前面分析可知，面承板、钢环箍、柱面钢板、架立钢柱、抗剪栓钉等对节点承载力均有较显著的影响。

3. 承载力计算依据

在建立承载力公式时，腹板对节点承载力的贡献一般采用折减系数进行考虑。美国土木工程师协会设计指南采用腹板平均剪切强度 $0.6F_y$ 的概念；日本建筑学会设计指南[11]根据节点构造措施的不同，取折减系数为 0.46～0.51；Isao Nishiyama 等[12]根据试验结果，取折减系数为 0.57。如前所述，混凝土和各种构造措施对承载力的贡献往往是一起考虑的，不同的构造措施对混凝土强度的提高程度是不同的。虽然一些学者给出了 RCS 组合节点承载力公式，然而由于试验条件、节点构造措施及计算模式的不同，所得出的承载力公式也有差别，甚至差别很大。因此，如何建立适用性更好的节点承载力公式，还需要进行更多的试验与理论研究。

3.2.2　混凝土承压破坏

1. 破坏过程与受力机理

当节点混凝土强度较低、纵向钢筋强度或配筋率较低时，常发生混凝土承压破坏，如图 3.5（b）所示。节点承受的竖向压力来自于由钢梁和混凝土柱所传来的弯矩和剪力，当柱中（往往是柱根边缘）受压承载力不足时，将会导致承压破坏。

2. 影响因素分析

除了提高材料强度外，还可以通过采取合理的构造措施来避免承压破坏的发生。显然，通过增大柱的混凝土强度或纵筋强度的方法来避免承压破坏，效果不是很理想，也不经济。一般采用在节点区钢梁翼缘处焊接加强筋，在柱根部设置钢筋网片、角钢等构造措施来避免柱发生承压破坏。关于构造措施对承压破坏的影响，可参考文献[2,13]。

3. 承载力计算依据

因为承压破坏时，柱中混凝土被压碎属于脆性破坏，所以不作为节点承载力计算的依据。然而，在实际工程中，必须采取必要的构造措施来避免承压破坏的发生。

3.3　本书所提 RCS 组合节点的破坏模式分析

通过对国内外有关 RCS 组合节点的试验研究和有限元分析结果进行总结与分析，发现部分 RCS 组合节点的破坏过程、破坏特征与上述两种破坏均不同，本书称为部分剪切破坏和节点-梁混合破坏，分别介绍如下[14]。

3.3.1　部分剪切破坏模式

1. 破坏模式的提出

通过对文献[7]中 2 个节点（编号为 OB1-1，OBJS1-1）的试验结果进行分析，发现这 2 个试件均符合部分剪切破坏的特征，即在荷载施加到最大荷载的约 50%时，在钢筋混凝土柱的侧面出现斜向剪切裂缝；然后，随着荷载的增加，裂缝不断发展，并贯通形成 X 形交叉裂缝；随后节点区裂缝并没有进一步发展，混凝土相对较完整，没有被压碎。而钢梁翼缘开始进入屈服状态，随着荷载的进一步增大，钢梁翼缘的屈服区域不断扩大，导致钢梁局部屈曲而最终破坏。这两个试件的最终破坏形态如图 3.6 所示。

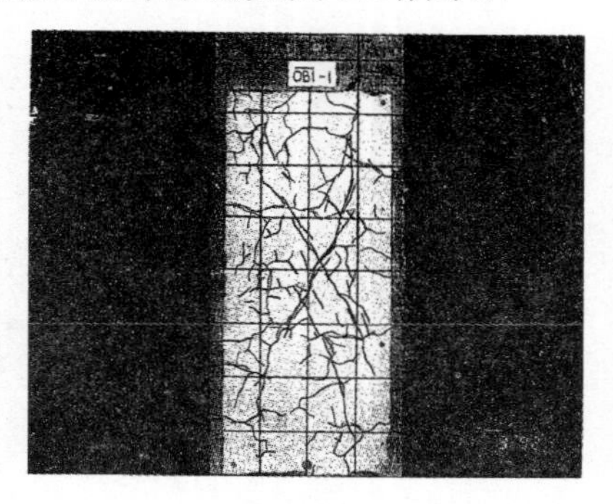

（a）试件 OB1-1 的破坏形态

（b）试件 OBJS1-1 的破坏形态

图 3.6 节点的最终破坏形态

国内也有不少类似试验结果，例如在文献[15]（编号为 LJD-01）的试验中，试件最终的破坏特征是：柱的侧面型钢梁端翼缘屈曲，而节点区并没有完全剪切破坏。文献[8]和文献[16]中 2 个节点（编号为 CEJ3、JD-1）的破坏特征是：平面节点 CEJ3 梁端翼缘屈曲，腹板屈服且有轻微屈曲，同时节点区混凝土出现较多交叉裂缝，但没有被压碎。空间节点 JD-1 的梁端发生弯曲破坏，节点区混凝土出现较多斜裂缝，混凝土仍没有被压碎，且节点区腹板出现部分屈服或者是没有完全屈服。

部分剪切破坏的典型特征是节点区的混凝土已经受剪开裂较严重，钢腹板的剪切应变也较大，但没有达到屈服。

2. 发生条件

当节点的抗剪承载力大于钢梁的抗弯承载力、局部屈曲承载力不够大时，或其他造成节点混凝土未能完全压碎、节点腹板未能达到屈服的情况，发生部分剪切破坏。

3. 承载力计算依据

当发生部分剪切破坏时，严格来说是由钢梁的抗弯承载力或局部承载力等控制的，然而对于节点抗剪承载力的计算也并非没有借鉴意义，实际上，也有学者尝试建立 RCS 组合节点的承载力公式[13,15]。一般而言，可以通过腹板项的折减对承载力公式进行修正，以达到相对准确的结果。目前，关于部分剪切破坏中腹板折减系数的取值还没有学者给出明确数据，文献[13]中只建议节点腹板未能充分发生作用时，取值小于 1。从受力机理上分析，仍可采用框架-剪力墙机构和斜压杆机构来模拟部分剪切破坏节点的抗剪性能。本书建议，对于混凝土项对节点承载力的贡献，可参照已有公式计算；而腹板项对承载力的贡献，可取腹板的实际应力状态作为承载力计算的依据。

3.3.2　节点-梁混合破坏模式

1. 破坏模式的提出

通过文献[17,18]中 3 个节点（编号为 GJ1-1、GJ1-2、GJ1-3）的试验结果进行分析，发现这 3 个试件均符合节点-梁混合破坏的特征，即在加载初期，节点出现垂直裂缝；然后随着荷载的增加，钢梁与钢筋混凝土柱连接部位的钢梁翼缘开始屈服，在此阶段裂缝不断发展。这 3 个试件都是以钢筋混凝土柱边缘型钢梁翼缘屈曲且腹板隆起的破坏为主要特征，同时节点区钢腹板也达到了屈服，节点区混凝土的裂缝贯通，且宽度较大。其中，试件 GJ1-3 最终破坏形态如图 3.7（a）所示。此外，文献[7]中的节点（编号为 OBJS2-0）也有类似的破坏特征，如图 3.7（b）所示。

（a）试件 GJ1-3 的破坏形态

（b）试件 OBJS2-0 的破坏形态

图 3.7　节点-梁混合破坏

2. 发生条件

当节点的抗剪承载力与钢梁的抗弯承载力或局部屈曲承载力基本相同时，发生节点-梁混合破坏。这种破坏形式可以看作是部分剪切破坏和腹板剪切破坏的界限破坏。

3. 承载力计算依据

理论上来说，因为节点-梁混合破坏模式既符合 RCS 组合节点破坏的特征，也符合钢梁破坏的特征，所以其承载力计算既可以依据 RCS 组合节点的承载力计算公式进行计算，也可以根据《钢结构设计规范》（GB 50017—2003）[19]的相关公式进行计算。然而，本书根据文献[17,18]的试验结果，分别采用美国土木工程师协会设计指南中节点的承载力公式和《钢结构设计规范》（GB 50017—2003）中钢梁的承载力公式，对其中的 3 个节点进行了计算，结果相差较大，偏差达 20%～40%。分析原因，一是 RCS 组合节点公式是基于美国相关规范设立的，且其适用性如何还有待进一步验证；二是两套公式毕竟是基于不同构件、不同破坏模式建立的，公式中各个系数的取值、依据的可靠度或安全度储备均是不同的。因为国内外还未见有文献对该类破坏模式的承载力计算给出依据，所以还有待于进一步的研究和探讨。

3.4　RCS 组合节点受力机理分析

对 RCS 组合节点的受力机理进行分析，是明确其计算模型和承载力计算公式的前提。进行受力机理分析时，需要对其在外荷载作用下，力的传递和在各个构件中的分配规律进行分析。由于 RCS 组合结构节点构造的多样性，其受力机理也会因为构造的不同而有所区别。本节主要针对的是梁贯通式节点。

3.4.1　RCS 组合节点的受力假定

框架梁、柱节点的受力一直以来都被认为是较为复杂的，一般来说包括节点左右梁端所传来的弯矩、剪力、轴力和上下柱端所传来的弯矩、剪力、轴力，使节点处于压-弯-剪复合受力状态下，如图 3.8 所示，但因为梁的轴力较小而一般可以忽略不计。而对于柱的轴向压力，虽然有学者认为轴向压力对节点的受力性能是有一定影响的[20]，但目前的研究大都没有考虑轴向力，故本节也暂不考虑。此外，为了简化节点的受力计算，本书假定左右梁端传来的弯矩和剪力是相等的，上下柱端传来的弯矩和剪力也是相等的。

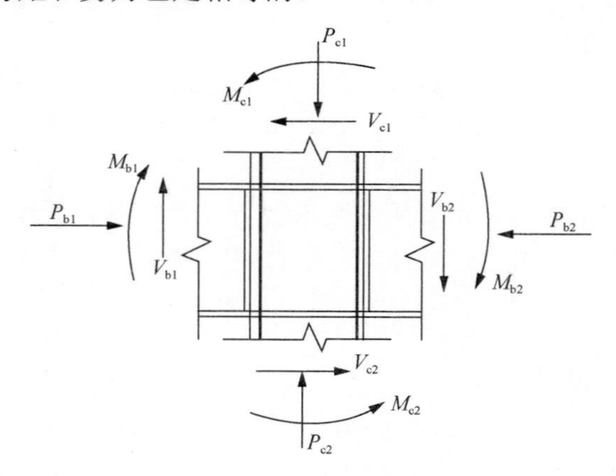

图 3.8　RCS 框架节点的受力状态

3.4.2　RCS 组合节点内外单元之间力的传递

通过试验和有限元分析可以得到，RCS 中柱节点不仅外部混凝土的破坏较内部混凝土要严重，而且在内外混凝土交界处的外部混凝土局部的压碎更为严重[21]。

同时，由相关的试验数据也可看出，无论是剪切破坏还是承压破坏，节点的内外单元都是存在着剪应力传递的，所以 RCS 框架组合节点的承载力都是可以看成由内外两个单元（内单元是指钢梁及节点区域钢梁翼缘腹板之间的混凝土，即内混凝土；外单元是指节点区域钢梁翼缘腹板之外的混凝土，即外混凝土）的贡献组成的。内外单元的划分及其上作用的力如图 3.9 所示。

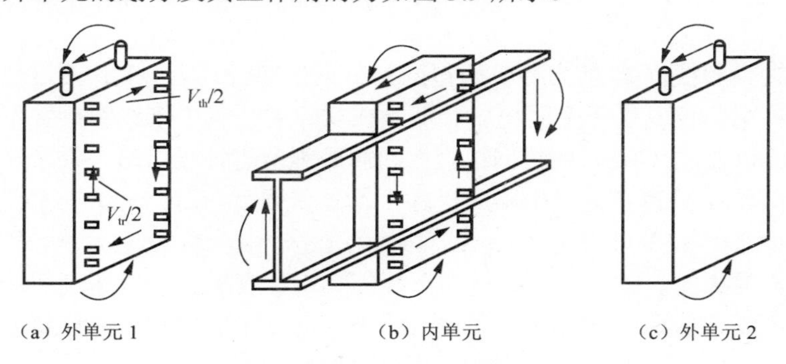

（a）外单元 1　　（b）内单元　　（c）外单元 2

图 3.9　内外单元的划分及其上作用的力[10]

3.4.3　RCS 组合节点的受力机理分析

节点的受力机理常认为有四种：钢梁腹板框架-剪力墙机构、核心区内混凝土斜压杆机构、核心区外混凝土斜压杆机构和核心区外混凝土桁架机构。下面介绍这四种传力机理：

1. 钢梁腹板框架-剪力墙机构

如图 3.10 所示，RCS 组合节点中的钢梁腹板框架-剪力墙机构本身是通过钢梁腹板、钢梁翼缘与面承板组成的，其中剪力墙机构为梁腹板，框架结构为梁翼缘和面承板。这种机构与真正的钢筋混凝土框架-剪力墙结构是相类似的，都是按照框架和剪力墙相对刚度的大小来进行节点区水平剪力的分配。但由于钢梁翼缘的抗侧移刚度远小于腹板，一般也只是占到腹板的 5%～10%，为了简化计算，常常会忽略梁翼缘的抗剪承载力，认为腹板承担了全部的节点区钢梁剪力。

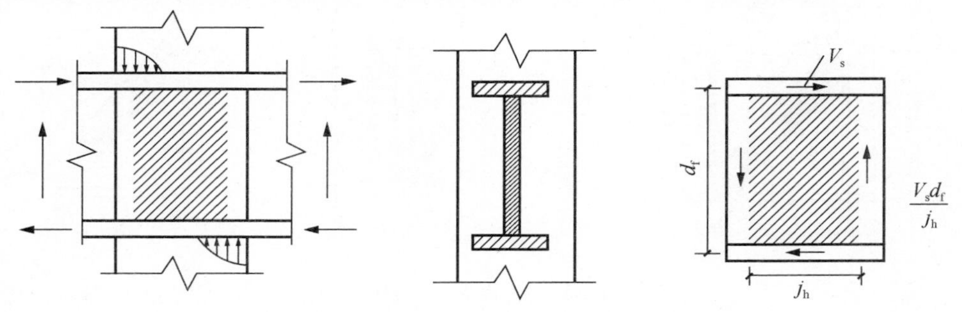

图 3.10　钢梁腹板框架-剪力墙机构

由图 3.10 中腹板区域的受力情况和弯矩的平衡可知，当采用腹板剪切破坏模型时，此时节点区腹板部分对于节点抗剪承载力的贡献值 V_{sn} 为

$$V_{sn}=F_{ysp}t_w jh \tag{3-1}$$

$$V_{sn}=\alpha F_{ysp}t_w jh \tag{3-2}$$

式中，jh 为节点区域的有效剪切宽度；F_{ysp} 为钢梁腹板的屈服强度；t_w 为腹板厚度。

基于钢梁腹板框架-剪力墙机构得到的节点抗剪公式为（3-1），这里假设的是节点区的钢梁腹板发生了全面屈服。但是在实际的计算中钢梁腹板并不会发生全面屈服，所以在式（3-2）中对钢梁腹板的屈服强度进行了折减，乘了一个折减系数 α，这里的 αF_{ysp} 可认为是钢梁腹板的平均屈服强度。而在美国土木工程师协会设计指南中系数 α 的取值为 0.6，同时如前所述理由，在式（3-1）、式（3-2）中并没有考虑翼缘的贡献。而部分剪切破坏因其钢梁腹板并没有达到屈服，所以严格说来并不属于剪切破坏。而若要使用此机理进行腹板的承载力计算，需要对其进行折减、修正，来保证公式的相对准确性。

2. 核心区内混凝土斜压杆机构

在节点核心区，主要的受力机构来自于受到梁翼缘和面承板的有效约束的梁翼缘宽度范围内的混凝土，将其叫作节点核心区内混凝土机构。

如图 3.11 所示，在水平力的作用下，通过面承板的扩散作用，钢梁受压翼缘会将部分水平压力传到节点区的角部，而另一侧混凝土柱也会通过梁翼缘将压力传到这一区域；这两个压力所形成的斜向压力沿节点对角线的方向相互平行，这一抗剪方式称为核心区内混凝土斜压杆机构。在梁翼缘宽度范围内的混凝土因受到了梁翼缘面承板和节点区箍筋的约束作用，而近似处于三轴受压状态，其实际的抗压和抗剪强度得到大幅度的提高。因此，在 RCS 节点中，核心区内混凝土斜压杆机构的抗剪承载力要比混凝土组合结构的节点区混凝土斜压杆抗剪承载力大得多。

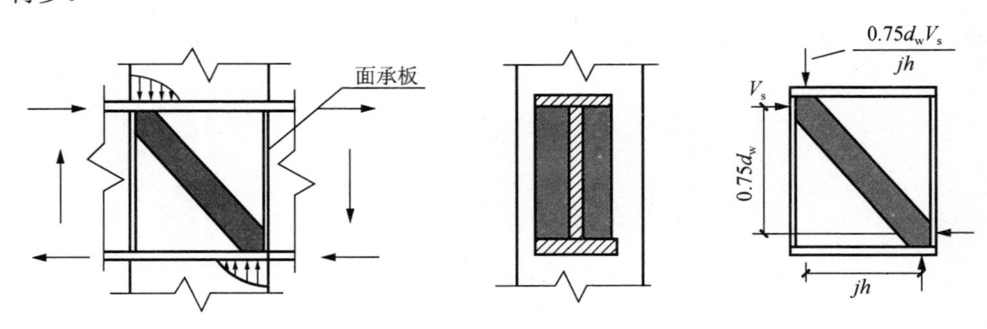

图 3.11　核心区内混凝土斜压杆机构

由图 3.11 中核心区内混凝土部分的受力情况和弯矩的平衡条件，以及剪切破

坏模型可知，此时核心区内混凝土部分对于节点抗剪承载力的贡献值为

$$V_{csn}=f_c b_p h\cos\theta \tag{3-3}$$

$$V_{csn}=\beta f_c b_p h\cos\theta \tag{3-4}$$

式中，b_p 为面承板的宽度；h 为混凝土斜压杆的等效长度；θ 为斜压杆轴线与水平面间的夹角。

基于核心区内混凝土斜压杆机构的抗剪承载力公式为（3-3），但是在节点的破坏过程中，因为混凝土柱中斜裂缝的出现，混凝土的强度值 f_c 会出现一定程度的降低。所以在实际计算中，将 f_c 的值乘以一个强度降低系数 β，而这里的 βf_c 为混凝土的平均强度值。在美国土木工程师协会设计指南中，混凝土的平均强度值取为 $1.7\sqrt{f_c'}$（f_c' 是指混凝土圆柱体轴心抗压强度）。

在翼缘框范围以外的混凝土仅仅受到节点箍筋的约束作用，其主要是通过与核心区内混凝土的相互作用和一些节点构造措施来承受外力的，是一种次要的受力机构，将其叫作节点核心区外混凝土机构。

3. 核心区外混凝土斜压杆机构

当 RCS 节点设有外单元的相关构造措施时，可将钢梁受压翼缘处的压力通过水平斜压杆传至柱端受拉混凝土一侧；而混凝土受拉区域利用柱端构造措施又将此力传回柱端受压区，成为作用于柱端受压区的剪力。柱端受压区在剪力和柱端压力的共同作用下，形成核心区外混凝土斜压杆机构[12]，如图 3.12 所示。由此可以看出，在节点处设置竖向钢柱和扩展面承板这种构造措施的主要作用就是将翼缘内部的力传到节点外部混凝土上，因此它们对核心区外混凝土斜压杆机构的形成起到了非常重要的作用。

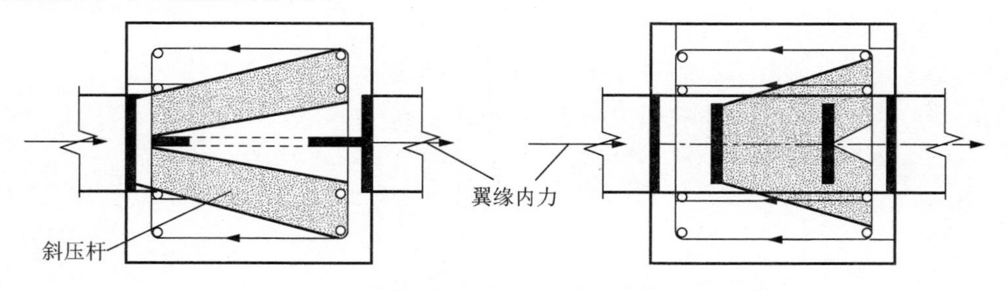

图 3.12　核心区外混凝土斜压杆机构

从上述内容可知核心区外混凝土斜压杆机构并不是一直存在的，当节点区没有扩展面承板、架立钢柱和抗剪栓钉等节点构造措施时，核心区外混凝土斜压杆机构就不会形成。而根据核心区外混凝土斜压杆机构所得到的抗剪承载力计算公式也与核心区内混凝土斜压杆机构相类似，只是在核心区外混凝土斜压杆承载力公式中 b_p 的取值改为核心区外混凝土斜压杆有效宽度值。

4. 核心区外混凝土桁架机构

如图 3.13 所示，RCS 组合节点传力的桁架机构原理有些类似于普通钢筋混凝土框架节点，但略有区别。在钢梁弯矩作用下，核心区内混凝土会随着翼缘框而发生剪切变形，此时由于黏结作用，必然会带动核心区外混凝土产生相应变形（这一作用在 Sheikh 等学者的试验中已经得到了证实，即通过分析和解剖发生节点剪切破坏的试件，在节点核心区内外混凝土之间发现了一层混凝土碎粒，而这些混凝土都已被压碎到类似于粉末状的形态，这也说明了节点核心区内外混凝土之间是发生着相对错动的）；同时，混凝土柱内钢筋的拉力和压力，会利用钢筋与混凝土之间的黏结作用而将它们的合力以剪应力的状态传递至节点区域[22]。而这一切都会使一个剪应力场较为均匀地形成在节点核心区域的核心区外混凝土中，在这里混凝土仍承担着斜向主压应力，而斜向主拉应力则是在混凝土开裂后主要由节点区箍筋来承担的，而节点区中部的纵向钢筋也能承担一小部分斜向拉应力。

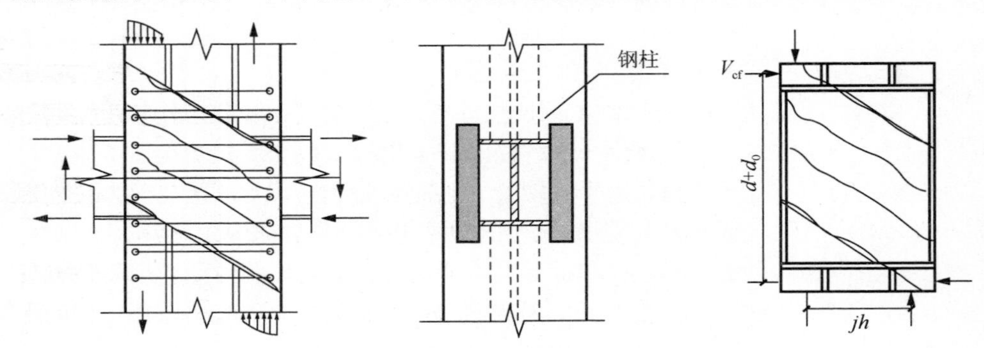

图 3.13　核心区外混凝土桁架机构

由上述可知，核心区外混凝土桁架机构的抗剪承载力主要是由两个部分组成的：核心区外混凝土由于黏结作用所承担的剪力和节点区箍筋所承担的剪力。所以，核心区外混凝土部分对于节点抗剪承载力的贡献值计算方法类似为

$$V_{cfn} = f_c b_0 h + f_{yv} A_{sh} (h_0 - a'_s) / s \tag{3-5}$$

$$V_{cfn} = \gamma f_c b_0 h + \eta f_{yv} A_{sh} (h_0 - a'_s) / s \tag{3-6}$$

式中，b_0 为核心区外混凝土宽度；h 为平行于钢梁方向上的柱宽；f_{yv} 为箍筋抗拉强度设计值；h_0 为钢梁受压翼缘和纵向受拉钢筋合力点至混凝土受压边缘的距离；a'_s 为钢筋保护层厚度；s 为箍筋间距。

式（3-5）是基于核心区外混凝土桁架机构的理论计算公式。而在实际计算中，混凝土部分与核心区内混凝土斜压杆类似，在其开裂后强度值会有一定程度的降低，故将混凝土强度乘以降低系数 γ，取平均强度值 γf_c。还因箍筋并不能充分发挥其抗剪作用，故在箍筋抗剪项中也乘以了折减系数 η。在美国土木工程师协会设计指南中，核心区外混凝土桁架项取 $0.4\sqrt{f_c'}b_0h+0.9A_{sh}f_{yv}h/s$。

基于上述受力机理，由节点区的弯矩平衡，节点抗剪承载力的公式为

$$\sum M_c - V_b jh \leqslant \Phi[V_{sn}d_f + 0.75V_{csn}d_w + V_{cfn}(d+d_0)] \tag{3-7}$$

式（3-7）中的 V_b 为节点处左右梁端所传来的剪力值，如图 3.8 所示，$V_b=(V_{b1}+V_{b2})/2$；$\sum M_c$ 为柱的弯矩值；d_f 为钢梁上下翼缘板中心间距离；d_w 为钢梁腹板的宽度；d_0 的值当作用由扩展面承板承担时取面承板的延伸长度，其余情况一般取 $0.25d$；d 为钢梁高度。

3.5　RCS 组合节点抗剪承载力计算分析

虽然目前对于 RCS 组合框架节点抗剪承载力的研究较多，但仍没有统一的计算公式。本章对已有 RCS 组合节点的抗剪承载力计算公式展开了系统分析，探讨了节点区各组成部分对节点抗剪承载力的贡献，并结合试验结果，提出了改进公式[23]。

3.5.1　RCS 组合节点抗剪承载力公式简介和分析

目前节点抗剪承载力主要分为两大类，第一类是以节点强度为基础的抗剪承载力，第二类是以节点变形为基础的抗剪承载力。第一类是 Sheikh 和 Deiler 基于试验取节点总变形的 1.0%所对应的强度作为节点的名义抗剪强度；第二类是 Parra 基于试验取节点总剪切应变的 1.2%所对应的强度作为节点的名义抗剪强度。本书只介绍基于强度理论的节点抗剪承载力计算公式。

以强度为基础的抗剪承载力公式按混凝土是否作为一个整体承担剪力又可以分为两类：第一类将混凝土部分作为一个整体，公式由混凝土、型钢腹板和箍筋三个部分的承载力组成；第二类将混凝土部分分为内部混凝土和外部混凝土，公式由内部混凝土、外部混凝土、型钢腹板和箍筋四个部分的承载力组成。下面的 6 组公式中 B、C、E、F 为第一类，A 和 D 为第二类。

1. A 组公式

此式是美国土木工程师协会在 RCS 组合节点设计指南中建议的公式，根据钢结构节点和钢筋混凝土结构节点的承载力强度公式发展而来，即

$$V_j \leqslant 0.6F_{ysp}t_{sp}jh + 1.7\sqrt{f_c'}b_ph + 0.4\sqrt{f_c'}b_0h + 0.9A_{sh}F_{ysh}h/s_h \tag{3-8}$$

式中，$\sqrt{f_c'}$、F_{ysp}、F_{ysh} 分别为混凝土的圆柱体轴心抗压强度、钢梁腹板屈服强度、箍筋屈服强度；t_{sp}、jh 分别为钢梁腹板的厚度和节点区域的长度；h 为混凝土柱截面高度；b_p 和 b_0 分别为混凝土柱的内外部宽度；A_{sh} 为同一截面内箍筋各肢截

面面积之和；s_h 为节点区域箍筋间距。式中参数的取值见文献[9]。

此公式主要适用于以下情况：$0.75 \leqslant h/d \leqslant 2.0$，$h/d$ 为节点高宽比，其中 h 可取柱的宽度，d 可取梁的高度；混凝土抗压强度设计值应小于或等于 40MPa、钢筋抗拉强度设计值应小于或等于 410MPa、型钢抗拉强度设计值应小于或等于 345MPa；低烈度区域的中间层中间节点。

2. B 组公式

此式是日本在 RCS 组合节点设计指南中建议的公式，根据大量的试验数据和有限元分析得到的，公式如下

$$\begin{cases} Q_p = Q_w + Q_f + Q_h + Q_c \\ Q_w = c_1 A_w \sigma_{awy} / \sqrt{3} \\ Q_f = 0.5 A_f \sigma_{sfy} / \sqrt{3} \\ Q_h = 0.25 P_w \sigma_{wy} b_c d_{mc} \\ Q_c = 0.04 c_2 c_3 b_c \sigma_B \delta_j D_c \end{cases} \tag{3-9}$$

式中，Q_w、Q_f、Q_h、Q_c 分别为型钢腹板、钢柱面板、横向箍筋和混凝土部分的抗剪承载力；A_w、A_f 分别为节点区型钢腹板和钢板箍的截面面积；σ_{awy}、σ_{sfy}、σ_{wy} 分别为型钢腹板、钢柱面板、横向箍筋的屈服应力；b_c、D_c 分别为混凝土柱截面的宽度和高度；P_w 为节点区域的横向配筋率；d_{mc} 为混凝土柱中拉压主筋间的最大间距；σ_B 为节点区域混凝土的抗压强度设计值；δ_j 为节点形状系数；c_1、c_2、c_3 分别为与构造相关的系数。式中参数的取值见文献[11]。

3. C 组公式

此式考虑了节点的受力机理和不同节点构造对节点性能的影响，对国内外 RCS 组合节点试验数据进行回归分析而来，公式如下

$$V_j \leqslant k_w f_y t_w h_c / \sqrt{3} + 0.25 f_{yv} A_{sv} (h_b - t_f) / s + 0.097 k f_c' b_c h_c \tag{3-10}$$

式中，k_w 和 k 分别为折减系数和节点构造影响系数，其取值见文献[22]；f_c'、f_y、f_{yv} 分别为混凝土的圆柱体轴心抗压强度（$f_c'=0.85f_c$）、钢梁腹板屈服强度、箍筋屈服强度；h_b、b_c、h_c 分别为钢梁截面高度、混凝土柱截面的宽度和高度；t_f 为钢梁翼缘的厚度；A_{sv} 为同一截面内箍筋各肢截面面积之和；s 为节点区域箍筋间距。该式中的 0.25 是在节点区布置对混凝土产生约束作用的构造措施时，考虑到箍筋抗剪能力减小而采用的折减系数，该系数是日本建筑业协会所提出的 B 组公式中关于箍筋抗剪承载力的折减系数。当节点发生剪切破坏时，由于钢梁腹板没有完全屈服，所以对此项也进行了折减。

4. D组公式

文献[12]中的公式基于A组公式节点的破坏模型和推导方式，将腹板节点区长度值、外部混凝土的系数和有效宽度的取值进行修正得到，公式如下

$$V_{\mathrm{j}} \leqslant F_{\mathrm{yw}} t_{\mathrm{w}} jh / \sqrt{3} + 1.65\sqrt{f_{\mathrm{c}}'} b_{\mathrm{p}} h + 1.05\sqrt{f_{\mathrm{c}}'} b_{0} h + 0.9 A_{\mathrm{sh}} F_{\mathrm{ysh}} h / s_{\mathrm{h}} \tag{3-11}$$

式中，b_{p}、b_0为节点混凝土内外部分的有效宽度；其他符号意义同前。

此公式只适用于中间层中间节点的抗剪承载力的计算，但是外部混凝土有效宽度的取值比A组公式考虑得更充分。因为此式考虑了横梁对外部混凝土的约束作用，所以外部混凝土抗剪部分的系数大于A组公式。

5. E组公式

我国《组合结构设计规范》(JGJ 138—2016）给出了型钢混凝土柱-钢梁节点的抗剪承载力公式，这种类型的节点可以看成是RCS组合节点的一种特例，只是在混凝土柱中加入了型钢。为了保证梁端出现塑性铰后节点不发生脆性破坏，根据抗震等级给出了如下公式

$$V_{\mathrm{j}} \leqslant [0.25\phi_{\mathrm{j}}\eta_{\mathrm{j}} f_{\mathrm{c}} b_{\mathrm{j}} h_{\mathrm{j}} + f_{\mathrm{yv}} A_{\mathrm{sv}} (h_{\mathrm{b}} - a_{\mathrm{s}}') / s + 0.58 f_{\mathrm{a}} t_{\mathrm{w}} h_{\mathrm{w}}] / \gamma_{\mathrm{RE}} \tag{3-12}$$

式中，f_{c}、f_{yv}、f_{a}分别为混凝土立方体抗压强度值、箍筋抗拉强度设计值、型钢抗拉强度设计值；t_{w}、h_{w}分别为柱型钢腹板厚度、柱型钢腹板高度；A_{sv}为节点b_{j}宽度范围内同一截面内各肢箍筋的截面面积之和；h_{j}、b_{j}和h_{b}分别为框架节点核心区有效截面的高度、框架节点核心区有效截面的宽度和钢梁高度；a_{s}'和s分别为钢筋保护层厚度、节点区域箍筋间距；η_{j}为梁对节点的约束影响系数，一般情况下可取1.0；ϕ_{j}为节点的位置影响系数，对于中柱中间节点取1.0；γ_{RE}为承载力抗震调整系数。公式中的0.25是考虑了多个试验数据后通过线性回归分析得到的，它反映了翼缘框的约束作用使混凝土抗剪承载力增大的情况，同时也认为设置了面承板的RCS框架节点也存在翼缘框的约束作用。该公式适用于不同位置处的节点抗剪承载力的计算，适用范围较广。但是此式没有充分考虑节点区构造措施对混凝土的抗剪截面有效宽度b_{j}的影响，影响了计算的安全性和准确性。

6. F组公式

此式基于三个不同剪压比的钢梁贯通型RCS框架中间层中间节点在低周反复荷载的作用下[24]，在E组公式的基础上推导而来。与E组公式的不同之处在于对钢梁贯通的RCS梁、柱节点而言，该式考虑了轴向压力对腹板和混凝土的有效宽度的影响，是一个半经验半理论公式，即

$$V_{\mathrm{j}} \leqslant 0.25 f_{\mathrm{c}} b_{\mathrm{j}} h_{\mathrm{j}} + f_{\mathrm{yv}} A_{\mathrm{sv}} (h_{\mathrm{b}} - t_{\mathrm{f}}) / s + 0.58\phi f_{\mathrm{a}} t_{\mathrm{w}} h_{\mathrm{w}} \tag{3-13}$$

式中，ϕ 为腹板抗剪承载力的折减系数，可取 0.8；其他符号意义同前。

文献[24]通过对梁贯通节点受力机理的分析，认为节点区混凝土的受力是分层次的，在参考了美国土木工程师协会关于节点设计指南的相关规定后给出了节点区有效剪切宽度 b_j 的取值为 0.5（b_b+b_c），此值的取法不同于 E 组公式。该式只适用于中间层中间节点，而且计算结果离散比较大。

3.5.2 RCS 组合节点抗剪承载力计算分析

1. RCS 组合节点的选取

利用 12 个中间层中间节点的试验数据对上述 6 组公式的适用性进行计算分析。其中，前 3 个节点的试验数据来自重庆大学所做的 3 个 RCS 节点试验[24]；后 9 个节点的试验数据选自 1989 年美国学者 Deierlein 和 Sheikh 等所做的 15 个 RCS 节点试验[2,25]。主要的节点试验数据见表 3.2，其他数据见相应文献。

表 3.2 主要的节点试验数据

试件编号	混凝土强度 f_c/MPa	节点区箍筋	节点构造细节	抗剪承载力/kN
1	25.0	4 道 ϕ8@60mm	FBP+钢柱+栓钉+钢筋网片	901.9
2	22.5	4 道 ϕ6@60mm	FBP+钢柱+栓钉	870.8
3	23.2	4 道 ϕ8@60mm	FBP+钢柱+栓钉	869.0
4	31.0	4 道 ϕ10@100mm	无	769.0
5	29.6	4 道 ϕ10@100mm	FBP	1356.5
6	29.6	4 道 ϕ10@100mm	加厚 FBP	1314.2
7	27.6	4 道 ϕ10@100mm	加宽 FBP	1675.3
8	24.8	4 道 ϕ10@100mm	延长 FBP	2117.6
9	34.5	4 道 ϕ10@100mm	抗剪栓钉	1312.9
10	34.5	4 道 ϕ10@100mm	抗剪栓钉+FBP	1816.7
11	27.6	4 道 ϕ10@100mm	钢柱+FBP	1635.5
12	26.9	4 道 ϕ10@100mm	钢柱+FBP+构造箍筋	1586.1

节点 1、节点 2 和节点 3 的钢梁尺寸 $h \times b \times t_f \times t_w$ 为 250mm×125mm×9mm×6mm，混凝土柱的截面尺寸为 350mm×350mm，钢梁腹板强度 f_a 为 268.85MPa，箍筋强度分别为 249.25MPa、243.34MPa 和 268.85MPa。节点 4～8 的钢梁尺寸 $h \times b \times t_f \times t_w$ 为 444mm×203mm×9mm×6mm，节点 9～12 的钢梁尺寸 $h \times b \times t_f \times t_w$ 为 450mm×203mm×22mm×6mm，混凝土柱的截面尺寸为 510mm×510mm，钢梁腹板强度 f_a 为 248MPa，箍筋强度为 423.4MPa。

2. RCS 组合节点的承载力计算分析

将以上 12 个节点的试验数据代入 3.5.1 节所述的 6 组公式中，得出节点的抗剪承载力计算值，见表 3.3。为了方便对各个公式计算值与试验值的对比和分析，将节点承载力的试验值与计算值的比值用折线图表示出来，如图 3.14 所示。

表 3.3　各组公式下 12 个节点抗剪承载力计算值　　（单位：kN）

	1	2	3	4	5	6	7	8	9	10	11	12	μ
A	650.5	628.2	637.8	724.5	1289.8	1289.8	1721.5	1377.7	1497.8	1434.5	1340.7	1289.2	1.21
B	826.0	791.8	787.9	750.6	1308.6	1308.6	1329.9	1591.7	1208.6	1446.2	1329.9	1308.3	1.15
C	764.4	683.4	730.6	690.8	1220.8	1220.8	1240.0	1162.3	1170.3	1779.6	1518.5	1492.0	1.20
D	816.3	786.6	798.3	690.8	1372.4	1356.2	1773.2	1926.9	1670.3	1670.3	1648.6	1632.4	1.01
E	996.1	909.9	951.1	1171.2	2046.8	2046.8	1369.9	1948.3	2290.1	2290.1	1947.5	1912.8	0.81
F	805.3	731.3	766.4	969.1	1771.6	1771.6	1694.3	1586.2	1580.8	1960.9	1692.2	1667.2	0.98

注：μ为各组公式的试验值与计算值比值的平均值。

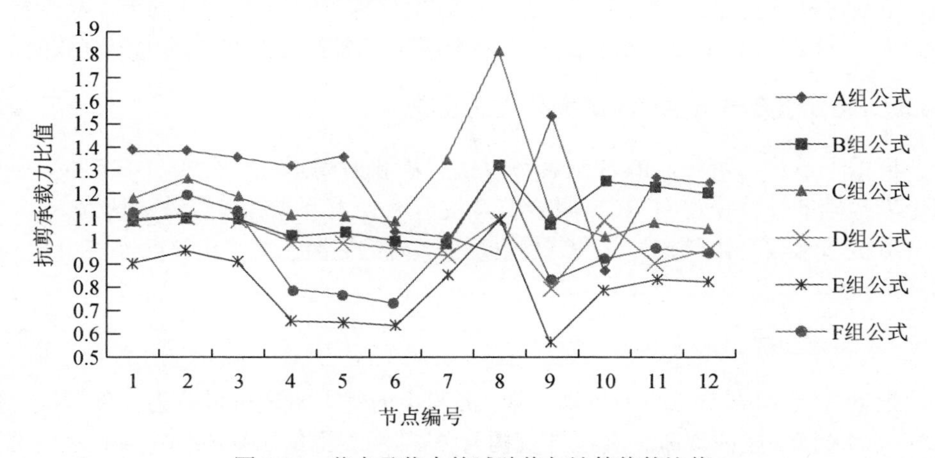

图 3.14　节点承载力的试验值与计算值的比值

A、B、E 组公式分别为美国、日本和我国建议的 RCS 节点抗剪承载力公式，从图 3.14 中可知日本建议的 B 组公式的稳定性最好，原因可能是 B 组公式对不同节点构造均给出了合理的参数取值，适用于不同构造的节点，而 A、B 组公式的适用范围相对较小。C 组公式中的 8 节点的试验值与计算值的比值较大，大约为 1.85，相对较保守，原因可能是节点的构造措施导致，与其他节点不同的是该节点区设置了延长面承板，而且 C 组公式没有完全考虑延长面承板的抗剪作用。由表 3.3 可知，D 组公式的稳定性与试验值的匹配程度是最好的；E、F 组公式的试验值与计算值比值的平均值均小于 1，说明 E、F 组公式的计算结果是偏危险的。

F 组公式考虑了轴向压力对腹板承载力的影响，对其进行了折减，且是在 E 组公式的基础上得出的，所以这两个公式具有一定相似性。由图 3.14 可知，两个公式得到的试验值与计算值的比值大部分小于 1，说明按这两组公式是偏危险的。主要原因可能是考虑的影响因素过于单一。从图 3.14 也可以看出 4～12 这 9 个构造相对简单的节点承载力计算值与试验值的偏差较大，原因可能是虽然 F 组公式考虑了轴向压力对节点承载力的影响，但是并没有考虑梁端对节点的约束作用。

B 组公式与 C 组公式中的腹板部分和箍筋部分的承载力表达式类似，两组公式的主要区别在于混凝土所承担的剪力。虽然两组公式中混凝土部分的系数都是通过分析试验数据得到的，但是表达式和取值系数不同。从图 3.14 中可知，两组公式的试验值与计算值的比值总体上大于 1，说明这两组公式的计算结果是偏于安全的；B 组公式的计算值的稳定性与试验值的匹配程度比 C 组公式要好，原因可能是 C 组公式没有全面考虑节点区不同构造对抗剪承载力的影响，使计算值偏小。

D 组公式是在 A 组公式的基础上得到的，两者的区别在于 D 组公式对外部混凝土有效剪切宽度进行了修正。由图 3.14 可知，A 组公式的计算值大多小于试验值，由此可知该组公式的结果过于保守；且由计算可知 A 组公式的方差和变异系数大于 D 组公式，说明 D 组公式对外部混凝土有效宽度的修正是十分有效的。

3.5.3 RCS 组合节点抗剪承载力公式的改进

根据上节分析可知，RCS 组合节点抗剪承载力尚无统一公式，本节将以强度理论为基础的计算模型对 RCS 组合节点抗剪承载力公式进行改进，认为 RCS 组合节点抗剪承载力由箍筋 V_{sh}、钢梁腹板 V_{w}、内部混凝土 $V_{c内}$ 和外部混凝土 $V_{c外}$ 四部分承担。

1. 混凝土部分的贡献

根据 RCS 组合节点受力机理可知，混凝土的受力机理可以分为内部混凝土斜压杆机构（核心区内混凝土斜压杆机构）、外部混凝土斜压杆机构（核心区外混凝土斜压杆机构）和外部混凝土桁架机构（核心区外混凝土桁架机构）。所以本节将混凝土的承载力分为内部混凝土和外部混凝土两部分承担。下面分别介绍内、外部混凝土承载力的修正公式。

1）内部混凝土部分。内部混凝土是指钢梁翼缘宽度范围内受到钢梁翼缘和面承板的有效约束的部分。本节将内部混凝土抗剪截面的有效宽度取为钢梁翼缘板宽度和面承板宽度中的较大值 b_{f} 与钢梁腹板厚度 t_{w} 之差，则内部混凝土抗剪承载力公式为

$$V_{c内} = k_1(b_f - t_w)h_c f_c \tag{3-14}$$

式中，k_1 为内部混凝土承载力影响系数；h_c 为内部混凝土抗剪截面有效高度，取混凝土柱高。

2）外部混凝土部分。本节中外部混凝土抗剪截面的有效宽度 b_0 的计算方法采用由美国土木工程师协会提出的 D 组公式中 b_0 的计算方法，则外部混凝土抗剪承载力公式为

$$V_{c外} = k_2 b_0 h_c f_c \tag{3-15}$$

式中，k_2 为外部混凝土承载力影响系数。

文献[10]通过对节点的受力性能进行有限元分析得到以下结论：一个约束内部混凝土的节点构造和一个约束外部混凝土的节点构造同时使用时，节点承载力的提高值可以近似取这两个节点构造单独使用时的提高值之和，所以当节点区域外单元有多种构造措施时，节点区的承载力为每个构造措施对承载力贡献之和。竖向加强筋对节点的受力性能的影响很小，可忽略不计。本节根据所选节点的试验数据，对不同的节点构造进行了分析得到 k_1 和 k_2 的取值，见表 3.4。

表 3.4　k_1 和 k_2 的取值

系数	无特殊构造	面承板	加厚面承板	宽面承板	延长面承板	抗剪栓钉	抗剪栓钉+面承板	钢柱+面承板	钢柱+面承板+构造箍筋	面承板+抗剪栓钉+钢柱+竖向加强筋
k_1	0.07	0.27	0.27	0.27	0.27	0.07	0.27	0.27	0.27	0.27
k_2	0.08	0.08	0.08	0.08	0.31	0.32	0.23	0.23	0.23	0.46

2. 钢梁腹板部分的贡献

RCS 组合节点受力时，型钢承担着部分轴向力、弯矩和剪力。因为型钢腹板的抗侧移刚度远大于翼缘的抗侧移刚度，所以剪力主要是由腹板承担[26]。根据节点框架-剪力墙的抗剪机理，可忽略钢梁翼缘的抗剪作用。钢梁腹板的承载力公式推导如下。

1）型钢梁屈服前，腹板处于弹性阶段，主应力可表示为

$$\sigma_1 = \sigma_c / 2 + \sqrt{(\sigma_c / 2)^2 + \tau^2} \quad （主拉应力） \tag{3-16}$$

$$\sigma_2 = 0 \tag{3-17}$$

$$\sigma_3 = \sigma_c / 2 - \sqrt{(\sigma_c / 2)^2 + \tau^2} \quad （主压应力） \tag{3-18}$$

2）当节点发生剪切破坏时，节点处于极限状态，节点区型钢腹板已完全屈服，将腹板视为理想的弹塑性材料，由第四强度理论建立剪切屈服时的条件可得

$$\sigma_y = \sqrt{\left[(\sigma_1 - \sigma_2)^2 + (\sigma_2 - \sigma_3)^2 + (\sigma_3 - \sigma_1)^2\right]} / \sqrt{2} \tag{3-19}$$

式（3-19）中的 σ_y 为型钢单向拉伸时的屈服强度，将式（3-16）、式（3-17）、式（3-18）代入式（3-19）进行组合计算，得到节点屈服时的腹板剪切应力 τ_y

$$\tau_y = \sqrt{(f_{yw}^2 - \sigma_c^2) / 3} \tag{3-20}$$

由上式可知，轴向压力对节点区腹板的抗剪承载力是不利的。根据以往研究可知此不利影响很小，因此本节忽略轴向压力的不利影响，采用纯剪切状态下的

剪切应力，则钢梁腹板屈服时的最大剪切应力为$\tau = f_{yw} / \sqrt{3}$。由此可得，钢梁腹板的抗剪承载力 V_w 为

$$V_w = f_{yw} t_w h_w / \sqrt{3} \tag{3-21}$$

式中，f_{yw} 为腹板的屈服强度；t_w 为腹板的厚度；h_w 为腹板的有效宽度。

文献[12]表明，当节点破坏时可能由于节点区钢梁腹板与混凝土之间的黏结应力，腹板不能完全屈服，腹板不处于纯剪切状态，则此时节点腹板的剪应力分布如图 3.15 所示。

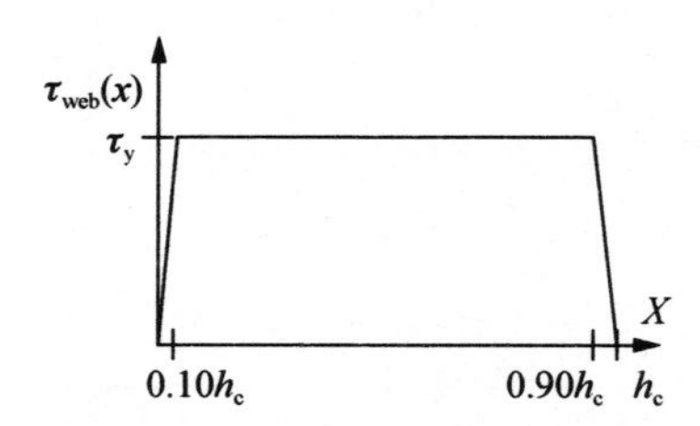

图 3.15　节点腹板的剪应力分布

钢梁腹板的抗剪承载力表达式为

$$V_w = \int_0^{h_c} \tau_{web}(x) t_w \mathrm{d}x \tag{3-22}$$

$$\tau_{web}(x) = \gamma_{web}(x) G_s \leqslant f_{yw} / \sqrt{3} = \tau_y \tag{3-23}$$

式中，G_s 为钢梁腹板的剪切模量；τ_{web} 为钢梁腹板剪切应力；γ_{web} 为钢梁腹板剪切应变；dx 为混凝土柱截面高度的微分。

则腹板机构抗剪承载力公式为

$$V_w = k_3 f_{yw} t_w h_c / \sqrt{3} \tag{3-24}$$

式中，h_c 为混凝土柱截面高度；k_3 为折减系数，取 0.9，是式（3-22）根据图 3.15 积分后得到的。

3. 箍筋部分的贡献

一般来说，当钢梁腹板屈服产生较大的变形时，RCS 节点区域内的箍筋才能起到抗剪作用，大部分箍筋通过约束节点区域的混凝土来间接承担剪力，箍筋对节点变形能力的提高远远大于对节点承载能力的提高，所以计算箍筋用量的主要目的是约束核心区的混凝土。这与混凝土结构中箍筋的作用相同，所以我国相关规范中钢梁-型钢混凝土柱节点的箍筋承载力公式仍采用混凝土结构的抗剪承载力公式，即$V_{sh} = f_{yv} A_{sv} (h_0 - a_s') / s$。

因为箍筋在节点破坏时一般不屈服，而且节点区其他构造措施（如面承板、钢环箍、钢面板等）对节点区域的混凝土提供了较好的约束作用，所以节点区箍

筋部分承担的剪力有所下降，故本节建议采用折减系数对箍筋的承载力进行修正，表达式如下

$$V_{sh} = k_4 A_{sv} f_{yv} h_c / s \tag{3-25}$$

上式中的 k_4 为箍筋承载力折减系数。作者在分析了文献[20]中相关数据后发现，当节点破坏时大约有 27%的箍筋达到了屈服。因为对节点区箍筋承载力的折减没有充足的试验数据的验证，所以本节仍采用日本建筑业协会所提公式中关于箍筋抗剪承载力的折减系数 0.25。

综上所述，本节提出的改进公式如下

$$\begin{aligned} V_j &= V_w + V_{c内} + V_{c外} + V_{sh} \\ &= k_1(b_f - t_w)h_c f_c + k_2 b_0 h_c f_c + k_3 f_{yw} t_w h_c / \sqrt{3} + k_4 A_{sv} f_{yv} h_c / s \end{aligned} \tag{3-26}$$

式中，为保守计算，取 $k_1 = 0.06\alpha$，$k_2 = 0.08\beta$，$k_3 = 0.9$，$k_4 = 0.25$。α、β 的取值根据表 3.5 分析得到。

表 3.5　不同构造下 α、β 的取值

系数	无特殊构造	面承板	加厚面承板	宽面承板	延长面承板	抗剪栓钉	抗剪栓钉+面承板	钢柱+面承板	钢柱+面承板+构造箍筋	面承板+抗剪栓钉+钢柱+竖向加强筋
α	1.0	4.0	4.0	4.0	4.0	1.0	4.0	4.0	4.0	4.0
β	1.0	1.0	1.0	1.0	3.8	3.8	2.8	2.8	2.8	5.7

3.5.4　公式的验证和分析

在组合结构中，节点的抗剪承载力的计算一直都是一个很重要的问题，为了验证本章所建议的公式的适用性，将第 2 章的试验结果（表 2.4），以及前述搜集的 12 个节点试验结果代入改进公式（3-26）中，得到节点承载力的计算值，计算结果见表 3.6。

表 3.6　各个节点的承载力结果

节点	试验值/kN	计算值/kN	试验值/计算值	各部分承载力所占比例		
				混凝土	腹板	箍筋
1	901.9	887.9	1.02	63%	33%	4%
2	870.8	816.9	1.06	61%	36%	3%
3	869.0	844.9	1.03	61%	35%	4%
4	769.0	751.4	1.02	38%	52%	10%
5	1356.5	1280.5	1.06	63%	31%	6%
6	1314.2	1280.5	1.03	63%	31%	6%
7	1675.3	1669.6	1.00	72%	24%	4%
8	2117.6	2243.8	0.94	79%	18%	3%
9	1312.9	1128.3	1.16	58%	35%	7%

续表

节点	试验值/kN	计算值/kN	试验值/计算值	各部分承载力所占比例		
				混凝土	腹板	箍筋
10	1816.7	1830.2	0.99	74%	22%	4%
11	1635.5	1556.9	1.05	70%	25%	5%
12	1586.1	1529.3	1.04	69%	26%	5%
平均值	—	—	1.03	64%	30%	6%
方差	—	—	0.0035	—	—	—
变异系数	—	—	0.057	—	—	—

从表 3.6 可以看出试验值与计算值的比值在 1 左右，说明改进公式与试验的匹配程度很好；从方差可以看出改进公式的计算结果稳定性很好，由此说明改进公式有较好的适用性。

为了进一步说明本章改进公式的有效性和适用性，另取了 3 个节点进行分析。这三个节点选自武汉理工大学所做的三个梁贯通型边节点试验[27]。根据试验资料，用本章提出的改进公式来计算这三个节点的抗剪承载力，结果见表 3.7。

表 3.7　改进公式的计算结果

编号	试验值/kN	计算值/kN	试验值/计算值	各部分承载力计算值/kN			各部分承载力所占比例		
				混凝土	腹板	箍筋	混凝土	腹板	箍筋
节点 1	1134.5	1128.47	1.01	648.35	480.12	0	60%	40%	0%
节点 2	1172.3	1133.98	1.04	626.75	480.12	27.13	58%	40%	2%
节点 3	1210.1	1192.55	1.02	685.30	480.12	27.13	60%	38%	2%

由表 3.7 可知，三个节点的试验值与计算值的比值均接近于 1，再次证明了本章中改进的节点承载力公式的有效性；由于节点 1 到节点 3 为边节点，表明改进公式不仅适用于中节点，同样也适用于边节点。

对第 2 章中的 6 个 RCS 节点试验进行分析，试验数据见表 2.4。根据试验数据，用本章提出的改进公式（3-26）来计算这 6 个节点的抗剪承载力，结果见表 3.8。

第 2 章试验中的 RCS 组合节点为钢梁腹板贯通、翼缘部分切除的形式。因为翼缘被部分切除，所以与面承板共同组成的刚性“翼缘框”发生改变，从而使节点核心区内外混凝土的抗剪承载力减小，则式（3-26）中的混凝土抗剪承载力计算部分的系数 k_1、k_2 也发生变化，根据对试验数据的分析可取 $k_1 = 0.02\alpha$，$k_2 = 0.04\beta$。

由于翼缘被部分切除，当有两种构造或只有面承板一种构造时，取 α=4.0，β=1.0；有两种以上构造时，取 $\alpha = 4.0$，$\beta = 2.8$。

从表 3.8 可知，经修正后的公式计算值与试验值匹配较好，本章所提公式同样可用于计算翼缘部分切除形式的 RCS 组合节点。

表 3.8　试验数据的抗剪承载力计算结果

编号	试验值/kN	计算值/kN	试验值/计算值	各部分承载力计算值/kN				各部分承载力所占比例		
				混凝土内部	混凝土外部	腹板	箍筋	混凝土	腹板	箍筋
RCSJ1	676.50	802.83	0.90	303.27	33.17	392.74	73.65	42%	49%	9%
RCSJ2	699.24	825.51	0.90	303.27	55.85	392.74	73.65	44%	47%	9%
RCSJ3	853.78	848.64	1.01	303.27	78.98	392.74	73.65	46%	46%	8%
RCSJ4	733.81	739.34	1.00	303.27	43.33	392.74	0	47%	53%	—
RCSJ5	770.62	854.95	0.91	303.27	85.29	392.74	73.65	47%	45%	8%
RCSJ6	909.55	1167.69	0.80	303.27	142.16	392.74	73.65	60%	34%	6%
平均值	—	—	0.92	—	—	—	—	48%	45%	7%

3.5.5　节点区各组成部分对节点抗剪承载力的贡献

为了分析节点各组成部分在节点抗剪时的贡献，利用改进公式计算各组成部分所承担的剪力，得到节点各部分承载力所占比值（表 3.6）；同时，利用 A～F 组公式计算得到的结果见表 3.9。

表 3.9　节点各部分承载力在抗剪时的贡献

按强度理论模型提出的公式	节点各部分承载力在抗剪时的贡献		
	混凝土	腹板	箍筋
A	69%	25%	6%
B	63%	33%	4%
C	61%	33%	6%
D	74%	24%	2%
E	65%	23%	12%
F	62%	26%	16%
改进公式	64%	30%	6%

由表 3.9 可知，E、F 公式的计算结果中箍筋承载力占的比例较大，主要原因可能是这两组公式计算时没有考虑箍筋承载力的折减；而其他几组公式的计算结果中箍筋承担的剪力不足 10%，主要原因是考虑了箍筋的主要作用是约束节点区混凝土和防止混凝土柱内竖向钢筋被压曲。一般来说，RCS 节点区域内的箍筋主要是在钢梁腹板屈服并产生较大变形时才起抗剪作用，箍筋在节点破坏时一般不会屈服。因此，节点区的剪力主要由混凝土和钢梁腹板承担。从理论上讲只要提高了混凝土和钢梁腹板的承载力，就能有效提高节点的承载力。根据本章所提的改进公式，可以通过提高混凝土强度等级、型钢强度等级、构件截面尺寸等方法直接提高节点的抗剪承载力。也可以采取一些间接措施：加强节点区混凝土的约束作用、提高节点区混凝土的有效抗压强度和抗剪强度等。

同样，计算文献[27]中的 3 个节点，以及第 2 章中 6 个节点的各组成部分在各个节点总抗剪承载力中所占的比例，计算结果分别见表 3.7 和表 3.8。

由表3.7和表3.8可以看出，节点区的剪力依然主要由混凝土和钢梁腹板承担，不同的是对于边节点和本书所述节点，钢梁腹板在节点抗剪时的贡献增大，为40%～45%，而混凝土的贡献减小。

3.6 本 章 小 结

1）通过合理的节点构造措施设计，RCS 组合节点可以有效地传递节点剪力，具有良好的延性和耗能能力。通过分析面承板、箍筋、钢环箍、柱面钢板等节点构造措施的作用，给出了设计建议。

2）基于已有试验结果，提出了节点内单元的两种破坏模式：部分剪切破坏和节点-梁混合破坏。结合已有节点破坏模式，重点讨论了四种破坏模式：钢梁腹板剪切破坏、混凝土承压破坏、部分剪切破坏和节点-梁混合破坏的破坏特征、发生条件与受力机理等。受节点构造措施的影响，当节点的抗剪承载力、钢梁的抗弯承载力或局部屈曲承载力的大小关系发生变化时，节点将发生不同形式的破坏。不同的破坏模式，其破坏特征主要体现在节点腹板的受力状态、节点混凝土的受力状态及钢梁的受力状态。根据破坏模式的不同，分别给出了节点抗剪承载力计算的建议。

3）对 6 组 RCS 组合节点的抗剪承载力公式进行了计算分析，提出了 RCS 组合节点的抗剪承载力改进计算公式。计算结果表明，所提出的节点承载力公式与试验结果匹配良好，此公式不仅适用于中节点也适用于边节点。

4）RCS 组合节点的抗剪承载力主要由混凝土和钢梁腹板承担，箍筋承担的剪力不足 10%。

参 考 文 献

[1] 门进杰，史庆轩，周琦．钢筋混凝土柱-钢梁组合框架节点研究进展[J]．结构工程师，2012，28(1)：153-158．

[2] SHEIKH T M，DEIERLEIN G G，YURA J A．Beam-column moment connection for composite frames：Part 1[J]．Jouranal of Structural Engineering，1989，115(11)：2858-2876．

[3] 刘阳，郭子雄，戴镜洲，等．不同破坏机制的装配式 RCS 框架节点抗震性能试验研究[J]．土木工程学报，2013，46(3)：18-28．

[4] 叶洋．钢梁-型钢混凝土柱组合节点的受剪承载力及其 ANSYS 有限元分析[D]．西安：西安建筑科技大学，2009．

[5] 杨超．钢梁-连续复合螺旋箍混凝土柱组合框架结构非线性力学性能及参数影响研究[D]．西安：西安建筑科技大学，2011．

[6] 李腾飞．钢梁-钢筋混凝土柱组合框架结构节点受力性能的有限元分析[D]．合肥：合肥工业大学，2011．

[7] KANNO R．Strength，Deformation and seismic resistance of joints between steel beams and reinforced concrete columns[D]．Ithaca，NY：Cornell University，1993．

[8] 李贤．端板螺栓连接钢-混凝土组合节点的抗震性能研究[D]．长沙：湖南大学，2009.
[9] American Society of Civil Engineers．Guidelines for design of joints between steel beams and reinforced concrete columns[J]．Jouranal of Structural Engineering，1994，12(8)：2330-2357.
[10] KANNO R，DEIERLEIN G G．Design model of joints for RCS frames[J]．Composite Construction in Steel and Concrete，2010，4(4)：947-959.
[11] AIJ Composite RCS Structures Sub-Committee．AIJ design guidelines for composite RCS joints[S]．Tokyo：Architectural Institute of Japan，1994.
[12] ISAO NISHIYAMA，HIROSHI KURAMOTO，HIROSHI NOGUCHI．Guidelines：Seismic design of composite reinforced concrete and steel buildings[J]．Journal of Structural Engineering，2004，130(2)：336-343.
[13] 杨建江，郝志军．钢梁-钢筋混凝土柱节点在低周反复荷载作用下受力性能的试验研究[J]．建筑结构，2001，31(7)：35-38.
[14] 门进杰，熊礼全，等．RCS 组合节点的构造措施与破坏模式分析[J]．结构工程师，2014，30（5）：81-88.
[15] 马宏伟．组合梁与连续复合螺旋箍混凝土柱节点研究[D]．西安：西安建筑科技大学，2003.
[16] 赵作周，钱稼茹，杨学斌，等．钢梁-钢筋混凝土柱连接节点试验研究[J]．建筑结构，2006，36(8)：69-73.
[17] 黄俊，徐礼华，戴绍斌．混凝土柱-钢梁边节点的拟静力试验研究[J]．地震工程与工程震动，2008，28(2)：59-63.
[18] 李云涛．混凝土柱-钢梁梁贯穿型节点受力性能研究[D]．武汉：武汉理工大学，2007.
[19] 中华人民共和国建设部，中华人民共和国国家质量监督检验检疫总局．钢结构设计规范：GB 50017—2003[S]．北京：中国计划出版社，2003.
[20] 陈茜．钢梁-钢筋混凝土柱框架节点的受力性能及 ANSYS 有限元分析[D]．西安：西安建筑科技大学，2009.
[21] 申红侠．钢梁-钢筋混凝土柱节点静力性能研究[D]．西安：西安建筑科技大学，2007.
[22] 张晓雷．钢梁-钢筋混凝土柱组合框架结构节点设计方法的研究[D]．西安：西安建筑科技大学，2008.
[23] 门进杰，李慧娟，等．钢筋混凝土柱-钢梁组合节点抗剪承载力研究[J]．建筑结构，2014，44（6）：79-83.
[24] 易勇．钢梁-钢筋混凝土柱组合框架中间层中节点抗震性能试验研究[D]．重庆：重庆大学，2005.
[25] DEIERLEIN G G，SHEIKH T M，YURA J A．Beam-column moment connection for composite frames：Part2[J]．Jouranal of Structural Engineering，1989，115（11）：2877-2896.
[26] 李春宝．钢梁-钢筋混凝土柱节点的受力性能研究[D]．哈尔滨：东北林业大学，2007.
[27] 张亮权．基于混凝土柱-钢梁节点受力性能试验的有限元分析[D]．武汉：武汉理工大学，2008.

第 4 章　RCS 组合节点恢复力模型研究

结构或构件在地震作用下会产生一系列的非线性性能。结构的内力和变形、钢筋和型钢的应力，以及混凝土的裂缝等，都会随地震荷载的反复变化而变化，为了对构件在地震过程中的受力性能进行全过程分析，必须对结构进行弹塑性时程分析。恢复力模型是弹塑性时程分析的基础，它能够反映构件在强度、刚度、耗能和延性等方面的力学性能[1~4]。目前，国内外关于 RCS 梁、柱节点恢复力模型的研究很少，而常用的恢复力模型多是建立在钢筋混凝土构件研究的基础上[5]。此外，研究分析表明，RCS 组合节点有时会呈现出半刚性的特性。因此，本章在第 2 章试验研究的基础上，对 RCS 组合节点的恢复力特性进行分析，并建立起恢复力模型，为 RCS 组合节点的弹塑性分析提供基础资料。

4.1　恢复力模型简介

4.1.1　恢复力模型的相关概念

1. 恢复力模型的组成

恢复力模型是指结构或构件在反复荷载作用下所表现出来的力与位移之间的关系，它是材料或截面准确的本构关系，是结构固有的力学特性，受结构的材料、形式等影响。结构或构件在循环荷载作用下得到的荷载-位移曲线称为滞回曲线，它能够综合体现出结构或构件的受力特点，其外包络线称为骨架曲线，滞回曲线与骨架曲线共同组成恢复力曲线。恢复力曲线能够反映结构或构件在加载过程中每一时刻的力学特征，因此恢复力模型是对结构进行弹塑性时程分析的关键，可以用于确定结构的状态及修正退化后的刚度[6]。但是通过试验或有限元分析获得的恢复力曲线比较复杂，需要转化为一定的数学模型来表达出结构中力与位移的关系。

恢复力模型由骨架曲线和滞回曲线两部分构成，其中滞回曲线代表了构件的塑性性能，能够反映结构或构件的刚度和强度的退化，以及钢筋和混凝土之间的滑移；此外，滞回曲线包围面积的大小体现了结构或构件在地震荷载下吸收能量的能力。骨架曲线关键点的参数值能够反映构件的开裂荷载、屈服荷载及破坏荷载等重要特性。

2. 恢复力模型的确定方法

恢复力模型是根据大量从试验中获得的恢复力与变形的关系曲线经适当抽象和简化而得到的实用数学模型，是结构或构件的抗震性能在结构弹塑性地震反应分析中的具体体现[7]。恢复力模型受构件类型、钢筋强度、混凝土强度、轴压比等因素影响，因此建立一个可以很好反映结构或构件在反复荷载作用下受力特性的恢复力模型极其困难。目前，结构或构件的恢复力模型可以通过以下三种方法获得：

1）由低一层次的恢复力模型计算并简化得到高一层次的模型，例如通过钢筋和混凝土的恢复力模型得到钢筋混凝土构件的恢复力模型。

2）由拟静力试验得到，即根据试验散点图，利用一定的数学模型，定量确定出骨架曲线和不同控制变形下的标准滞回环。

3）利用系统识别的方法。

4.1.2　典型的恢复力模型简介

恢复力模型可以按照曲线的形状分为曲线型和折线型。曲线型恢复力模型具有刚度连续变化的特点，得到的计算结果与实际情况较接近；其缺点是公式相对较复杂，计算量较大，对于弹塑性反应分析、曲线型恢复力模型的选取存在诸多不便，尤其是在刚度和算法的选择上。折线型恢复力模型由于具有简单实用的特点而被更多地运用到实际中，但由于存在人为的拐点，不能准确反映结构的力学性能。折线型恢复力模型可以分为双线型、三线型、四线型（带负刚度段）、退化二线型、退化三线型、原点指向型和滑移型，较为常用的主要有双线性模型、克拉夫（Clough）退化双线型模型和武田（Otani）退化三线型模型、修正武田模型、Takeda 模型，以及损伤模型[8]。

1. 克拉夫退化双线型模型

1966 年，Clough 和 Johnson 提出了具有代表性的克拉夫退化双线型模型，这一模型主要是作为钢筋混凝土结构受弯的恢复力模型提出来的，因此较真实地反映了钢筋混凝土构件的滞回特性[3]。该模型通过式（4-1）来考虑刚度退化，即

$$k_r = k_y \left| \frac{\Delta_m}{\Delta_y} \right|^{-a} \tag{4-1}$$

式中，Δ_m 为最大位移；k_r 为对应于 Δ_m 的退化刚度；a 为刚度退化指数；Δ_y 为屈服位移；k_y 为对应于 Δ_y 的退化刚度。

克拉夫退化双线型模型的滞回规则为：加荷载时先沿着骨架曲线循环进行，进入屈服以后，卸载刚度按式（4-1）取用，卸载至零载进行反向加载时则指向反

向变位的最大点（若反向未屈服则指向反向屈服点）。次滞回规则与主滞回规则相同[9]。克拉夫退化双线型模型如图 4.1 所示。

2. 武田退化三线型模型

1969 年，武田等基于大量发生弯曲破坏的钢筋混凝土构件的试验结果，在大量恢复力曲线中提取出了武田退化三线型模型，因此武田退化三线型模型适用于以弯曲破坏为主的情况。与克拉夫退化双线型模型相比，它有以下特点[10]：

1）考虑开裂所引起的构件刚度降低，骨架曲线取为三折线。即开裂前直线用线弹性阶段，混凝土受拉开裂后用第二段直线，纵向受拉钢筋屈服后用第三段直线。

2）卸载刚度退化规律与克拉夫退化双线型模型近似，即卸载刚度随变形的增加而降低，计算公式如下

$$k_{\mathrm{r}}=\frac{P_{\mathrm{f}}+P_{\mathrm{y}}}{\Delta_{\mathrm{f}}+\Delta_{\mathrm{y}}}\left|\frac{\Delta_{\mathrm{m}}}{\Delta_{\mathrm{y}}}\right|^{-a} \tag{4-2}$$

式中，$(\Delta_{\mathrm{f}},\ P_{\mathrm{f}})$为开裂点；$(\Delta_{\mathrm{y}},P_{\mathrm{y}})$为屈服点；其余含义同前。

武田退化三线型模型的滞回规则为：卸载刚度按式（4-2）计算，主滞回反向是否开裂屈服分别考虑，次滞回反向加载指向外侧滞回曲线的峰点。武田退化三线型模型如图 4.2 所示。

3. 修正武田模型

考虑到钢筋混凝土柱在变形较大的时候钢筋容易出现滑移，因此武田等对武田退化三线型模型进行了改进，在此基础上提出了修正武田模型[3]，如图 4.3 所示。修正武田模型主要改进了卸载刚度和再加载刚度的确定方法，近似反映了反复荷载作用下钢筋在混凝土内的滑移，以及捏缩效应的特征。修正武田模型计算式为

$$k_{\mathrm{r}}=\max\left(K_0\left|\frac{\Delta_{\max}^{(\pm)}}{\Delta_{1\max}^{(\pm)}}\right|^{-\beta},k_{\mathrm{b}}\right)\qquad k_{\mathrm{b}}=\frac{P_{\max}^{(+)}+P_{\max}^{(-)}}{\Delta_{\max}^{(+)}+\Delta_{\max}^{(-)}} \tag{4-3}$$

式中，正负号代表正反向；K_0为初始刚度；$P_{\max}^{(+)}$为加载的最大荷载；$P_{\max}^{(-)}$为卸载的最大荷载；$\Delta_{\max}^{(+)}$为加载的最大位移；$\Delta_{\max}^{(-)}$为卸载的最大位移；Δ_1代表第一屈服变形；β为计算卸载刚度的幂阶。

4. Takeda 模型

1970 年，Takeda、Sozen 和 Nielsen 基于大量钢筋混凝土构件在反复荷载作用下的试验结果，提出了三折线退化恢复力模型，即 Takeda 模型，如图 4.4 所示。Takeda 模型中体现了卸载刚度的退化，可以很好地反映钢筋混凝土构件的恢复力特性，因此运用较广泛。模型中卸载刚度的确定方法与武田退化三线型模型相同[3]。

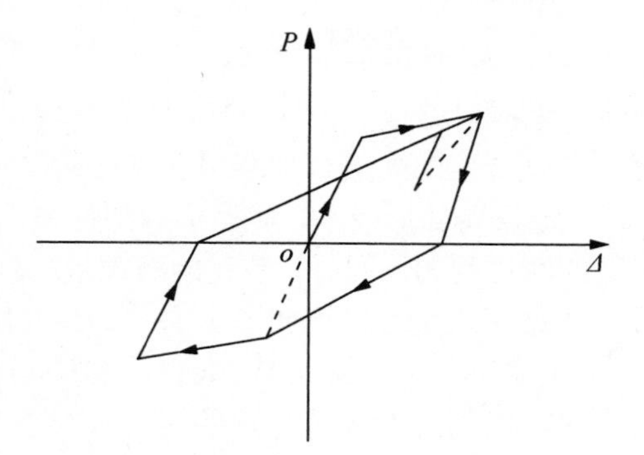

图 4.1　克拉夫退化双线型模型

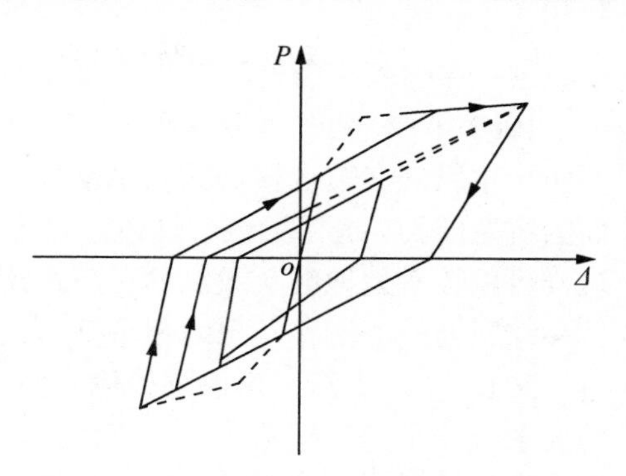

图 4.2　武田退化三线型模型

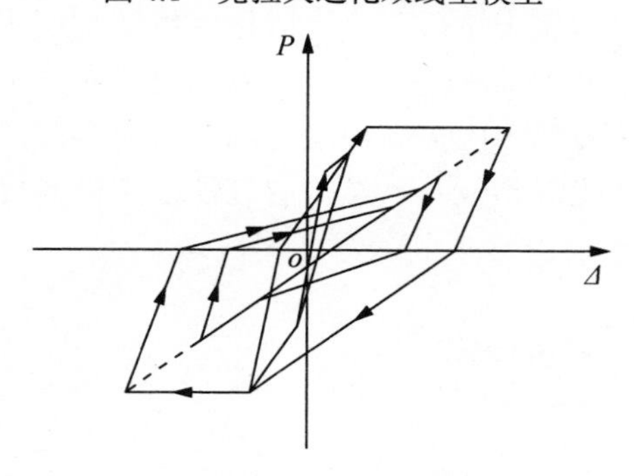

图 4.3　修正武田模型

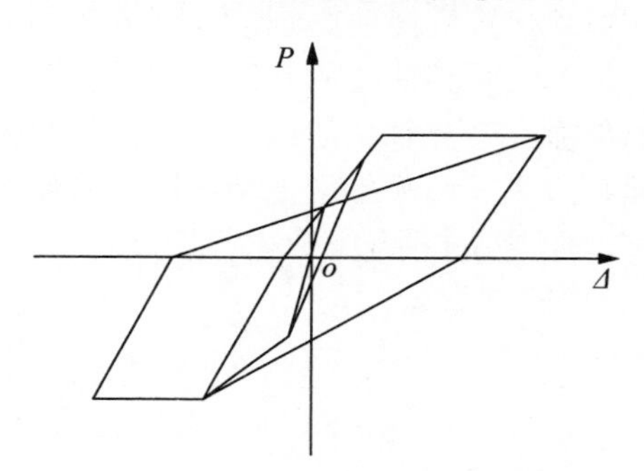

图 4.4　Takeda 模型

5. 其他典型的折线型恢复力模型

Saiidi 在 Clough 模型和武田模型的基础上提出了 Q-hyst 模型，该模型是改进的双线型模型，能够反映出反复加载过程中的刚度退化，因此能够反映以弯曲变形为主的钢筋混凝土构件的滞回规律[5]。

在上述恢复力模型研究的基础上，于 1984 年出现了 Mander 模型，它由一条三折线骨架曲线和一个由两条三折线组成的滞回环构成，通过调整模型的参数 α 和 β，该模型可以模拟其他分段的线性滞回模型[11]。

1985 年，Park 等注意到强度和刚度的退化不仅与构件非弹性变形的最大值相关，还与非弹性变形循环的次数相关，在此基础上提出的恢复力模型可以体现出捏拢效应及强度与刚度的退化，是目前公认的考虑因素比较全面的恢复力模型[12]。

4.2　不同类型节点的恢复力模型与分析

4.2.1　钢筋混凝土框架节点恢复力模型

由于钢筋混凝土框架受力较为复杂，目前对钢筋混凝土节点恢复力的研究大多集中在某些特定条件下节点恢复力模型或恢复力特性的研究。

1983 年，框架节点专题研究组对钢筋混凝土框架进行了专项研究，研究发现：要防止梁纵筋在节点核心区发生滑移，可以通过合理的配筋来加强梁在柱面处截面的抗弯能力，迫使梁端塑性铰在离开柱面一定距离处形成，即转移梁端塑性铰，这样可以较有效地解决梁纵筋在节点核心区的滑移问题；同时，节点的荷载-梁端位移滞回曲线的滑移及捏缩现象基本克服，节点耗能能力也得到了提高[13]。

2012 年，上海大学的陈玲俐依照《建筑抗震设计规范》（GB 50011—2010）的要求设计了足尺框架边节点模型，基于 ANSYS 软件对大量足尺的梁、柱节点模型进行了反复水平荷载下的破坏过程模拟，分析了混凝土强度、轴压比等因素对节点抗震性能的影响[14]。研究表明：提高混凝土抗压强度可以增大钢筋混凝土框架节点骨架曲线的开裂荷载及屈服荷载；增大轴压比，节点承载力有缓慢增大的趋势，节点骨架曲线的屈服荷载与极限荷载都相应提高，且滞回曲线包络线的面积增大，反映出增大轴压比能够使耗能性能得到改善，结构的耗能能力得到提高，如图 4.5 所示。

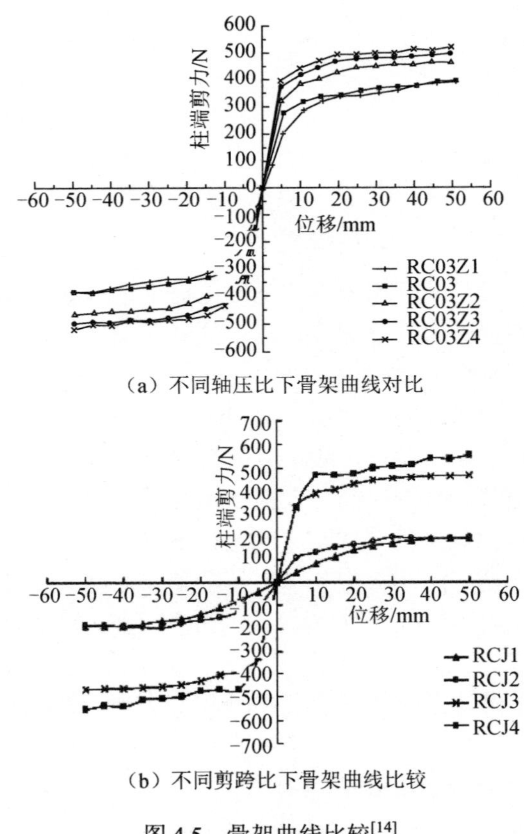

（a）不同轴压比下骨架曲线对比

（b）不同剪跨比下骨架曲线比较

图 4.5　骨架曲线比较[14]

研究还表明，剪跨比对节点的破坏模式和耗能能力影响很大。剪跨比较小，节点破坏模式向着节点剪切破坏方向发展；剪跨比较大，节点破坏模式则向着梁铰破坏模式发展。剪切破坏属于脆性破坏，梁铰破坏模式属于塑性破坏，因此增大剪跨比可以提高节点的耗能性能[14]。

2003 年，郭子雄、周素琴提出了框架结构梁端纵向受力钢筋在节点中锚固滑移所产生的附加转角的简化计算模型，并基于 6 个框架梁、柱组合试件的杆端弯矩-滑移转角滞回曲线，建立了杆端弯矩-附加滑移转角恢复力模型[15]。该恢复力模型包括一条基于计算的双线型骨架曲线和一系列基于试验现象的滞回规则。与根据试验所得的钢筋混凝土节点弯矩-滑移转角滞回曲线直接模型不同，此模型给出了骨架曲线中求屈服特征点和屈服后骨架曲线斜率的计算公式，在确定滞回规则时，给出了强度衰减的计算公式，因而此模型既能基本反映地震作用下纵向钢筋在节点中的黏结-滑移性能，又便于在实际工程中应用。

4.2.2　钢框架节点恢复力模型

2001 年，为了研究高层钢结构梁、柱节点的抗震性能，陈宏等对标准型、改进型（狗骨头型、腹板开长槽型）钢框架梁、柱节点进行了低周反复荷载试验，探讨了这两种钢节点的延性指标、耗能能力和强度、刚度退化等恢复力特性，结合试验结果对标准型钢节点提出了二折线恢复力模型，对改进型钢节点提出了三折线恢复力模型[16]。

此模型给出了二折线恢复力模型和三折线恢复力模型中每一折线的刚度公式，给出了关键点的取值范围，但没有给出具体的计算公式；此外，对于节点在循环加载下的滞回规则也没有提及，因此需要对这种钢节点的恢复力模型继续研究。

2008 年，石永久等通过试验研究，分析了高层钢框架节点的延性、耗能能力等指标，并考虑承载力、刚度退化等影响，建立了考虑组合效应的钢框架节点梁、柱节点的恢复力模型[17]，如图 4.6 所示，该恢复力模型采用二折线型。

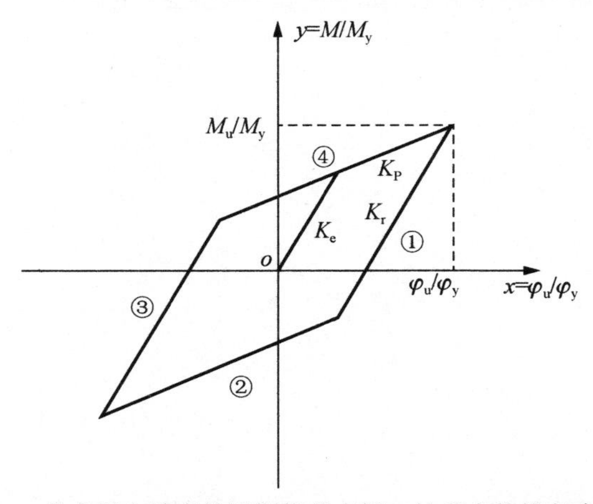

图 4.6　考虑组合效应的钢框架节点梁、柱节点的恢复力模型

4.2.3 组合结构节点恢复力模型

组合结构节点是指节点中包含混凝土与钢材两种材料并且在受力过程中两者相互作用的节点。根据框架节点组成材料及形式的不同可以将组合结构节点分为型钢混凝土（SRC）组合框架节点、钢筋混凝土柱-钢梁（RCS）组合框架节点、钢管混凝土柱-钢梁组合框架节点等。因为组合节点构造种类繁多，相互作用复杂，考虑因素较多，如钢筋与混凝土之间的黏结破坏，型钢与混凝土之间的黏结滑移等，目前多数学者是对某种特定的节点形式进行恢复力特性的研究，从而研究节点的抗震性能。

2002 年，西安建筑科技大学的薛建阳、赵鸿铁进行了 8 个配工字钢的型钢混凝土梁、柱的中节点在水平低周反复荷载作用下的试验，分析了不同配钢形式、轴压比对型钢混凝土组合框架节点的恢复力性能的影响。结果表明：型钢混凝土节点的刚度明显大于钢筋混凝土节点，且刚度退化较快；在达到最大荷载以前，滞回曲线呈纺锤形，在接近破坏时滞回曲线接近于纯钢节点；轴压比越大，滞回曲线下降得越快，节点的延性降低；混凝土强度对节点的开裂荷载有显著影响，而对极限荷载影响不大[18]。

2008 年，郑山锁、曾磊通过 5 个缩尺比例为 1∶4 的框架中节点的低周反复加载试验，研究了不同混凝土强度等级、轴压比等对型钢高强高性能混凝土框架节点的受力性能的影响。结果表明：型钢高强高性能混凝土框架节点的滞回曲线介于纺锤形和倒 S 形两者之间，兼有纯钢框架节点和钢筋混凝土框架节点的某些力学特性；增加轴压比能一定程度地提高节点的抗剪承载力，但将降低其变形能力和延性；试件的极限抗剪承载力随混凝土强度的增加而显著提高，但延性降低[19]。

2012 年，曾磊基于上述试验所获得的滞回曲线和骨架曲线，建立了适合于型钢高强高性能混凝土框架节点的考虑刚度退化的荷载-位移恢复力模型[20]，如图 4.7 所示。该恢复力模型包括一条基于计算的三折线骨架曲线模型、刚度退化规律，以及基于试验现象的滞回规则。

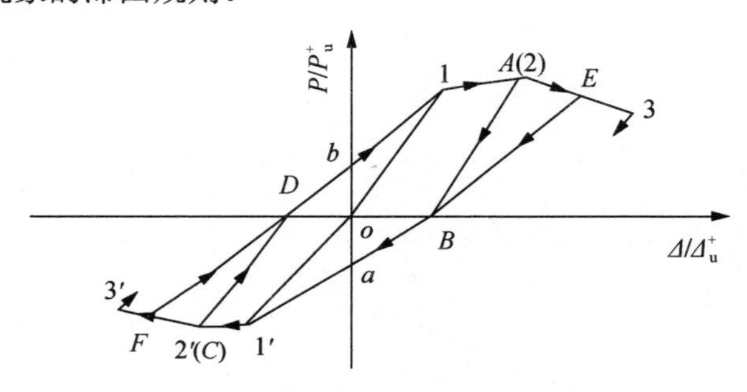

图 4.7　文献[20]中的恢复力模型

4.2.4　不同类型构件恢复力模型的比较分析

综合上述不同类型结构或构件的恢复力模型分析结果可知，不同结构或构件的恢复力模型差异较大，体现在其骨架曲线和滞回规则上也均是不同的。

对于钢筋混凝土结构，由于混凝土材料的脆性，混凝土柱或节点也呈现出一定的脆性破坏，承载能力达到极限后便急剧下降，刚度和强度退化较明显，滞回环出现“捏缩”现象。当混凝土开裂时，试件屈服，骨架曲线上的屈服点比较明确，因此骨架曲线大都选取三折线模型。对于剪切变形较小的混凝土结构，其滞回规则大都适用“定点指向”规则。轴压比和配筋率对混凝土结构恢复力模型的影响较大。

对于钢框架结构，由于钢材具有较好的延性，无论框架柱或框架节点一般表现出稳定饱满的滞回规则。对于骨架曲线来说，具有明显的弹性阶段与塑性阶段，在弹性阶段或塑性阶段卸载时，卸载刚度都取初始刚度，因此钢结构的恢复力模型可以采用具有初始弹性刚度的对称二折线模型。但对称二折线模型由于未考虑刚度退化和强度衰减，有时只适用于循环加载次数较少的情况。

对于钢与混凝土组合结构，由于型钢对混凝土裂缝的发展起着较好的抑制作用，混凝土初裂后对其刚度影响不大，组合构件的骨架曲线没有明确的拐点。组合结构节点的滞回性能介于混凝土结构和钢结构之间，混凝土开裂以后在达到最大荷载以前，滞回曲线具有钢筋混凝土结构的特点，呈纺锤形；当组合节点斜裂缝发展较大后，施加荷载方向的变化会使裂缝不断地张开与闭合，裂缝在闭合时会使节点出现相对滑移，使得组合节点滞回曲线的形状介于梭形与倒 S 形之间。在组合节点临近破坏时，混凝土保护层受压破坏后逐渐剥落，荷载主要由型钢承担，因此滞回曲线与纯钢节点的相似。此外，轴压比和混凝土强度对组合结构的延性和耗能影响较大，因此在建立滞回模型时应酌情考虑其相应的影响。

对于组合结构恢复力模型，大多数文献所提滞回规则虽然考虑了施加反复荷载过程中试件的强度衰减和刚度退化，但没考虑反复加载过程中混凝土裂缝张合造成的滞回曲线“捏拢”现象，因此不适用于有较大滑移或较大剪切变形的试件。对于组合结构中的 RCS 结构，由于节点构造种类较多，受力机理复杂，目前还只停留在对节点恢复力特性的研究上，没有提出具体适用的恢复力模型。

本章拟通过对不同构造的 RCS 组合框架节点在低周反复荷载作用下的试验研究，分析 RCS 组合框架节点的受力过程与特点，结合试验所得骨架曲线和滞回曲线，分析 RCS 组合框架节点的滞回规律，提出适用于 RCS 组合框架节点的恢复力模型，供钢筋混凝土柱-钢梁组合节点、组合框架进行弹塑性地震反应分析时参考。

4.3　RCS 组合框架节点恢复力模型的建立

本章选取第 2 章试验研究[21]中的 3 个试件，研究 RCS 组合框架节点在模拟水平地震作用下的破坏过程、破坏形态、刚度退化规律等，分析节点的滞回规则与恢复力特性，建立适合于钢筋混凝土柱-钢梁组合节点的恢复力计算模型[22]。

4.3.1　恢复力特性分析

1. 滞回曲线

由试验结果可知，RCSJ1、RCSJ2 和 RCSJ4 这 3 个节点的滞回曲线形状相似，如图 4.8 所示，均介于纺锤形与倒 S 形之间，说明钢筋混凝土柱-钢梁组合框架节点的恢复性能介于钢框架节点与混凝土框架节点之间。在整个加载过程中，RCS 组合框架节点的受力过程可分为弹性、弹塑性和塑性三个阶段。在弹性阶段，滞回曲线基本沿直线循环，此阶段卸载，组合节点残余变形很小，退化刚度为初始刚度，滞回曲线呈纺锤形。在弹塑性阶段，滞回曲线比较饱满，此阶段卸载，组合节点残余变形逐渐增大，刚度也开始退化。节点区腹板屈服后，在节点水平荷载达到最大值之前，组合节点表现出更明显的塑性，并呈现出一定的塑性强化特性，表现为刚度退化较之前更加明显，但节点依然能够承受更大的水平荷载。节点水平荷载达到极限荷载之后，节点刚度与强度退化加快，滞回曲线出现轻微的捏缩现象，形状介于梭形与倒 S 形之间，当节点临近破坏时，滞回曲线接近纺锤形，表现出纯钢结构框架节点的性质，节点变形增大，承载力显著降低。

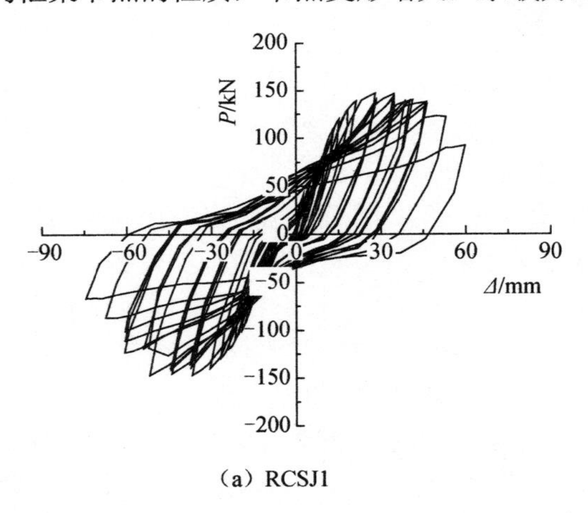

（a）RCSJ1

图 4.8　试件 RCSJ1、RCSJ2 和 RCSJ4 的滞回曲线

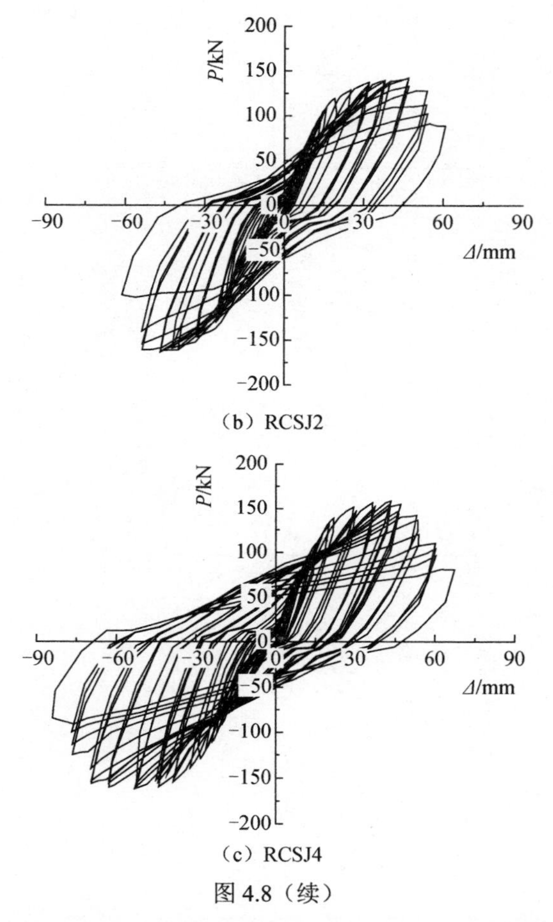

（b）RCSJ2

（c）RCSJ4

图 4.8（续）

综上所述，可以发现发生节点剪切破坏的 RCS 组合框架节点的滞回曲线具有轻微的捏缩现象，其形状介于纺锤形与倒 S 形之间，说明 RCS 组合框架节点既具有纯钢框架节点延性及耗能性能良好的特点，又具备混凝土框架节点强度与刚度退化较严重，滞回曲线存在捏缩现象的特点。

2. 骨架曲线

本次试验中，试件 RCSJ1、RCSJ2、RCSJ4 的骨架曲线如图 4.9 所示，从图中可以看出钢筋混凝土柱-钢梁组合节点的受力过程大致经历了弹性、弹塑性和塑性三个阶段。与普通钢筋混凝土框架节点相比，钢筋混凝土柱-钢梁组合节点具有两个特点：型钢梁的存在使得钢筋混凝土柱-钢梁组合节点的骨架曲线下降段较平缓，说明其变形能力较强；钢筋混凝土柱-钢梁组合节点的屈服是逐渐扩展的过程，以节点核心区钢梁腹板是否屈服来判断节点是否屈服。同时，还可以看出正反向加载的骨架曲线并不对称，而是反向加载的峰值荷载要略高于正向加载对应的峰值荷载（这是由于加载时，试件开裂并产生了残余应变）。

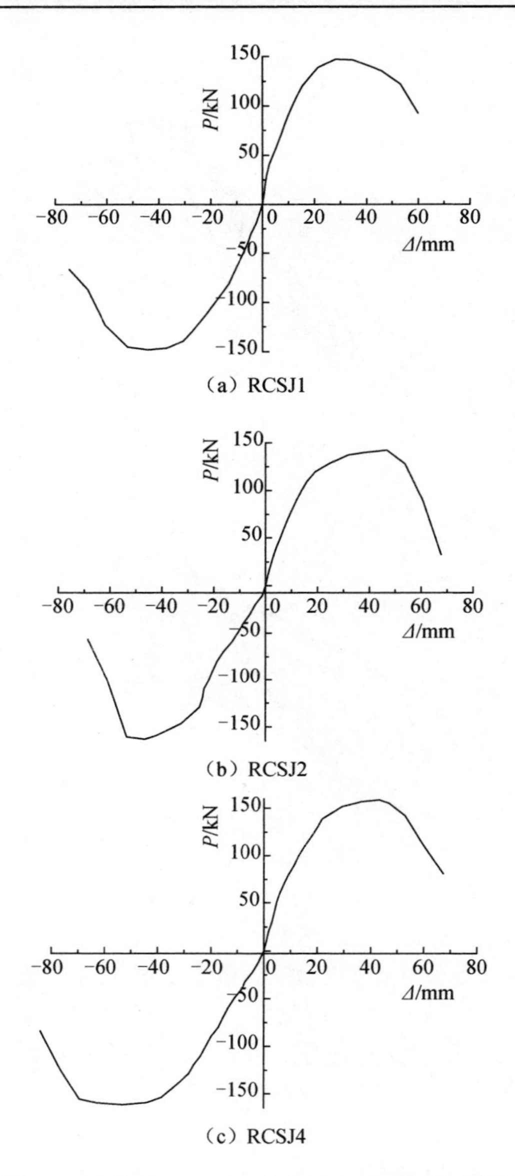

图 4.9　试件 RCSJ1、RCSJ2、RCSJ4 的骨架曲线

4.3.2　骨架曲线模型的建立

在建立 RCS 组合节点的恢复力模型之前，采用以下假设条件：屈服荷载点取最大弹性荷载点；在弹性阶段，卸载刚度为初始刚度，弹性阶段之后刚度开始退化；骨架曲线采用考虑刚度退化的三线型模型。

如前所述，骨架曲线采用考虑刚度退化的三线型模型表示，其关键点为屈服荷载 P_y、极值荷载 P_{max} 与破坏荷载 P_u。其中，屈服荷载 P_y 用“能量等值法”确定，破坏荷载 P_u 取极值荷载 P_{max} 的 85%。为便于应用，将骨架曲线采用无量纲化处理，即骨架曲线的横坐标用Δ/Δ_{max}表示，纵坐标用 P/P_{max} 表示。3 个节点试件骨架曲线无量纲化后的结果如图 4.10 所示。由图 4.10 可以看出，3 个节点试件无量纲化骨架曲线具有相似的变化规律，其特征点的取值也基本相同。因此，对 3 个无量纲化骨架曲线进行回归分析，得到统一的骨架曲线模型，如图 4.10 中的实线所示。统一骨架曲线模型中 6 条线段的方程及其与 X 轴的夹角见表 4.1。

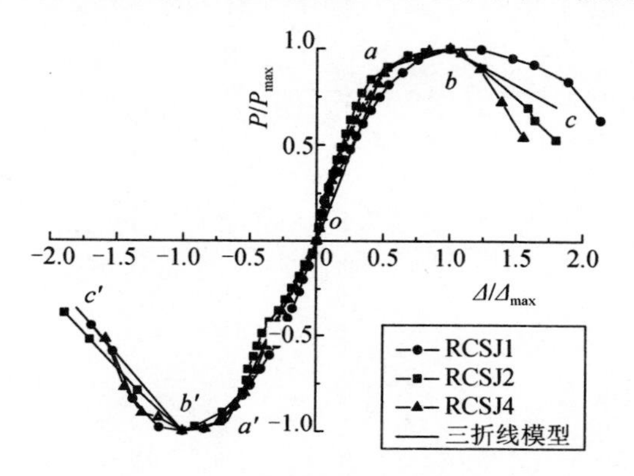

图 4.10　无量纲化节点骨架曲线

表 4.1　骨架曲线方程及其与 X 轴的夹角

线段	回归方程	与 X 轴夹角
oa	$P/P^+_{max}=1.791\Delta/\Delta^+_{max}$	61°
ab	$P/P^+_{max}=0.239\Delta/\Delta^+_{max}+0.774$	13°
bc	$P/P^+_{max}=-0.33\Delta/\Delta^+_{max}+1.293$	−18°
oa'	$P/P^-_{max}=1.435\Delta/\Delta^-_{max}$	55°
$a'b'$	$P/P^-_{max}=0.195\Delta/\Delta^-_{max}-0.814$	11°
$b'c'$	$P/P^-_{max}=-0.809\Delta/\Delta^-_{max}-1.813$	−39°

注：上标“+”表示正向加载，“－”表示反向加载。

4.3.3　刚度退化规律的确定

通过分析 3 个试件的滞回曲线和骨架曲线可以发现，在加载阶段和卸载阶段刚度都存在退化的现象。通过对试件在不同加载阶段的多个循环进行回归分析，可以得出不同阶段的刚度退化规律，如图 4.11 所示，图中 K_1、K_2、K_3、K_4 分别表示正向卸载刚度、反向加载刚度、反向卸载刚度、正向加载刚度。每次循环加载时的平均刚度 K_i 采用下式计算，下面通过对试验数据进行回归分析，分别确定上述刚度的取值。

$$K_i=\frac{|+P_i|+|-P_i|}{|+\Delta_i|+|-\Delta_i|} \tag{4-4}$$

式中，$+P_i$、$-P_i$ 分别为反复荷载循环一次时正反向的最大荷载值；$+\Delta_i$、$-\Delta_i$ 分别为相应的位移。

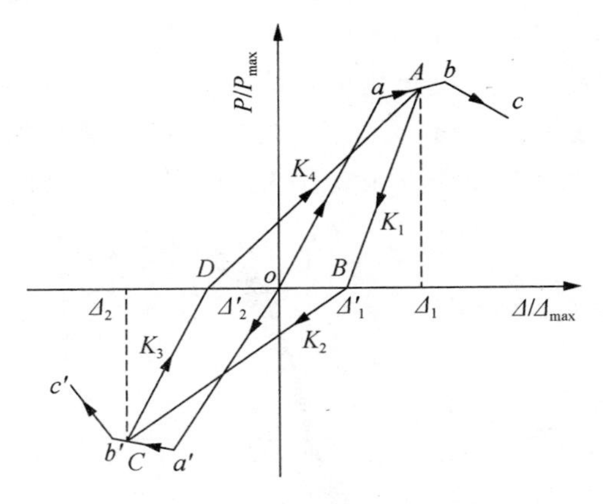

图 4.11　刚度退化规律

1. 正向卸载刚度 K_1

图 4.11 中 A 点表示正向卸载点，B 点表示卸载到力为零的点，连线 AB 的斜率即为正向卸载刚度 K_1。通过对试验数据进行回归分析，可以得出 K_1/K_0^+ 与 Δ_1/Δ_{max}^+ 的关系如图 4.12 所示。其中，K_0^+ 表示正向加载时组合节点的初始刚度，Δ_1 表示正向卸载点所对应的位移，其回归方程为对数方程，可表示为

$$K_1/K_0^+ = -2.28\ln(\Delta_1/\Delta_{max}^+) + 3.37 \tag{4-5}$$

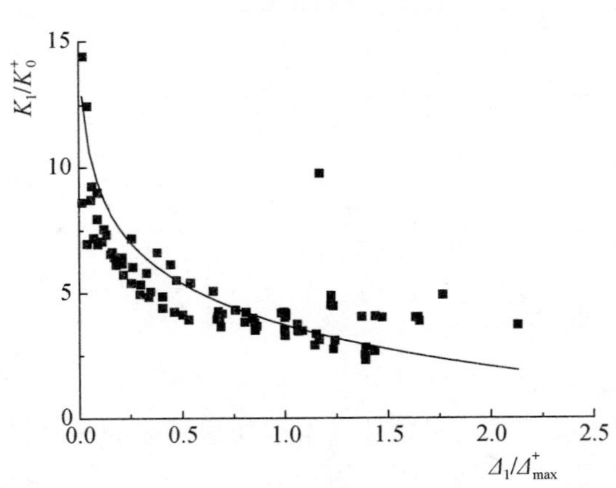

图 4.12　K_1 退化规律

2. 反向加载刚度 K_2

图 4.11 中 C 点表示反向卸载点，连接 B、C 两点，得到反向加载线 BC，BC 线的斜率即为反向加载刚度 K_2，影响 K_2 的主要因素有反向加载的初始刚度及节

点正向卸载到零时的残余变形 $\varDelta_1'$。同样，通过对试验数据进行回归分析，可以得出 K_2/K_0^- 与 $\varDelta_1'/\varDelta_{max}^+$ 的关系如图4.13所示。其中，K_0^- 表示反向加载时组合节点的初始刚度，其回归方程为指数方程，可表示为

$$K_2/K_0^- = 3.42\mathrm{e}^{-1.33(\varDelta_1'/\varDelta_{max}^+)} \tag{4-6}$$

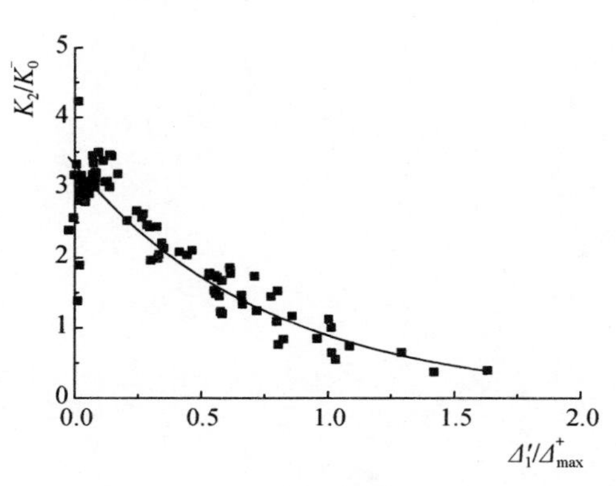

图4.13 K_2 退化规律

3. 反向卸载刚度 K_3

图4.11中 D 点为反向卸载至力为零的点，连接 C、D 两点，得到反向卸载线 CD，CD 线的斜率即为反向卸载刚度 K_3。通过对试验数据进行回归分析，可以得出 K_3/K_0^- 与 $\varDelta_2/\varDelta_{max}^-$ 的关系如图4.14所示。其中，K_0^- 表示反向加载时组合节点的初始刚度，$\varDelta_2$ 为节点反向卸载时所对应的位移，其回归方程同样为指数方程，可表示为

$$K_3/K_0^- = 2.96\mathrm{e}^{-0.99(\varDelta_2/\varDelta_{max}^-)} \tag{4-7}$$

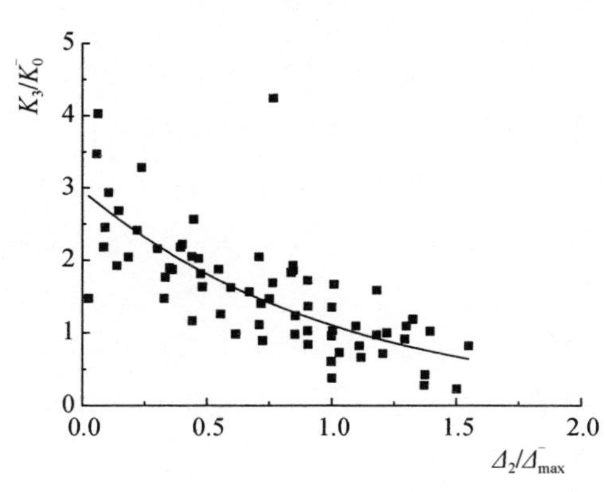

图4.14 K_3 退化规律

4. 正向加载刚度 K_4

连接 D、A 两点，即可得到正向加载线 DA，DA 线的斜率即为正向加载刚度 K_4。通过对试验数据进行回归分析，可以得出 K_4/K_0^+ 与 $\Delta_2'/\Delta_{\max}^-$ 的关系如图 4.15 所示。其中，K_0^+ 表示正向加载时组合节点的初始刚度，Δ_2' 为节点反向卸载时的残余变形，其方程为对数方程，可表示为

$$K_4/K_0^+ = -1.08\ln(\Delta_2'/\Delta_{\max}^-) + 0.57 \tag{4-8}$$

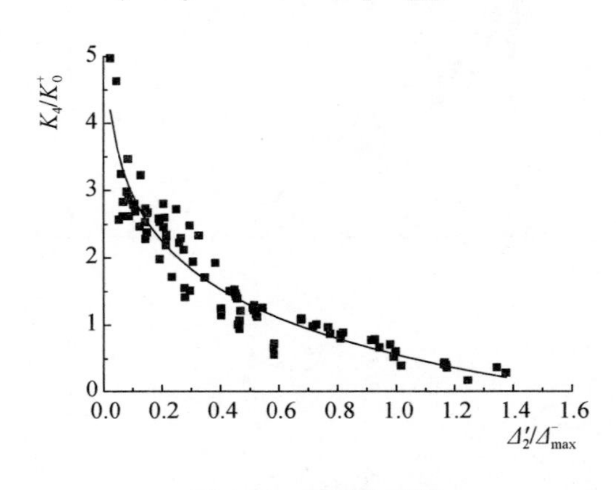

图 4.15 K_4 退化规律

综上所述，通过对退化刚度的回归分析可以发现，正向卸载刚度 K_1 与正向加载刚度 K_4 表现出良好的对数函数规律，反向加载刚度 K_2 与反向卸载刚度 K_3 表现出良好的指数函数规律。

4.3.4 恢复力模型的描述

本章建立的 RCS 组合节点恢复力模型是基于试验结果的三折线型恢复力模型，并经过无量纲化处理。该恢复力模型的数学描述如下：如图 4.16 所示，加载时，荷载-位移关系曲线沿着骨架曲线（*oabc*）行进，若在弹性阶段（*oa*）卸载，卸载刚度不变，为正向初始刚度，卸载线为 *ao*；若在节点屈服以后卸载，卸载线为卸载点与 *B* 点的连线，卸载刚度按照式（4-1）逐渐退化。由 *B* 点开始反向加载，荷载与位移关系沿着 *Ba′b′c′* 发展，当加载到 1*a′* 段时卸载，卸载线为 *a′o*，卸载刚度保持不变，为反向初始刚度。节点在反向屈服以后，卸载线为卸载点与 *D* 点连线，反向卸载刚度按照式（4-7）逐渐退化。当在 *D* 点再加载时，荷载与位移关系曲线沿 *Dabc* 发展，其正向与反向卸载线规律同第一次加载规律相同。

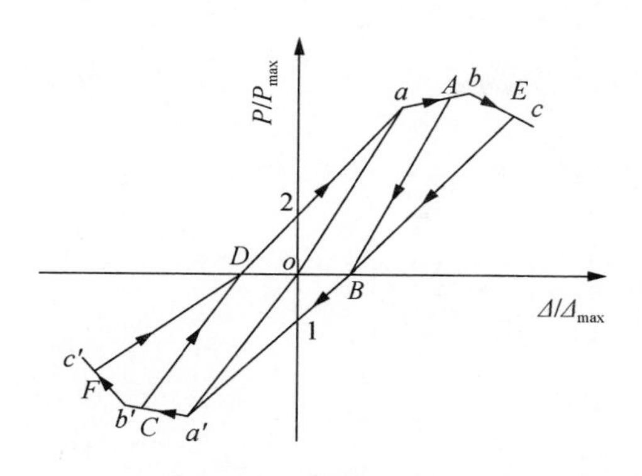

图 4.16　恢复力模型

综上所述，结合试验结果，本章所建立的 RCS 组合节点恢复力模型具有以下特点：拟静力作用下，RCS 组合节点在弹性阶段的正方向加载、卸载刚度都为初始刚度；当节点发生屈服以后，其正、反向的加载、卸载刚度逐渐降低，且节点达到的循环次数及卸载位移越大，刚度降低就越快；反向再加载时表现出较为明显的 Bauschinger 效应，与正向相比，反向加载的刚度及强度退化更快，但延性发展良好。

4.3.5　计算结果与试验结果比较分析

利用本章建立的恢复力模型，计算出 3 个 RCS 组合节点的骨架曲线，并分别与试验所得骨架曲线进行比较，对比结果如图 4.17（a、b、c）所示。由图可以看出，在节点试件的整个受力过程中，即在弹性、弹塑性和塑性三个阶段，本章建议的三折线恢复力模型能够较好地模拟节点的荷载与位移关系。此外，利用本章建立的恢复力模型对文献[23]和文献[24]中的 2 个 RCS 组合节点（节点编号分别为 OJS3-0 和 EJ2）进行计算，得到的模拟骨架曲线与试验骨架曲线如图 4.17（d、e）所示。从图 4.17（d）可以看出，两条曲线虽局部有偏差，但整体上匹配较好，特别是在弹塑性阶段，模拟曲线能较好地反映出节点的塑性强化及刚度退化。从图 4.17（e）可以看出，不管是在弹性阶段，还是在弹塑性阶段和塑性阶段，模拟曲线和试验曲线均匹配良好。可见，本章建立的恢复力模型具有较好的适用性。

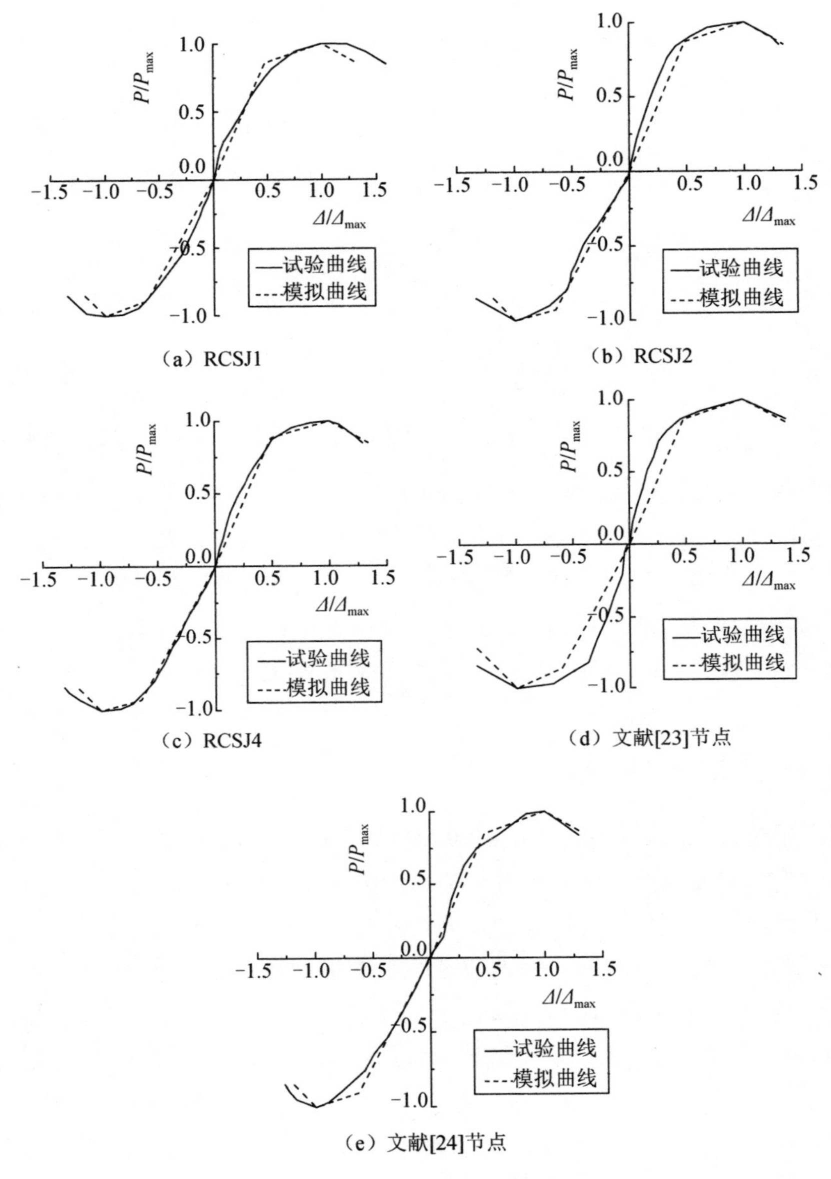

（a）RCSJ1

（b）RCSJ2

（c）RCSJ4

（d）文献[23]节点

（e）文献[24]节点

图 4.17　模拟曲线与试验曲线的对比

4.4　本 章 小 结

1）基于试验结果和三折线恢复力模型，回归得到了 RCS 组合节点在低周反复荷载作用下的刚度退化规律，建立了 RCS 组合节点的统一骨架曲线和恢复力模型，给出了恢复力模型滞回规则的数学描述。利用本章所述的恢复力模型对 5 个

RCS 组合节点进行模拟，结果表明，在节点试件的整个受力过程中，模拟曲线与试验曲线均匹配较好。与试验结果相比，模拟曲线能够较好地反映试件的滞回性能。

2）本章提出的恢复力模型，主要适用于具有以下特点的 RCS 组合节点：设计轴压比较小，一般小于 0.3；构造措施并不复杂，例如只设置面承板、柱面钢板等使节点区腹板屈服或其他使节点有较大变形的构造；耗能能力较好，滞回曲线具有轻微的捏缩现象，其形状介于纺锤形与倒 S 形之间。

参 考 文 献

[1] 聂建国，余洲亮，等，钢-混凝土组合梁恢复力模型的研究[J]．清华大学学报(自然科学版)，1999(6): 122- 124.

[2] 张国军，吕西林，刘伯权．高强混凝土框架柱的恢复力模型研究[J]．工程力学，2007(3):83-90.

[3] 门进杰，李鹏，郭智峰．钢筋混凝土柱-钢梁组合节点恢复力模型研究[J]．工业建筑，2015,45(5): 132-137.

[4] 陈宏，李兆凡，等.钢框架梁主节点恢复力模型的研究[J]．工业建筑，2002(6):64-65.

[5] SAIIDI M．Hysteresis models for reinforced concrete[J]．Journal of Structural Division，ASCE，1982，108(ST5): 1077-1087.

[6] 李亮．部分预应力混凝土受弯构件恢复力模型研究[D]．上海：同济大学，2007.

[7] 郭子雄，杨勇．恢复力模型研究现状及存在问题[J]．世界地震工程，2004，20(4)：47-51.

[8] 金仁超．多层排架结构工业厂房在罕遇地震作用下的弹塑性反应分析[D]．南京：南京理工大学，2009.

[9] 姚谦峰，苏三庆．地震工程[M]．西安：陕西科学技术出版社，2001.

[10] 何邵华．局域大空间复杂高层结构抗震失效机理分析[D]．上海：同济大学，2008.

[11] MANDER J B，PRIESTLEY M J N，PARK R. Theoretical stress-strain behavior of concrete[J]. Journal of Structural Engineering，ASCE，1988，114(8)：1804-1826.

[12] ANG A H S. Seismic damage analysis of reinforced concrete buildings[J]. Journal of Structural Engineering，ASCE，1985，11(14)：740-757.

[13] 框架节点专题研究组．低周反复荷载作用下钢筋混凝土框架梁柱节点核心区抗剪强度的试验研究[J]．建筑结构学报，1983，6：1-17.

[14] 陈玲俐．钢筋混凝土框架节点破坏模式影响因素分析及分化参数研究[J]．建筑结构，2012，42(7)：76-80.

[15] 郭子雄，周素琴．RC 框架节点的弯矩-滑移转角恢复力模型[J]．地震工程与工程振动，2003，23(3)：118-124.

[16] 陈宏，李兆凡，等．钢框架梁柱节点恢复力模型的研究[J]．工业建筑，2002，32(6)：64-66.

[17] 石永久，苏迪，王元清．考虑组合效应的钢框架梁柱节点恢复力模型研究[J]．世界地震工程，2008，(2)：15-20.

[18] 薛建阳，赵鸿铁，杨勇．型钢混凝土节点抗震性能及构造方法[J]．世界地震工程，2002，18(2)：61-64.

[19] 郑山锁，曾磊，等．型钢高强高性能混凝土框架节点抗震性能试验研究[J]．建筑结构学报，2008，29(3)：128-135.

[20] 曾磊，许成祥，等．型钢高强高性能混凝土框架节点 P-Δ 恢复力模型[J]．武汉理工大学学报，2012，34(9)：104-108.

[21] 门进杰，郭智峰，等．钢筋混凝土柱-腹板贯通型钢梁混合框架中节点抗震性能试验研究[J]．建筑结构学报，2014，35(8)：72-79.

[22] 李鹏．钢筋混凝土柱-钢梁组合框架节点恢复力模型研究[D]．西安：西安建筑科技大学，2014.

[23] KANNO R．Strength，Deformation and seismic resistance of joints between steel beams and reinforced concrete columns[D]．Ithaca，N Y：Cornell University，1993.

[24] 李贤，肖岩．钢筋混凝土柱-钢梁节点的抗震性能研究[J]．湖南大学学报(自然科学版)，2007，34(2)：1-5.

第 5 章　RCS 空间组合节点抗震性能有限元分析

目前，对 RCS 组合节点受力性能和承载力计算方法的研究大多集中在无楼板和直交梁的平面节点模型，但在实际工程中，与平面节点共同工作的楼板和直交梁显然会影响 RCS 组合节点的受力性能和承载力。因此，国内外学者又围绕 RCS 空间节点的受力性能展开了研究，但目前这方面的试验研究资料较少。Miehael[1]、Xuemei[2]等分别对不同构造的 RCS 空间组合节点进行了低周反复加载试验，结果表明，RCS 节点在层间侧移角达到 2.5%甚至是 5%时仍具有良好的耗能能力。Chin-Tung 等[3]对 3 个足尺的 RCS 空间节点进行了试验研究，结果表明，楼板的存在使组合节点的承载力提高了 27%。研究和分析均表明，楼板和直交梁的存在对 RCS 组合节点的受力性能和承载力影响均十分显著，但如何考虑其对承载力的有利作用并在计算公式中体现出来，目前的研究还很缺乏。本章基于有限元建模和参数分析，探讨 RCS 空间组合节点的传力机理和承载力，并对基于 RCS 平面组合节点的承载力公式进行改进，以适用于空间组合节点的计算，并为后续空间组合节点的试验研究提供计算依据。

5.1　RCS 空间组合节点和平面组合节点有限元分析与对比

5.1.1　试件设计

以文献[1]中的试件 5 为原型，建立 RCS 空间组合节点和平面组合节点的有限元模型[4]，试件的主要构造措施和参数见表 5.1，空间组合节点的布置如图 5.1 所示。平面节点模型是在空间节点的基础上去除了直交梁和楼板，其他构造措施和参数不变。

表 5.1　试件的主要构造措施和参数

节点类型	主要构造措施	楼板尺寸及配筋	直交梁	扁钢箍	面承板	柱面钢板	抗剪栓钉	小型钢柱	柱箍筋
空间节点	楼板、直交梁、扁钢箍、面承板、柱面钢板、抗剪栓钉、小型钢柱	3200mm×3200mm×90mm、ϕ10@51/153mm	型号同主梁W310×33	10mm厚	10mm厚	10mm厚	直径 19mm 长 76mm	W10×22	ϕ10@100/200mm
平面节点	扁钢箍、面承板、柱面钢板、抗剪栓钉、小型钢柱	—	—	10mm厚	10mm厚	10mm厚	直径 19mm 长 76mm	W10×22	ϕ10@100/200mm

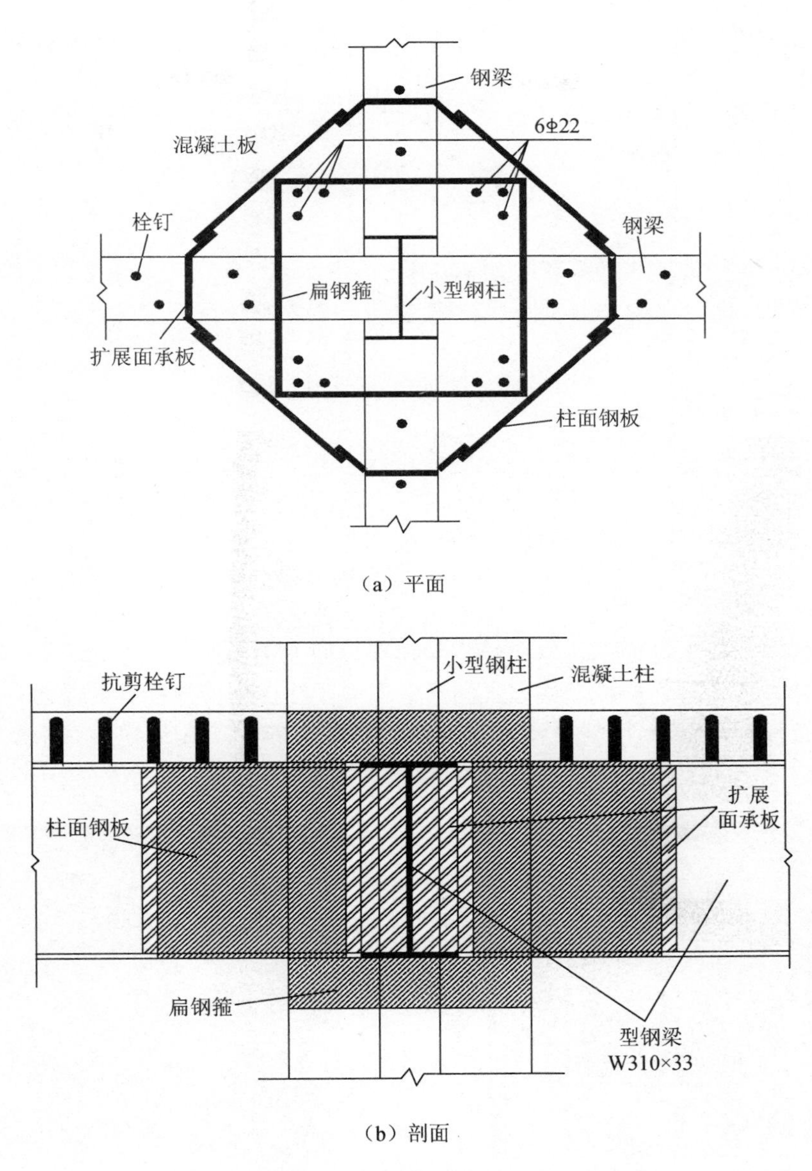

（a）平面

（b）剖面

图 5.1　空间组合节点的布置

5.1.2　有限元建模

1. 材料本构模型

混凝土材料采用塑性损伤模型，混凝土的塑性损伤理论是采用有效应力和硬化变量来表达的，通过刚度退化和损伤来描述混凝土在受拉和受压时的特征，根据混凝土不同的受力环境来确定标量损伤因子[5]。用 ABAQUS 软件中提供的受拉应力-断裂能的关系来模拟混凝土受拉软化的受力性能。混凝土的弹性模量根据文献[6]得出。

钢筋和钢材用各向同性的弹塑性材料进行模拟，选用 von Mises 屈服准则作为屈服条件，骨架曲线采用 Esmaeilly 和 Xiao[7]建议的曲线。

2. 单元类型及网格划分

混凝土柱、混凝土楼板都采用 C3D8R 实体单元，钢采用 S4R 四节点壳单元，纵筋和箍筋采用 T3D2 三维两节点桁架单元。为兼顾计算精度与计算成本，网格单元尺寸为 50mm。

3. 边界条件

约束混凝土柱底 X、Y、Z 三个方向上的位移，顶端为自由端面节点，通过约束梁两端 X、Z 方向上的位移，使节点在 YZ 平面内受力，防止试件在平面外失稳。整个节点边界条件的设置与试验条件一致。

4. 界面接触

钢梁与混凝土之间的化学黏结力和物理摩擦力相比栓钉提供的锚固力，可以忽略不计。在混凝土楼板和钢梁之间设置了弹簧连接来模拟栓钉的受力行为。钢梁与面承板、扁钢箍、小钢柱和柱面钢板之间的焊缝，采用绑定约束来模拟。

所建 RCS 空间组合节点的有限元模型如图 5.2 所示。

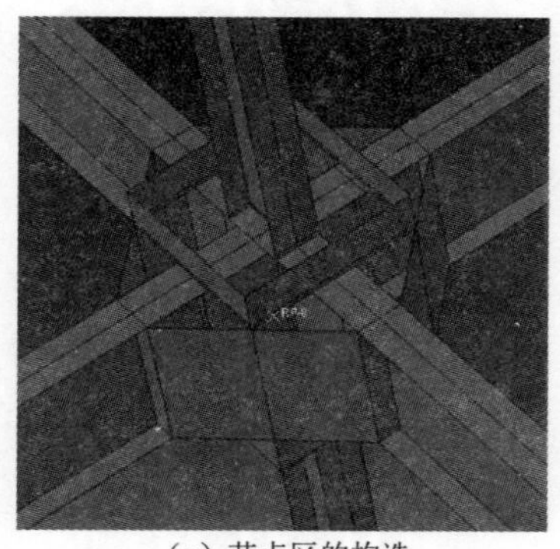
（a）节点区的构造

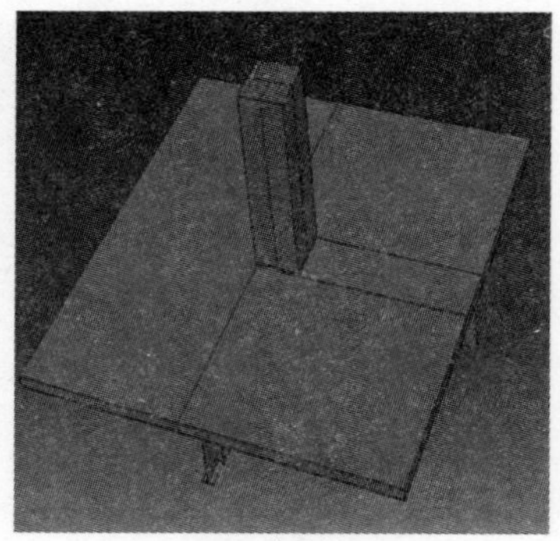
（b）整体模型

图 5.2 RCS 空间组合节点的有限元模型

5.1.3　与试验结果的对比分析

为了验证有限元建模的有效性，首先对试件施加与文献[1]中相同的加载制度，即先在柱端施加 890kN 的轴向压力（轴压比为 0.1）。然后采用位移加载，位移加载分为两个阶段：阶段一，先在主梁方向加载到节点承载力不再增大，此时梁端位移约为 40mm；阶段二，在直交梁方向加载，直到节点破坏，此时梁端位移为 80mm。试件的最终破坏模式如图 5.3 所示，RCS 空间组合节点有限元分析与试验骨架曲线的对比如图 5.4 所示。

图 5.3　试件的最终破坏模式（节点区部分）

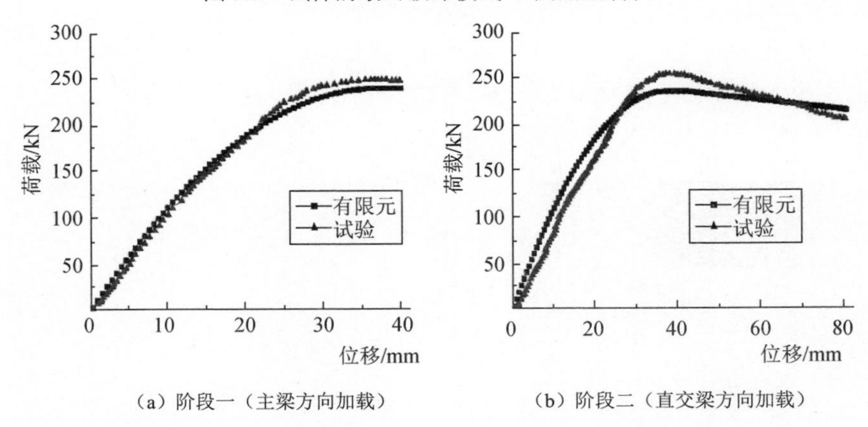

（a）阶段一（主梁方向加载）　（b）阶段二（直交梁方向加载）

图 5.4　RCS 空间组合节点有限元分析与试验骨架曲线的对比

从图 5.3 可以看出，有限元模型在加载完成时，空间节点区域的钢板大部分达到了屈服强度，同时梁端的部分区域也进入了屈服状态。这与文献[8，9]试验中试件发生节点剪切破坏，且梁端部分形成塑性铰的最终破坏模式是一致的。

从图 5.4 可以看出，在阶段一，有限元模拟得到的节点梁端荷载-位移骨架曲线与试验结果匹配良好，特别是在弹性阶段和弹塑性的初始阶段，两条曲线基本重合；只是在弹塑性阶段的后期，试验结果偏大一些，不过误差仍在 10%以内。在阶段二，有限元结果的初始刚度比试验结果略大，而峰值荷载略低于试验结果；

但从整体上分析，两个曲线还是比较匹配的。

综上所述，利用本章的有限元建模方法对 RCS 空间组合节点进行传力机理和承载力分析是可行的。

5.1.4 与平面组合节点的对比分析

为了探讨 RCS 空间组合节点与平面组合节点受力性能的差异，对 5.1.1 节的两类节点重新进行有限元建模和对比分析。两类节点采用相同的加载制度，即只在主梁方向采用位移加载，直到梁端位移达到 80mm。

1. 骨架曲线的对比分析

从图 5.5 可以看出，两类节点均经过了明显的弹性阶段、屈服阶段和破坏阶段。在弹性阶段，两类节点的刚度没有显著差别；进入弹塑性阶段后，虽然两者的发展趋势类似，但空间节点的承载力明显要高于平面节点，其峰值荷载相差约 17%，说明直交梁和楼板的存在对空间节点承载力的提高作用是不可忽略的。此外，两类节点破坏时与屈服时的位移比均大于 4，表明虽然两类节点均发生了剪切破坏（后文详述），但其延性还是不错的。两类组合节点在不同受力阶段时荷载和位移特征值见表 5.2。

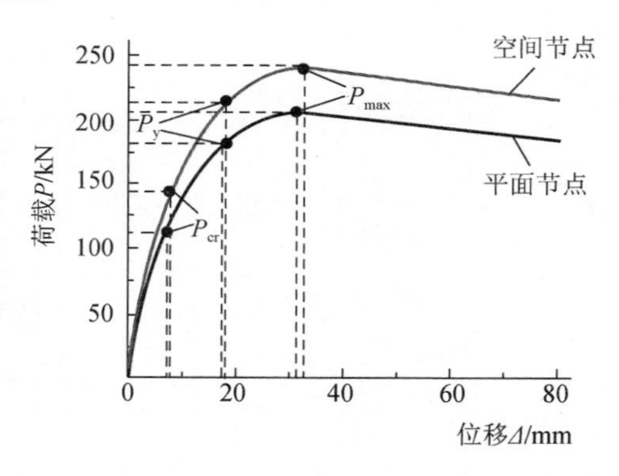

图 5.5 RCS 空间组合节点与平面组合节点骨架曲线的对比

表 5.2 两类组合节点在不同受力阶段时荷载和位移特征值

节点类型	P_{cr}/kN	Δ_{cr}/mm	P_y/kN	Δ_y/mm	P_{max}/kN	Δ_{max}/mm	P_u/kN	Δ_u/mm
空间节点	144.5	8.1	214.4	18.5	242.0	32.5	217.0	80.0
平面节点	112.7	6.8	181.5	17.9	206.3	31.3	184.5	80.0

2. 受力过程的对比分析

（1）弹性阶段

弹性阶段结束时两类节点主要受力部分的应力（应变）状态如图 5.6 所示。

从图中可以看出，对于两类节点，节点区钢梁腹板和与柱面相邻的钢梁下翼缘附近受力较大，如图 5.6（a）所示，空间节点和平面节点核心区钢梁腹板的 Mises 应力最大值分别为 49MPa 和 51MPa，两类节点的应力均处于弹性状态，且相差不大。从图 5.6（b）可以看出，空间节点中混凝土板的裂缝（用等效塑性应变表示）分布范围较大且发展较充分，应力值可达 8MPa，说明在弹性阶段，空间节点中楼板对与其相连的构件和构造措施产生了约束，结合 RCS 组合节点的受力机理可知，混凝土板的存在间接地提高了空间节点的抗剪承载力。另外，从图 5.6（c）可知，两类节点核心区混凝土的受力状态相差不大，最大应力值分别为 12MPa、14MPa。因为在弹性阶段，柱面钢板和扁钢箍的受力很小，故未在图 5.6 中展示。

空间节点

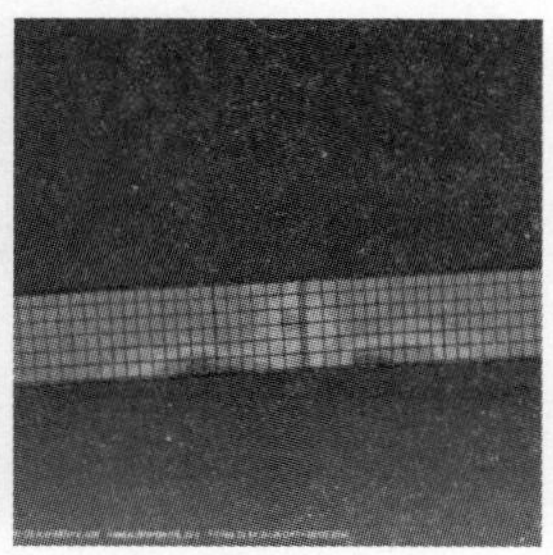

平面节点

（a）钢梁的应力分布图

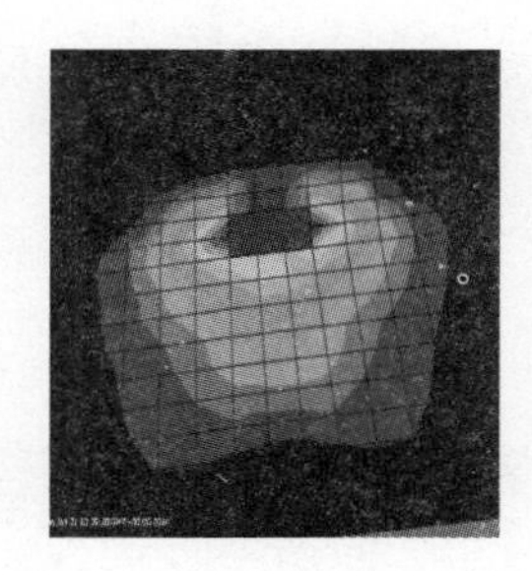

（b）空间节点混凝土板等效塑性应变分布图

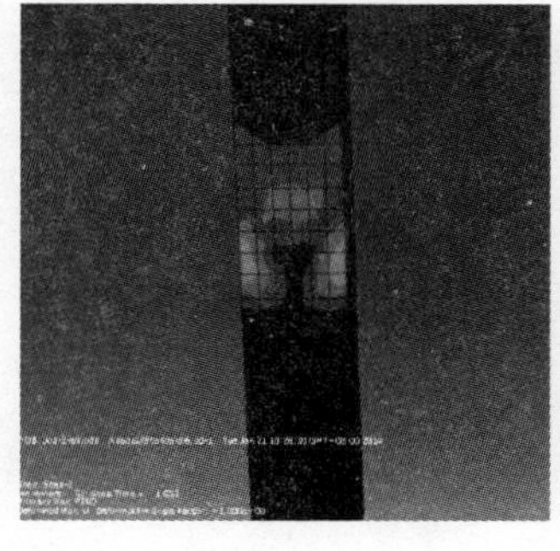

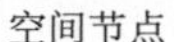

空间节点

平面节点

（c）柱混凝土等效塑性应变分布图

图 5.6　弹性阶段结束时两类节点主要受力部分的应力（应变）状态

（2）屈服阶段

屈服阶段结束时两类节点主要受力部分的应力（应变）状态如图 5.7 所示。从图 5.7（a、b、c）可以看出，对于两类节点，核心区腹板、柱面钢板和扁钢箍均已达到屈服强度（f_y=365MPa）。不过从 3 种构造措施的屈服范围和程度来看，空间节点构造措施的受力更为充分，说明空间节点的构造措施更为有效地约束了节点区的混凝土，从而可提高节点的承载力。此外，从图 5.7（d、e）可以看出，与弹性阶段相比，两类节点核心区混凝土及空间节点楼板的混凝土，其受力范围和程度进一步发展，核心区混凝土的 Mises 应力最大值分别为 12MPa 和 10MPa，楼板混凝土的 Mises 应力值也从弹性阶段的 8MPa 提高到 10MPa，这也验证了上述两类节点构造措施对混凝土的约束作用，以及空间节点更好的约束效果。

空间节点

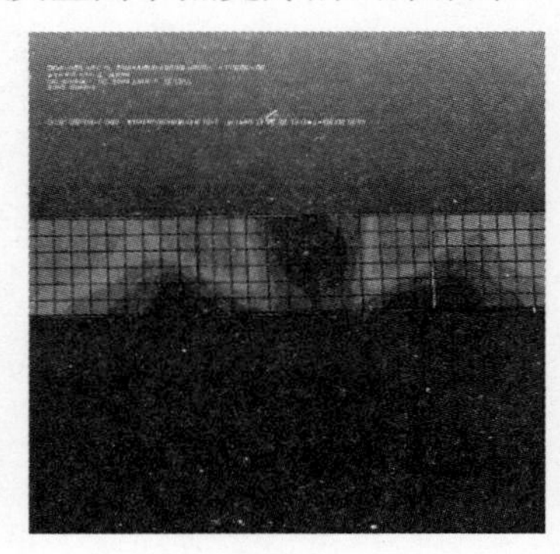

平面节点

（a）钢梁的应力分布图

空间节点

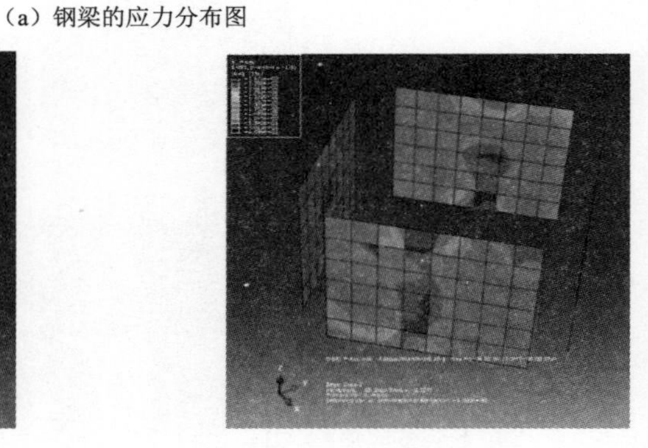

平面节点

（b）柱面钢板应力云图

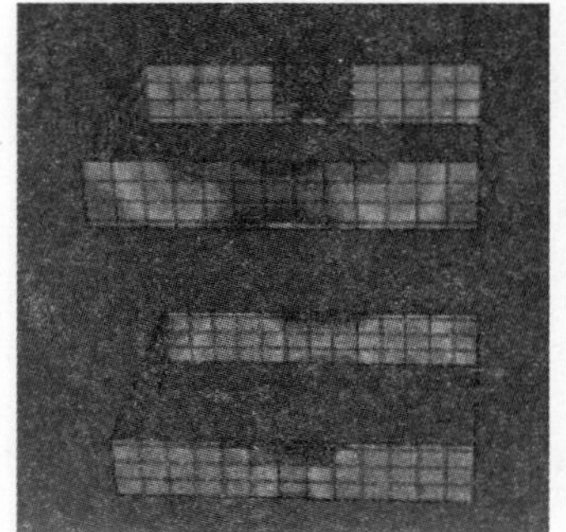

空间节点

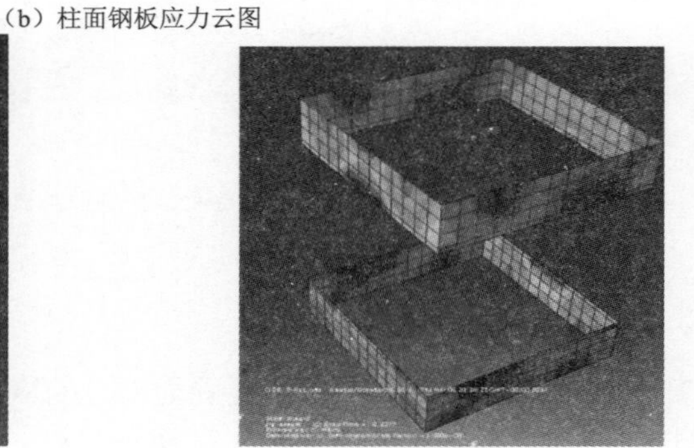

平面节点

（c）扁钢箍应力云图

图 5.7　屈服阶段结束时两类节点主要受力部分的应力（应变）状态

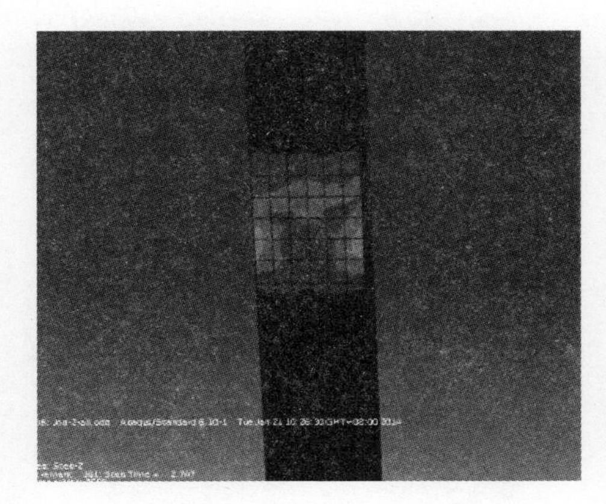

空间节点

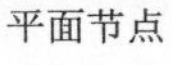

平面节点

（d）柱的等效塑性应变分布图

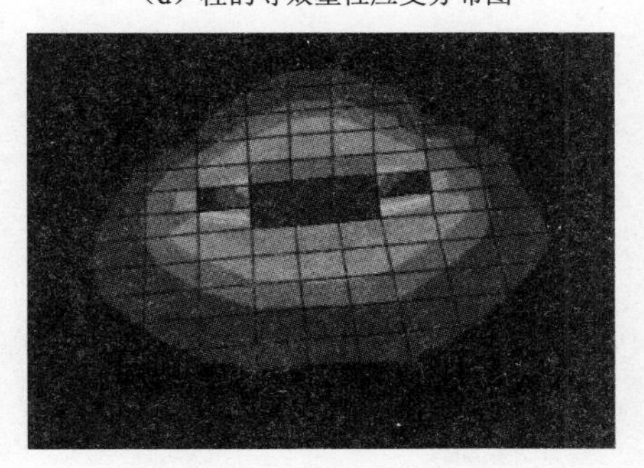

（e）空间节点混凝土板等效塑性应变分布图

图 5.7（续）

（3）破坏阶段

在破坏阶段，两类节点的核心区腹板、柱面钢板和扁钢箍的屈服范围进一步增大，如图 5.8（a、b、c）所示，空间节点的屈服范围仍然比平面节点的要大，且空间节点核心区腹板已经全部屈服。此外，从图 5.8（d、e）可以看出，两类节点核心区混凝土及空间节点楼板的混凝土，其受力范围和程度也进一步发展，并且空间节点核心区的部分混凝土已达到极限压应变。上述两点表明，空间节点核心区的混凝土和钢腹板均比平面节点发挥了更充分的作用，同时对节点承载力的贡献也就更大。

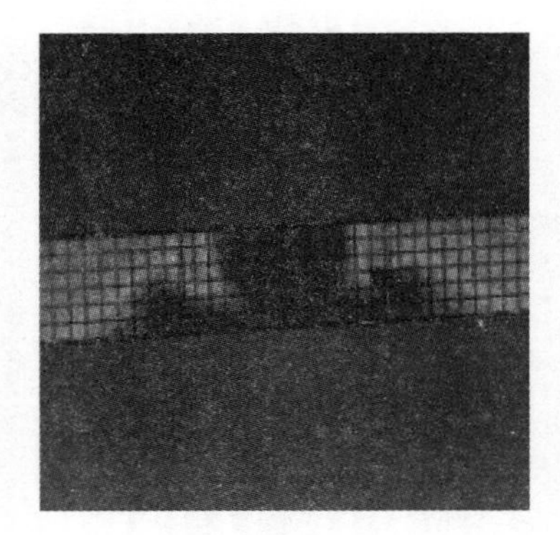

空间节点

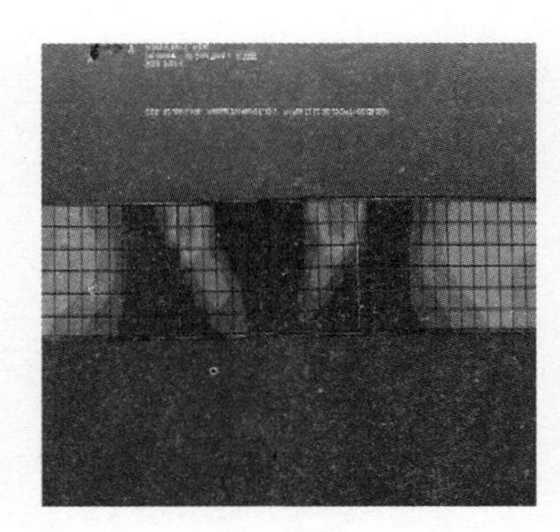

平面节点

（a）钢梁的应力分布图

空间节点

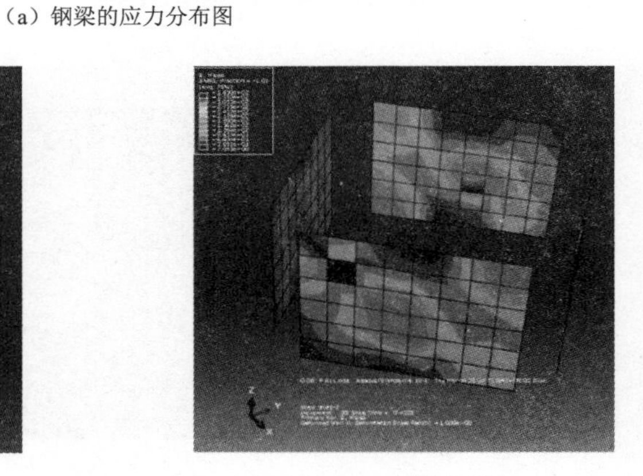

平面节点

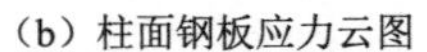

（b）柱面钢板应力云图

空间节点

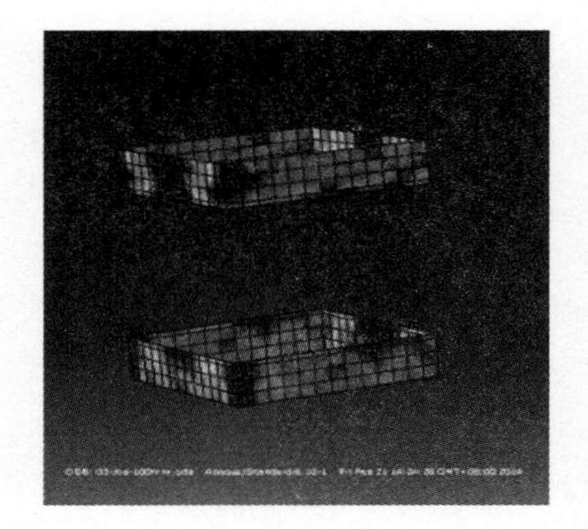

平面节点

（c）扁钢箍应力云图

图 5.8　破坏阶段两类节点主要受力部分的应力（应变）状态

空间节点　　平面节点

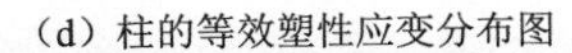

（d）柱的等效塑性应变分布图

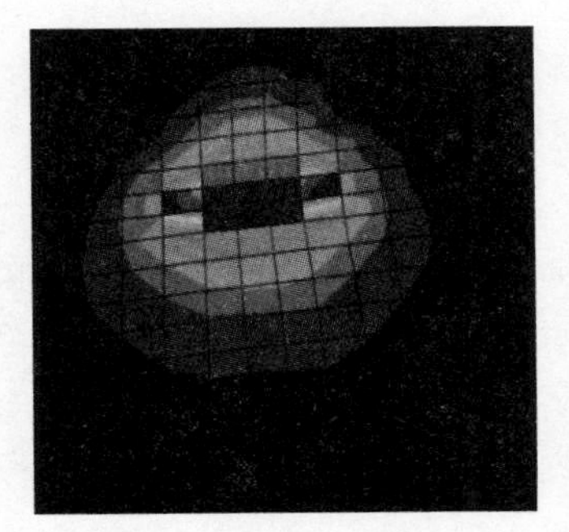

（e）空间节点混凝土板等效塑性应变分布图

图 5.8（续）

5.2　RCS 空间组合节点抗剪承载力公式的提出

对 RCS 空间组合节点和平面组合节点的受力全过程的分析表明，不管是在弹性阶段还是弹塑性阶段，由于楼板和直交梁的存在，空间节点各构造措施均能更充分地发挥作用，进而使节点核心区的混凝土和钢腹板均达到了理想的剪切破坏模式（这也是其承载力高于平面节点的主要原因）。本章在美国土木工程师协会所给出的平面节点承载力公式的基础上，引入现浇楼板的影响，并通过大量的参数分析，提出 RCS 空间组合节点的承载力公式[4]。

5.2.1　平面节点承载力公式

基于节点的剪切破坏模式，美国土木工程师协会给出的 RCS 平面节点承载力公式[10]为

$$V_{\mathrm{j}}=0.6F_{\mathrm{ysp}}t_{\mathrm{sp}}j_{\mathrm{h}}+1.7\sqrt{f_{\mathrm{c}}'}b_{\mathrm{p}}h+0.4\sqrt{f_{\mathrm{c}}'}b_{0}h+0.9A_{\mathrm{sh}}F_{\mathrm{ysh}}h/s_{\mathrm{h}} \tag{5-1}$$

式中，V_j为节点抗剪承载力；f_c'为混凝土圆柱体轴心抗压强度；F_{ysp}、F_{ysh}分别为钢梁腹板、箍筋的屈服强度；t_{sp}、j_h分别为钢梁腹板的厚度和节点区域的长度；h为混凝土柱截面高度；b_p和b_0分别为混凝土柱内外部宽度；A_{sh}为同一截面内箍筋各肢截面面积之和；s_h为节点区域箍筋间距。

式（5-1）中等号右边的4项分别代表钢梁腹板、节点核心区内外混凝土和箍筋提供的抗剪承载力。该公式没有考虑现浇楼板和直交梁对节点承载力的影响。

5.2.2　改进公式的提出

从上述空间组合节点的受力分析可知，楼板的受力范围是在离柱面一定距离内的，由此在改进公式中用两部分来考虑楼板对节点承载力的间接贡献，分别假定一部分节点承载力与楼板宽度呈指数函数关系，另一部分节点承载力与楼板厚度呈线性关系。改进后的RCS空间组合节点承载力公式为

$$V_j = \lambda_1 f_y t_w h_w + \lambda_2 f_c' b h_c + \lambda_3 e^{-w/\lambda_4} + \lambda_5 h_t \tag{5-2}$$

式中，V_j为节点抗剪承载力；f_y为节点核心区钢腹板屈服强度；t_w、h_w分别为钢梁腹板的厚度和高度；h_c为节点核心区混凝土高度；f_c'为混凝土轴心抗压强度；b为柱截面宽度；w为楼板宽度；h_t为楼板厚度；λ_1、λ_2、λ_3、λ_4、λ_5为待定参数。

式（5-2）中等号右边第1项代表钢梁腹板的抗剪承载力，考虑了直交梁的抗扭承载力对受力方向钢梁腹板抗剪承载力的提高，当无直交梁时参数λ_1可适当降低；等号右边第2项代表节点核心区全部混凝土的抗剪承载力，考虑了柱面钢板和扁钢箍等构造措施对节点核心区混凝土强度的提高作用，当无柱面钢板或扁钢箍时参数λ_2应适当降低；等号右边第3项代表楼板对节点承载力的贡献，当没有楼板时参数λ_3、λ_4、λ_5均取为0。

5.3　改进公式中待定参数的确定及公式验证

本章用控制变量法建立不同模型并加载，根据最终梁端极限荷载和变量的回归方程式确定梁端极限荷载与相关变量的关系，再由梁端剪力和节点剪力的关系式（5-3）最终确定节点抗剪承载力和相关变量的关系[4]。

$$\frac{V_j}{V_b} = \frac{L - h_c}{h_b} - \frac{L}{H} \tag{5-3}$$

式中，V_j、V_b分别为节点和梁端剪力；L、H分别为梁长和柱高；h_c、h_b分别为柱和梁在受力方向的截面高度。

5.3.1　待定参数的确定

1. 参数λ_1的确定

在其他变量不变的条件下，本章选取 6mm、8mm、10mm 和 12mm 的钢梁腹板厚度 t_w，比较分析钢梁腹板厚度对 RCS 空间组合节点承载力的影响。梁端极限荷载随钢梁腹板厚度的变化及其线性回归表达式如图 5.9 所示，由回归方程并结合式（5-2）和式（5-3）后求得参数 $\lambda_1 = 0.63$。

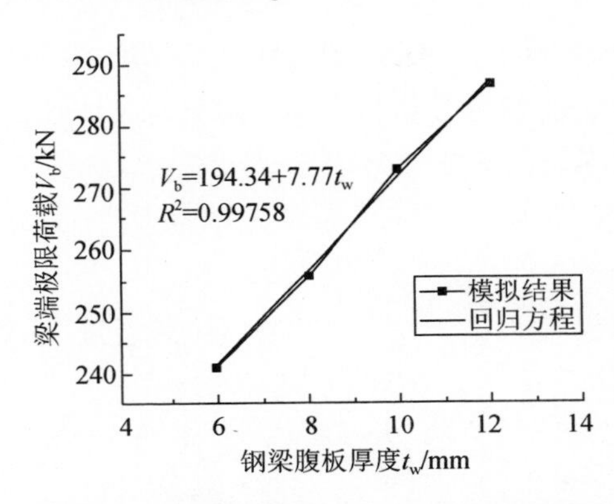

图 5.9　钢梁腹板厚度对节点承载力的影响

2. 参数λ_2的确定

美国土木工程师协会对 RCS 组合结构中的混凝土轴心抗压强度有明确的规定，为 $f_c' \leqslant 40\text{MPa}$，即只在普通混凝土等级范围内适用。在其他变量不变的条件下，本章选取强度等级为 C25、C30、C35 和 C40 的混凝土，比较分析普通混凝土强度对 RCS 空间组合节点承载力的影响。梁端极限荷载随混凝土轴心抗压强度的变化轨迹及其线性回归表达式如图 5.10 所示，由回归方程并结合式（5-2）和式（5-3）后求得参数 $\lambda_2 = 0.64$。

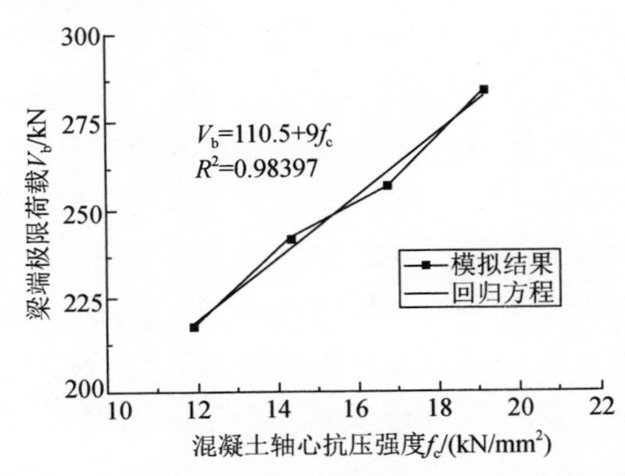

图 5.10　混凝土轴心抗压强度对节点承载力的影响

3. 参数λ_3和λ_4的确定

在其他变量不变的条件下，本章选取600mm、1000mm、1600mm和2000mm的楼板宽度 w，比较分析楼板宽度对RCS空间组合节点承载力的影响。梁端极限荷载随楼板宽度的变化及其线性回归表达式如图5.11所示，由回归方程并结合式（5-2）和式（5-3）后求得参数 $\lambda_3=6.38\times10^5$、$\lambda_4=3.4\times10^2$。

4. 参数λ_5的确定

在其他变量不变的条件下，本章选取50mm、70mm、90mm、110mm、130mm和150mm的楼板厚度 h_t，比较分析楼板厚度对RCS空间组合节点承载力的影响。梁端极限荷载随楼板厚度的变化及其线性回归表达式如图5.12所示，由回归方程并结合式（5-2）和式（5-3）后求得参数 $\lambda_5=1.51\times10^3$。

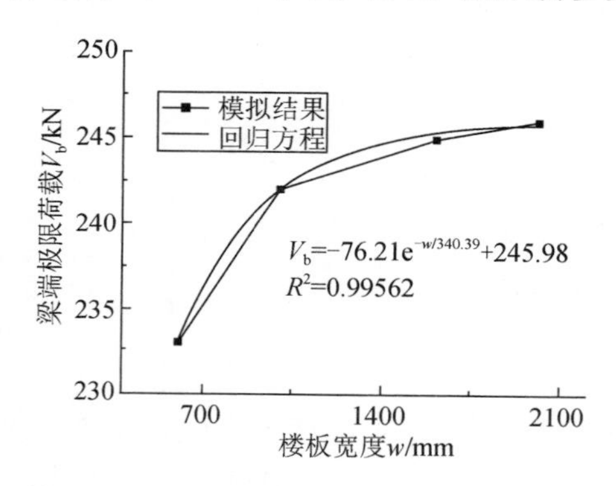

图5.11　楼板宽度对节点承载力的影响

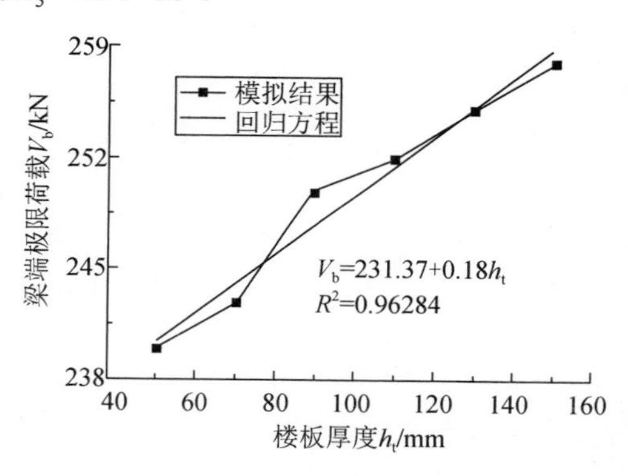

图5.12　楼板厚度对节点承载力的影响

5.3.2 改进公式与有限元模拟结果验证

将上节经参数分析得到的系数值代入改进公式（5-2），即得RCS空间组合节点的承载力公式。利用改进公式对用于受力分析和参数分析的15个RCS空间节点进行承载力计算，并与有限元模拟结果进行比较，结果见表5.3。

从表5.3可以看出，美国土木工程师协会给出的平面组合节点承载力公式和有限元模拟结果相比偏低17%～37%，表明美国土木工程师协会给出的平面组合节点承载力公式在计算节点承载力时没有充分考虑空间作用下楼板和直交钢梁对RCS组合节点承载力的提高作用。而改进公式和有限元模拟结果相差在4%以内，表明改进公式充分考虑了上述因素，可以较准确地计算RCS空间组合节点的承载力（包含楼板、直交钢梁、柱面钢板和扁钢箍等构造措施的节点）。

表 5.3　美国土木工程师协会给出的平面组合节点承载力公式和改进公式计算结果与数值模拟结果对比

模型参数		模拟结果/kN	美国土木工程师协会给出的平面组合节点承载力公式		改进公式	
			计算结果/kN	计算结果/模拟结果	计算结果/kN	计算结果/模拟结果
基本模型		1584	1064	0.67	1547	0.98
f'_c/MPa	11.9	1418	1020	0.72	1365	0.96
	16.7	1682	1105	0.66	1729	1.03
	19.1	1860	1143	0.61	1911	1.03
t_w/mm	8	1677	1250	0.75	1677	1.00
	10	1783	1437	0.81	1806	1.01
	12	1876	1623	0.87	1936	1.03
w/mm	600	1524	1064	0.70	1471	0.97
	1600	1599	1064	0.67	1576	0.99
	2000	1602	1064	0.66	1579	0.99
h_t/mm	50	1566	1064	0.68	1516	0.97
	90	1639	1064	0.65	1577	0.96
	110	1650	1064	0.64	1607	0.97
	130	1668	1064	0.64	1637	0.98
	150	1688	1064	0.63	1667	0.99

注：基本模型是指混凝土强度等级为 C30，型钢梁腹板厚度为 6mm，楼板厚度为 70mm，楼板宽度为 1000mm 的有限元模型。

5.4　本 章 小 结

1）分别建立 RCS 平面和空间有限元模型，计算结果表明空间节点承载力比平面节点高 17%，说明空间作用对 RCS 节点抗剪承载力的提高需要考虑。

2）通过对 RCS 空间节点的受力机理进行分析，基于美国土木工程师协会给出的平面组合节点承载力公式，提出了 RCS 空间组合节点承载力公式，并通过参数分析和回归分析确定了改进公式中的相关系数。

3）相比于平面节点承载力公式，改进公式与数值模拟结果匹配很好，可以很准确地计算含有楼板、直交钢梁、柱面钢板和扁钢箍等构件或构造措施的 RCS 空间组合节点的承载力，该公式可供相关科研人员和工程设计人员参考。

参 考 文 献

[1] MIEHAEL N BUGEJA，JOSEPH M BRACCI，WALTER P MOORE JR．Seismic behavior of composite RCS frame systems[J]．Journal of Structural Engineering，2000，126(4)：429-435．

[2] XUEMEI LIANG，GUSTAVO J，PARRA-MONIESINOS. Seismic behavior of reinforced concrete column-steel beam subassemblies and frame systems[J]. Journal of Structural Engineering，2004，130(2)：310-319.

[3] CHENG C T，CHEN C C. Seismic behavior of steel beam and reinforced concrete column connections[J]. Journal of Constructional Steel Research，2005，61(4)：587-606.

[4] 门进杰，李欢，等. 基于 ABAQUS 的 RCS 空间组合节点有限元分析[J]. 西安建筑科技大学学报（自然科学版），2017，49(3)：360-368.

[5] 张战廷，刘宇锋. ABAQUS 中的混凝土塑性损伤模型[J]. 建筑结构，2011，44(8)：299-311.

[6] 腾智明. 钢筋混凝土基本构件[M]. 北京：清华大学出版社，1987.

[7] ESMAEILY A，XIAO Y. Behavior of reinforced concrete columns under variable axial loads：analysis[J]. ACI Structural Journal，2005，102(5)：736-744.

[8] 门进杰，郭智峰，史庆轩，等. 钢筋混凝土柱-腹板贯通型钢梁混合框架中节点抗震性能试验研究[J]. 建筑结构学报，2014，35(8)：72-79.

[9] MEN J J，GUO Z，SHI Q. Experimental research on seismic behavior of novel composite RCS joints[J]. Steel and Composite Structures，2015，19(1)：209-221.

[10] American Society of Civil Engineers. Guidelines for design of joints between steel beams and reinforced concrete columns[J]. Journal of Structural Engineering，1994，12(8)：2330-2357.

第 6 章　RCS 空间梁、柱组合件抗震性能试验研究

目前，对于各种类型框架结构的抗震设计，为了尽可能实现“强柱弱梁”破坏机制，各国设计规范普遍采用增大柱端弯矩设计值的方法来避免或延迟柱端出现塑性铰。但在实际结构中，由于受到楼板、非结构构件等的影响，完全的“强柱弱梁”破坏机制很难实现，更多的是形成梁铰、柱铰同时存在的混合破坏机制。为了进一步探究考虑空间性能影响的 RCS 组合框架的抗震性能及其抗震设计方法，本章综合考虑柱、梁抗弯承载力比及楼板宽度两个主要因素，设计并制作了 5 个带楼板的 RCS 空间梁、柱组合体试件和 1 个 RCS 平面梁、柱组合体试件。通过低周反复加载试验，重点分析这两个因素对 RCS 梁、柱组合体试件地震破坏机制的影响，提出 RCS 组合框架结构有效翼缘宽度的取值方法，并为其基于“强柱弱梁”破坏机制的抗震设计方法提供数值支撑。

6.1　试件的设计与制作

6.1.1　试件设计

综合考虑试验能力和试验成本，采用缩尺模型，试件缩尺比例取 1/2。参考第 5 章的研究成果，对梁、柱组合体试件进行设计。其中，钢筋混凝土柱及板的设计按照《混凝土结构设计规范》（GB 50010—2010）[1]的规定进行；现浇混凝土板与钢梁组成的组合梁，以及连接件等的设计按照《钢结构设计规范》（GB 50017—2003）[2]的规定进行。此外，在设计时还需要对钢梁的抗弯强度、抗剪强度、局压承载力、局部稳定性等进行验算，以及对腹板加劲肋进行设计计算，并满足钢梁的稳定性要求。设计时应遵循“强节点、强柱弱梁”的设计理念。

本次试验共设计了 6 个试件[3,4]，综合考虑了柱、梁抗弯承载力比 $\eta_{\text{c-bua}}$，楼板宽度 w 两个参数，其中试件 RCS-S1、RCS-S2 及 RCS-S4 的板宽度均取 6 倍的板厚，其设计变量是柱、梁抗弯承载力比 $\eta_{\text{c-bua}}$，其设计值分别为 1.2、1.4、1.6；试件 RCS-S3 的板宽度取 8 倍的板厚，其 $\eta_{\text{c-bua}}$ 设计值为 1.4；试件 RCS-S5 的板宽度取 10 倍的板厚，其 $\eta_{\text{c-bua}}$ 设计值为 1.6；试件 RCS-S6 为 RCS 平面梁、柱组合体试件，没有横向钢梁和楼板，其 $\eta_{\text{c-bua}}$ 设计值为 1.4，用作与 RCS 空间梁、柱组合体试件对比分析。试验轴压比取 0.3。试件的基本尺寸构造如图 6.1 所示，各试件的具体设计参数如下。

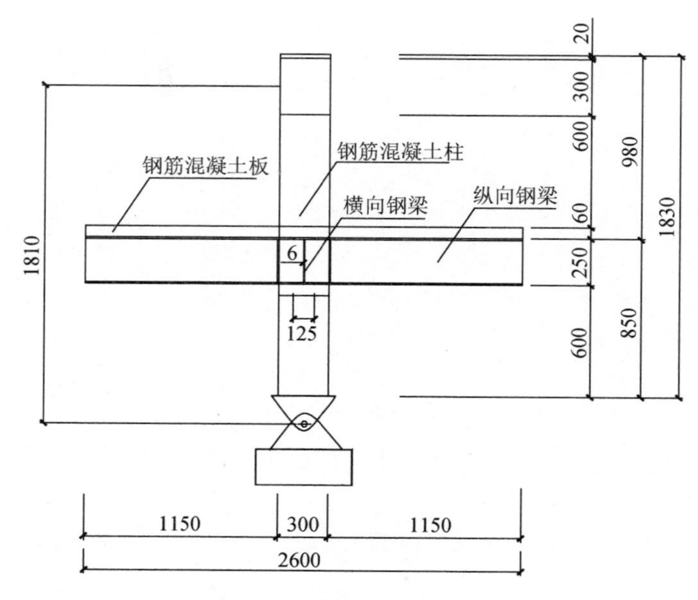

图 6.1　试件的基本尺寸构造

1. 钢筋混凝土柱

截面尺寸为 300mm×300mm，净高为 1830mm，计算高度为 1810mm，剪跨比为 2.5，混凝土强度为 C40，纵向受力钢筋采用 HRB400，保护层厚 20mm，节点区附近柱箍筋加密处理，为ϕ8@50/75mm；具体配筋见表 6.1，具体设计如图 6.2 所示。

表 6.1　试件设计

试件编号	设计 $\eta_{c\text{-}bua}$	板厚 t/mm	单侧板宽（除去翼缘宽度）	实配钢筋面积（单侧）A_s/mm^2	实配钢筋（单侧）
RCS-S1	1.2	60	6t	961	2⌀18+4⌀12
RCS-S2	1.4	60	6t	1206	6⌀16
RCS-S3	1.4	60	8t	1244	2⌀20+4⌀14
RCS-S4	1.6	60	6t	1527	6⌀18
RCS-S5	1.6	60	10t	1646	2⌀20+4⌀18
RCS-S6	1.4	60	0t	402	2⌀16

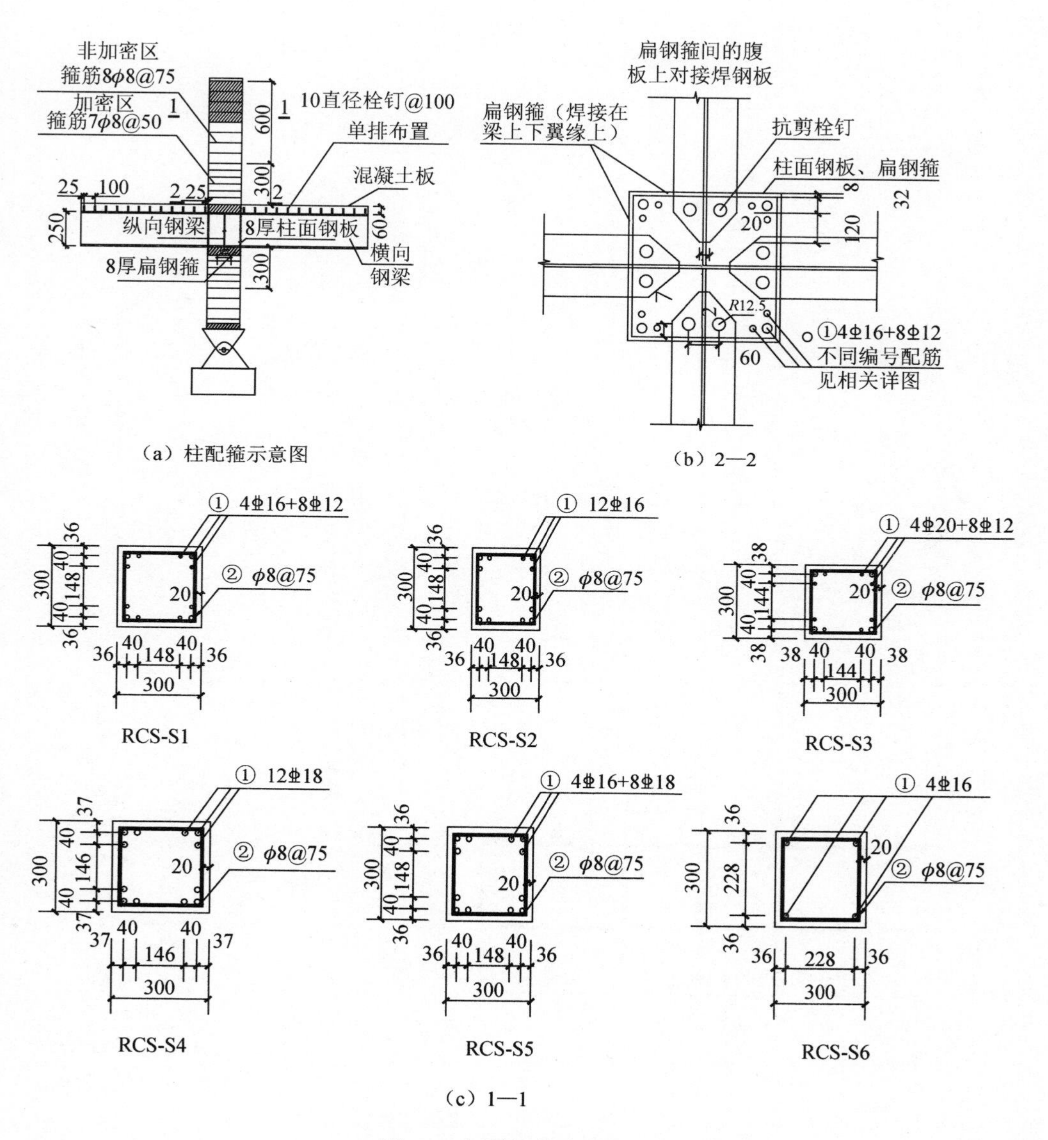

图 6.2　钢筋混凝土柱设计

2. 钢梁

采用工字型对称截面，选用热轧 H 型钢 HN 250×125×6×9，纵梁全长为2600mm，计算跨度为 2300mm，剪跨比为 4，横梁尺寸与板相同；具体设计如图 6.3 所示。

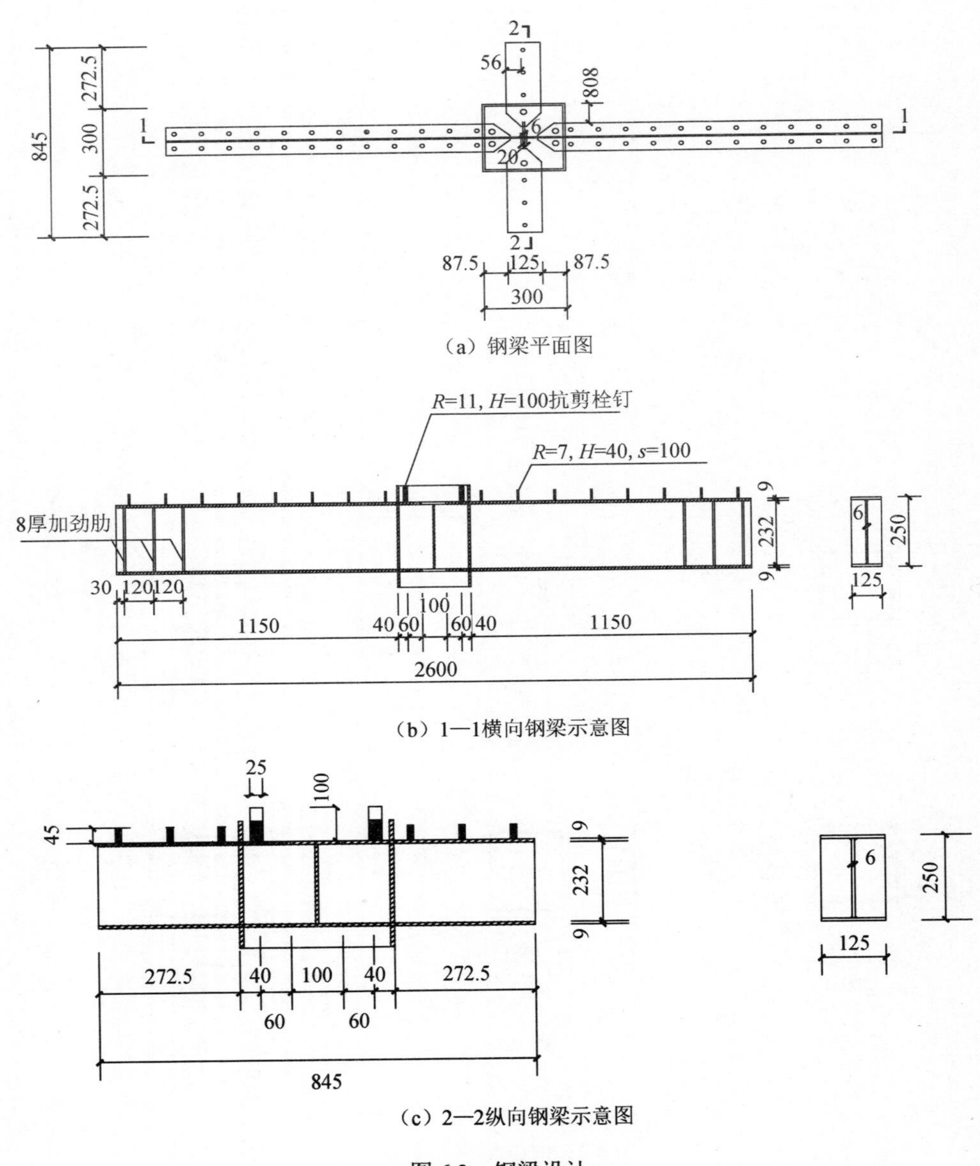

（a）钢梁平面图

（b）1—1横向钢梁示意图

（c）2—2纵向钢梁示意图

图 6.3　钢梁设计

3．板

采用现浇混凝土板，板厚 60mm，混凝土强度为 C40，板中按双层双向配筋，钢筋型号为 HPB300，直径为 8mm，钢筋保护层厚 10mm；具体设计如图 6.4 所示。

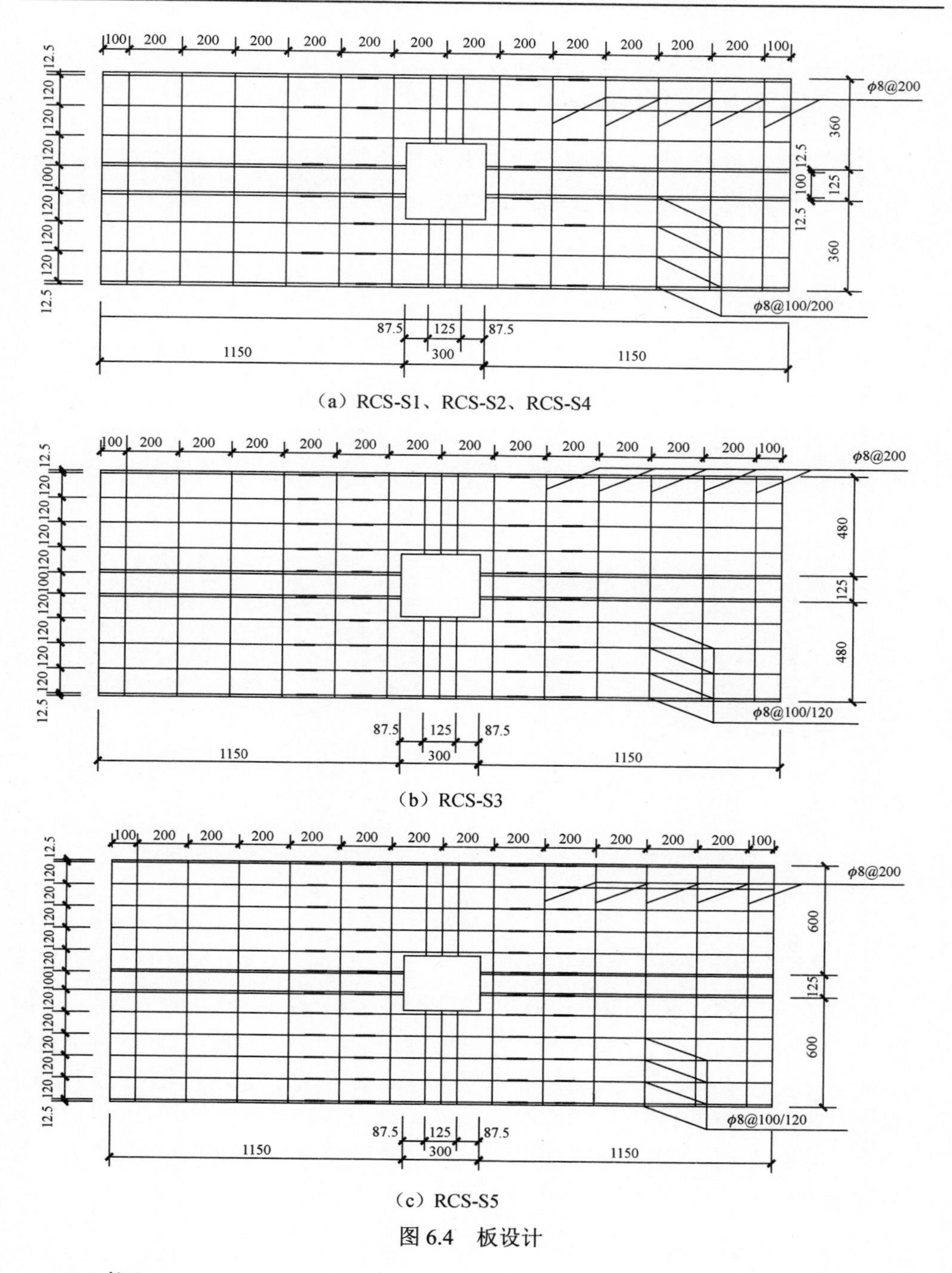

图 6.4　板设计

4. 栓钉

除节点区顶面的栓钉，连接混凝土板和钢梁的栓钉直径为 14mm，长度为 45mm，按完全抗剪连接设计，间距 100mm，纵梁上分两排布置，横梁上按一排布置；详细布置如图 6.3（a）所示。

5. 节点加强构造

为加强竖向抗剪，节点区设置 4.6 级抗剪栓钉，直径 25mm，长度 100mm［图 6.3（c）］。围绕节点外围，柱端设封闭的 8mm 厚的扁钢箍；另设 8mm 厚的柱面钢板。

6.1.2 试件制作

1. 钢梁的加工

试件钢梁采用热轧型钢，焊接前测试钢梁的强度等指标。钢梁为贯通式制作，即节点两侧钢梁长度为板跨长，在节点核心区部分切除钢梁翼缘，沿节点核心区焊接柱面钢板、扁钢箍、抗剪栓钉、螺栓等构造措施。将钢梁及节点区的钢片焊接完毕后，进行除锈工作。钢梁加工如图 6.5 所示。

（a）钢梁节点图

（b）钢梁整体图

图 6.5　钢梁加工

2. 钢筋绑扎及应变片布置

将纵筋、箍筋和钢梁按设计方案贴好应变片。钢筋应变片选用规格为 3mm 的应变片，预先将应变片与导线连接，用打磨机将带肋钢筋进行打磨，使表面平整易粘贴；之后用速干胶将应变片沿钢筋受力方向贴于打磨完毕的钢筋平面上，将导线与应变片一起包裹环氧树脂进行保护，导线端用绝缘胶带缠绕。应变片按顺序贴好后，将钢筋并排于阴凉处通风晾干。之后进行钢筋笼的绑扎与尺寸的调整，以及脚手架的搭接，将骨架放置在脚手架上进行调平与固定。钢筋绑扎如图 6.6 所示。

3. 支模与浇筑

钢筋绑扎完成后进行木模板支模和浇筑混凝土，浇筑前根据实验室夹具规格对混凝土板预留孔洞；浇筑时对 C40 商品混凝土进行充分振捣；浇筑完成后，常温下浇水养护 28d，并同时设置 3 对混凝土立方体试块进行同条件养护。支模与浇筑如图 6.7 所示。

（a）柱筋绑扎

（b）板筋绑扎

图 6.6　钢筋绑扎

（a）木模板支模

（b）试块制作

（c）模板浇筑

（d）试件制作完成

图 6.7　支模与浇筑

6.1.3　材料性能

1. 型钢与钢筋

钢材为 Q235 钢，针对不同厚度的同批次钢材，根据《钢及钢产品 力学性能试验取样位置及试样制备》（GB/T 2975—1998）[5]的规定，预留加工不同厚度钢板各 3 组进行材性试验，钢材主要材性指标见表 6.2；钢筋采用热轧钢筋，按照《金属材料 拉伸试验 第 1 部分：室温试验方法》（GB/T 228.1—2010）[6]规定的方法测量其屈服强度、弹性模量等参数，钢筋主要材性指标见表 6.3。

表 6.2 钢材主要材性指标

类别	厚度/mm	屈服强度 f_y/MPa				极限强度 f_u/MPa				弹性模量 E_s/MPa
		1	2	3	平均值	1	2	3	平均值	
钢梁腹板	6	295	255	245	265	425	395	400	406.7	210000
钢梁翼缘	9	245	225	225	231.7	400	370	370	380	200000
柱面钢板/扁钢箍	8	290	280	281	278.3	405	395	394	398	201000

表 6.3 钢筋主要材性指标

类别	直径/mm	屈服强度 f_y/MPa	极限强度 f_u /MPa	弹性模量 E_s /MPa
C8	8	448.3	496.7	209000
C12	12	350	495	202000
C14	14	436.7	597.7	204000
C16	16	438.3	600	198000
C18	18	433.3	588.3	202000
C20	20	416.7	596.7	202000

2. 混凝土

混凝土设计强度等级为 C40，浇筑试件的同时制作边长为 150mm 的标准混凝土立方体试块 3 组，与试验模型进行同条件养护。依据《普通混凝土力学性能试验方法标准》（GB/T 50081—2002）[7]，在试验当天对标准立方体试块进行轴压试验，测得混凝土立方体抗压强度平均值 $f_{cu,k}$ =52.52MPa，混凝土轴心抗压强度标准值 $f_{c,k}$ =35.19MPa，混凝土轴心抗压强度设计值 f_c =25.13MPa。

6.2 试验加载和测试方案

6.2.1 试验加载装置

由于框架结构是超静定结构，研究其梁、柱组合体的抗震性能时，对其边界条件的准确模拟非常重要。本次试验所取梁、柱组合体的梁、柱端均取至实际框架中的梁、柱反弯点。在实际框架结构中，当受到水平力作用时，节点上下柱的反弯点处的弯矩均为零，只存在水平剪力。为了模拟组合体试件的受力状态，节点上柱反弯点可视为水平移动铰支座，节点下柱反弯点可视为不动铰支座，节点左右梁的反弯点可视为水平可动铰支座，其力学模型如图 6.8 所示。本次试验加载装置中，柱底端为不动铰支座，柱顶端与可水平滑动的千斤顶相连，形成了可水平移动的滑动铰支座，并通过千斤顶来施加竖向荷载来模拟柱轴向压

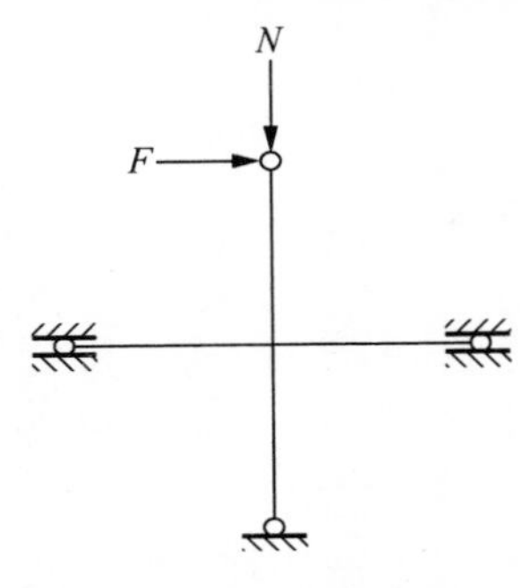

图 6.8 力学模型简图

力。节点左右梁的反弯点处与竖直支杆及 100kN 的力传感器相连，近似模拟水平可动铰支座，并可测试加载过程中梁反弯点处产生的剪力。竖向荷载由 500kN 的液压千斤顶提供，水平反复荷载由美国 MTS 公司生产的 1000kN 液压伺服作动器提供。加载开始时，首先施加柱顶部的竖向荷载，并保持不变；然后液压伺服作动器按照拟定的加载制度施加反复荷载，并规定推为正、拉为负。加载装置示意如图 6.9（a）所示，加载设备安装完成后的实物如图 6.9（b）所示。

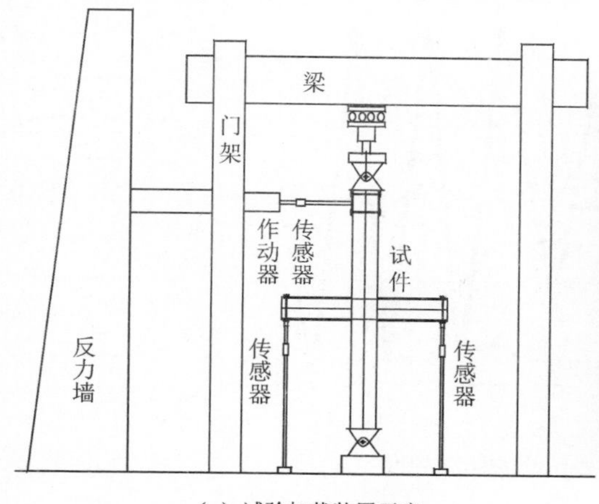

（a）试验加载装置示意

（b）加载设备安装完成后的实物（正面）

图 6.9 试验加载装置

6.2.2 加载制度

本试验采用柱端反复加载方式测试构件的抗震性能。根据《建筑抗震试验规程》（JGJ/T 101—2015）[8]的规定，拟静力试验的加载制度采用荷载-位移双控制的方法，如图 6.10 所示。具体的加载过程如下：

1）正式试验前，先进行试件的物理对中和几何对中。

2）预加载阶段，进行预加反复荷载试验，试验时加载到柱顶轴力设计值的 40%～60%加卸载两次，以消除装置初始缺陷的影响。观察每级荷载下的测点通道，需要保证测得的挠度、应变、转角数据随荷载的增加呈线性分布。当卸载至零时，所有读数回到初始读数。

3）正式加载阶段，为了能够较真实地模拟构件的实际工作状况，在施加水平荷载前，通过千斤顶向柱顶竖向加载轴力设计值 723.6kN（试验轴压比为 0.3），并保持轴力恒定不变；在柱端参照加载路径分级施加水平反复荷载。

4）构件屈服之前，采用荷载控制并分级加载，按照 10kN 一级进行加载，荷载反复一次。

5）构件屈服（荷载-位移曲线出现明显拐点，即出现明显的非弹性特征，或通过观察钢梁控制截面处翼缘的应变片读数来判定屈服点）后，采用位移控制，位移值应取屈服时试件的最大位移值，并以该位移值的倍数为级差进行控制加载，按照 1Δ_y、2Δ_y、3Δ_y…进行加载，荷载反复三次直至破坏。

当构件临近破坏时，荷载增量较小，位移增量较大。出现较大宽度的梁端、柱端裂缝或者构件侧移较大、水平荷载降到峰值荷载的 85%左右时，试件破坏，停止加载。

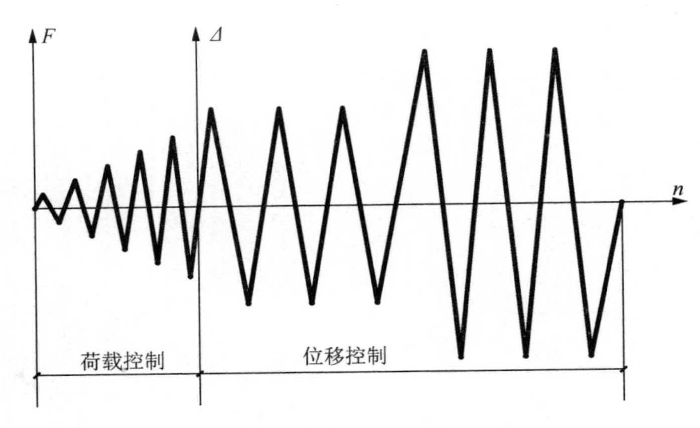

图 6.10　拟静力试验的加载制度

6.2.3　试验测试方案

1. 测试内容

为实现试验目的，本试验主要测试的内容有：

1）柱端水平荷载和水平位移。通过测量及公式计算，可得到层间位移角及节点区域的转角。用位移计直接测量水平位移，与试验中的位移加载控制中的位移进行对比，可减小分析误差。

2）节点区梁端转角和柱端转角。节点区的梁端与柱端转角通过布置在节点区域的 8 个位移计得到，通过位移转角公式进行节点位移的计算。

3）节点区附近混凝土板截面应变分布。在板上节点区域均匀布置至少 5 个混凝土应变片，用来分析反复荷载作用下板面混凝土的受力。

4）节点核心区附近钢梁截面、板内钢筋、柱纵筋及节点核心区柱面钢板的应变发展。在试件制作过程中将板上节点区域的上下层钢筋粘贴上应变片，用应变值来分析板承受反复荷载时的受力性能。

5）板、柱混凝土裂缝的长度、宽度随荷载变化的发展情况。通过每一级加载完成后绘制的裂缝走向及裂缝宽度记录，分析板的受力性能及板抗震性能的参与程度。

2. 测试方案

（1）钢梁、混凝土柱应变片布置

为研究 RCS 组合构件在低周反复荷载下的实际受力状态，得到其受力特点、传力机制、破坏过程及破坏形状，以及滞回曲线和骨架曲线等数据，在钢梁翼缘及腹板处布置多个应变片和应变花，在钢梁两侧的下翼缘各布置三道应变片，在钢梁腹板处沿竖向也布置三道应变片。对于钢筋混凝土柱，在加密区隔行布置箍筋及纵筋应变片。梁、柱应变片布置如图 6.11 所示。

（a）钢梁应变片布置

（b）柱应变片布置

图 6.11　梁、柱应变片布置

（2）板应变片布置

为研究组合构件中混凝土板对构件抗弯刚度及强度的影响，以及组合梁有效宽度的大小，同时测其负弯矩区混凝土板的开裂荷载并获得混凝土板顶面应变沿横向分布的规律，在节点核心区的控制截面处，沿同一截面中的混凝土板和板内纵筋分别布置比较密集的混凝土应变片和钢筋应变片，用以测量混凝土沿横截面应变的分布情况。钢梁上部板设置中心应变片，每隔 160mm 布置一个应变片；板两侧均等距布置，至少布置五道应变片；随板宽的增加，两侧各间隔 160mm 增加一道应变片，用以测量现浇混凝土板面的应变情况。板应变片布置如图 6.12 所示。

（a）板面应变片布置

（b）板筋应变片布置

图 6.12　板应变片布置

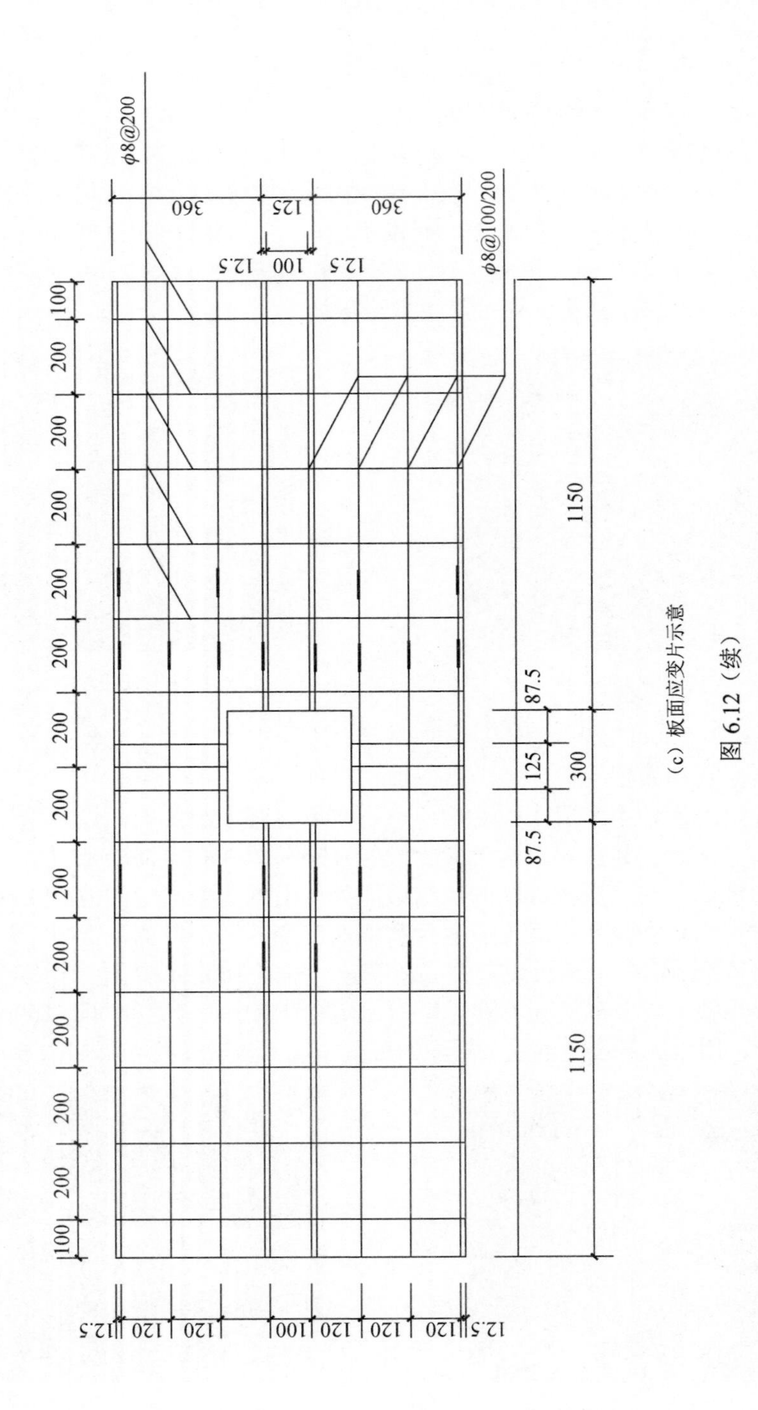

（c）板面应变片示意

图 6.12（续）

（3）位移计及节点测点布置

为了测得梁、柱节点的位移及相对转角，布置了多处位移计。梁、柱位移计的量程均为 50mm。柱顶水平荷载由 MTS 加载系统自动采集，柱顶水平位移用位移计测量；上下柱的塑性铰区各水平布置两个指示表，用以测量柱端转角；钢梁两端的梁端反力，通过在刚性支杆中部连接的荷载传感器测得；在钢梁端部布置位移计，用于测量梁端水平位移和竖直位移；在节点区域的柱端布置 4 处位移计，梁端区域也布置 4 处位移计，以测量节点核心区变形。在节点核心区的柱面钢板上布置应变花，以测量节点核心区的应变发展；在节点核心区内的钢梁腹板上布置应变花，用以测量钢梁腹板的剪切应变发展情况。求得无量纲的梁、柱位移后，利用公式转化成梁端转角 θ，其中梁端转角 $\theta = (\delta_{梁1} - \delta_{梁2}) / L$，$L$ 为测试区段高度。位移计及节点测点布置如图 6.13 所示。

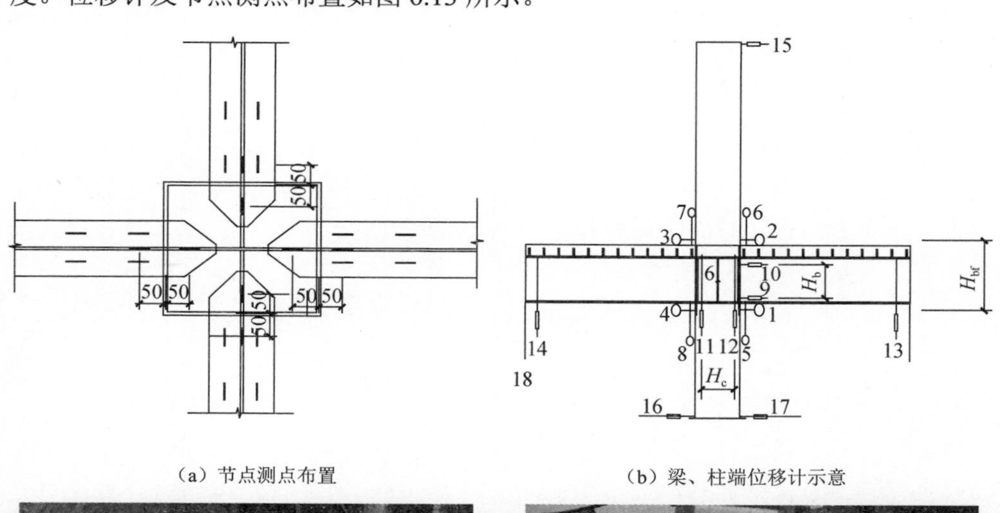

（a）节点测点布置　　　（b）梁、柱端位移计示意

（c）核心区位移计

（d）梁端位移计

图 6.13　位移计及节点测点布置

（e）柱顶位移计

（f）柱底位移计

图 6.13（续）

6.2.4 加载控制及数据采集

试件的水平荷载由 MTS 加载系统自动进行采集，而试件的应变、位移和梁端反力等数据由 TDS-602 数据自动采集系统进行采集，并在试验过程中对钢筋混凝土柱、钢梁及节点核心区的变形和应变进行实时监测。

6.3 试件破坏过程及破坏模式

6.3.1 试件破坏过程

对试件进行加载，在加载过程中记录弹性阶段、弹塑性阶段及塑性和破坏阶段的试验过程与现象，具体分析如下[3]。

1. 试件 RCS-S1

轴向荷载加载至 723.6kN 后，保持荷载恒定，在柱端施加反复水平荷载。屈服前按荷载加载，屈服后按位移循环 3 次加载。加载到 30kN 时，由于梁端栓钉与混凝土板相互作用，梁端板出现肉眼可见的纵向细小裂缝。荷载加载到约 40kN 时，由于钢梁及板相互作用，东侧板端底部沿栓钉出现纵向细小裂缝，后逐渐沿正交方向增加细小裂缝，原有裂缝沿栓钉纵向延伸。当荷载加载到−50kN 时，由于混凝土柱强度低于钢梁强度，下柱西侧产生细小受压裂缝，梁端板面裂缝加宽，如图 6.14（a）所示，此时柱端出现可见细小裂缝。荷载加至 58.57kN 时，柱端位移为 5.3mm，此时西侧钢梁下翼缘根部的第一道应变片达到屈服应变1127με。卸载后，部分裂缝重新闭合，柱端裂缝清晰可见。荷载加载至−80kN 时，南北侧上柱端沿纵向出现密集斜裂缝。荷载加到 120.4kN 时，此时柱端位移为 13mm，东侧钢梁下翼缘根部达到屈服应变1143με，开始屈服；此后，试件出现“噼里啪啦”的声响，加载到130kN后换位移加载，钢梁应变片由根部向外陆续屈服；此时，由滞回曲线判定试件大约已达到屈服，板面裂缝条数已基本出齐，开始连接贯通，裂缝宽度开始明显增加，如图6.14（b）所示。位移加载至-24mm时，西向柱面钢板斜向开始屈服，应变达到1350με。加载至36mm时，西侧板筋开始屈服。循环至36mm第二圈时，最外侧柱筋开始屈服，应变达到1782με，如图6.14（c）所示。上下柱端混凝土局部剥落，后加载至峰值荷载的85%时，试件已达到破坏状态，卸载荷载，试验结束，试件最终破坏时的形式如图6.14（d）所示。

（a）梁初始裂缝

（b）柱端主裂缝

（c）柱筋开始屈服时柱子变形

（d）试件最终破坏时的形式

图6.14　试件RCS-S1

2. 试件RCS-S2

柱轴向荷载按723.6kN进行加载。荷载加载至40kN时，西侧梁端板面出现肉眼可见的裂缝，沿栓钉纵向的板跨中出现裂缝。加载至60kN时，梁端板面裂缝开始发展，并不断出现新裂缝，东侧下翼缘应变片屈服，加载过程中有持续响声。加载至 90kN 时，南侧上柱柱端出现多条斜向裂缝，混凝土柱端“起皮”明显，如图 6.15（a）所示。加载至 100kN 时，西侧上部板筋最先开始屈服，随后钢梁开始屈服。东侧梁端板面开裂明显，加载过程中有持续响声。加载至 110kN 时，东侧钢梁开始第二道屈服；后换至位移加载，加载至−150kN 时，东侧钢梁腹板开始屈服，此时柱面钢板应变达到 1835με，斜向屈服。加载至第二循环时，东部两侧板筋先后开始第一、第二道屈服，柱筋有屈服倾向；此时加载至 36mm，板底裂缝开裂迅速，并与原裂缝逐步贯通。位移加载至 47mm 时，柱筋开始屈服，两侧钢梁腹板出现斜交纹理，如图 6.15（b）所示，西侧柱端混凝土剥落。西侧混凝土板与节点钢板分离，宽度约 1mm，位移加载至 72mm 并循环，东侧下柱扁钢箍明显凸起，如图 6.15（c）所示，试件失效。试件最终破坏形式如图 6.15（d）所示。

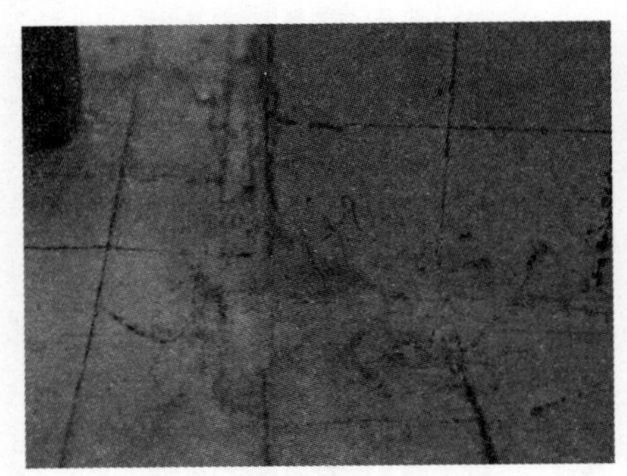

（a）混凝土柱端“起皮”

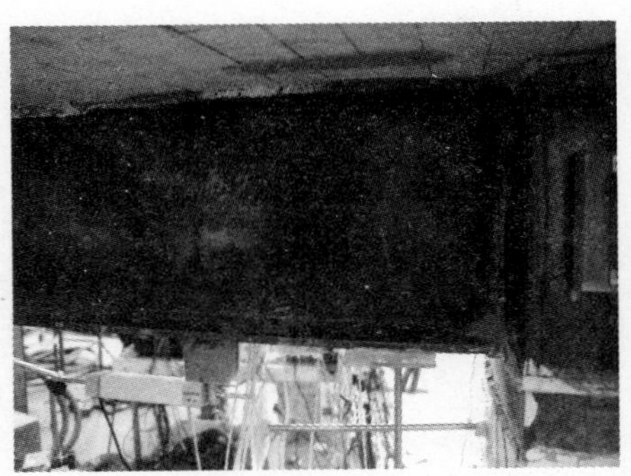

（b）钢梁斜交纹理

（c）扁钢箍焊缝开裂

（d）试件最终破坏形式

图 6.15　试件 RCS-S2

3. 试件 RCS-S3

加载至 40kN 时，沿梁端、柱端的交界处产生横向裂缝。加载至 70kN 时，柱角、上柱柱根处陆续出现斜裂缝，板面裂缝延伸并出现多条新裂缝。加载至−90kN

时，加载过程中有持续响声，柱根出现连续条纹状裂缝，栓钉与板的交界处出现许多细小的斜裂缝，板面裂缝明显。加载至110kN时，西侧钢梁下翼缘开始陆续屈服，柱根处裂缝扩大且斜向延伸，如图6.16（a）所示。加载至-140kN时，钢梁腹板开始屈服；位移加载至36mm时，东侧钢梁上部板筋开始屈服。加载至48mm第一圈时，柱筋开始屈服，此时钢梁屈服变形明显，如图6.16（b）所示，后续柱箍筋开始屈服。加载至60mm时，扁钢箍应变花斜向屈服。加载至84mm时，下部扁钢箍西南角的竖向焊缝裂开，如图6.16（c）所示。继续加载至试件破坏，试件破坏形式如图6.16（d）所示。

（a）柱端裂缝延伸

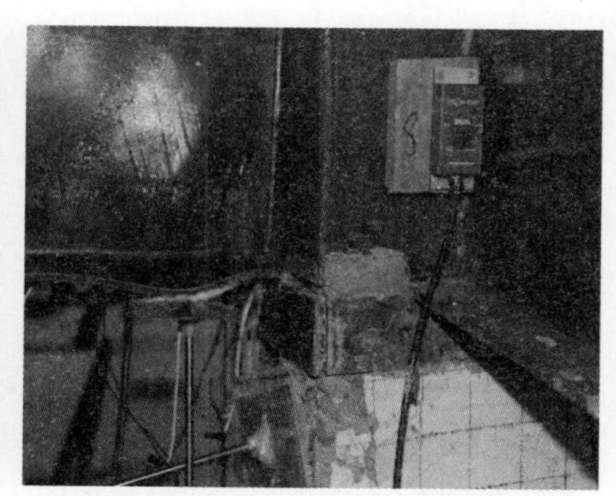
（b）钢梁腹板屈曲

（c）扁钢箍焊缝开裂

（d）试件破坏形式

图6.16 试件RCS-S3

4. 试件RCS-S4

加载至30kN时，西侧板面裂缝开始发展，长约5cm，梁、柱交汇处陆续出现裂缝。荷载加载到80kN后，西北上柱端出现短小斜裂缝，试验过程伴有清脆响声。荷载加载到 110kN 时，西侧钢梁下翼缘开始屈服［图 6.17（a)］，随后扁钢箍应变达到 1020.19με，屈服。加载至 128kN 时，柱箍筋开始屈服，随后钢梁翼缘三道应变片都达到屈服强度，初步判定钢梁屈服。加载至 150kN 后，钢梁腹板陆续开始屈服，柱面钢板应变花斜向达到屈服应变。位移加载至 36mm 第二圈时，钢梁上部板筋开始屈服，上柱混凝土根部“起皮”［图 6.17（b)］。继续位移加载至 36mm 第三圈，正交钢梁上部板筋开始屈服；加载后期，扁钢箍凸起明显［图 6.17（c)］，西侧下柱根部保护层开裂严重，混凝土板与钢板分离，分离最大处的裂缝宽度约为 4mm，板筋陆续屈服，在塑性破坏中起到了减缓试件破坏的作用。加载至 84mm 时，扁钢箍边缘竖向焊缝断开。加载直至试件破坏，试件最后破坏状态如图 6.17（d）所示。

（a）钢梁下翼缘屈服

（b）上柱混凝土根部“起皮”

（c）扁钢箍凸起

（d）试件最后破坏状态

图 6.17　试件 RCS-S4

5. 试件 RCS-S5

加载至−30kN 时，西侧板、柱的交汇处出现短小裂缝，板中栓钉孔处出现纵向新裂缝；加载至−80kN 时，西侧钢梁下翼缘第一道应变片的数值达到 1141με，钢梁开始屈服。加载至 120kN 时，东侧钢梁翼缘也开始屈服，南北侧的下柱柱脚出现快速发展的斜向裂缝，板面裂缝交错贯通，混凝土“起皮”明显。加载至 140kN 时，钢梁腹板开始陆续屈服，此时柱筋应变较小，钢梁上部钢筋陆续屈服。位移加载到 36mm 第三圈时，西侧钢梁腹板出现多条斜交纹理［图 6.18（a)]。加载过程中出现声响，斜交纹理加深增多，柱根裂缝延伸［图 6.18（b)]，混凝土大块脱落。加载至 48mm 时，扁钢箍接近屈服。循环至第四圈时，柱面钢板应变花达到屈服荷载，此时钢梁和节点区已破坏，钢梁屈服明显［图 6.18（c)]，而柱强度过高，未破坏。加载至最后，混凝土柱最外侧钢筋即将达到屈服，试件破坏状态如图 6.18（d）所示。

（a）钢梁斜交纹理

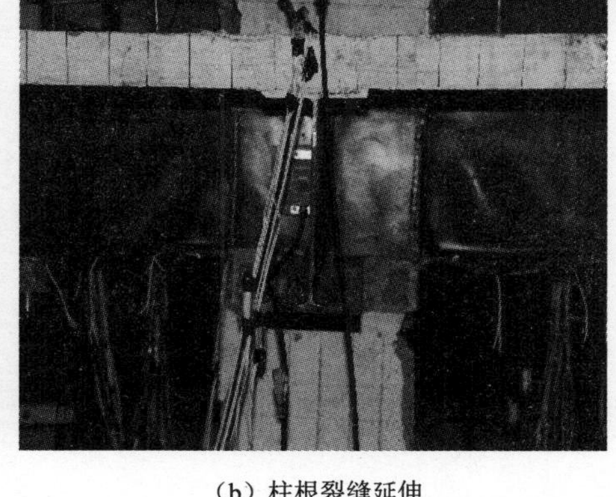

（b）柱根裂缝延伸

（c）钢梁屈服

（d）试件破坏状态

图 6.18 试件 RCS-S5

6. 试件 RCS-S6

加载至 60kN 过程中伴随清脆响声，钢梁腹板和翼缘第一道应变片逐渐达到屈服强度，钢梁开始屈服。加载至-70kN 时，西侧钢梁下部屈服，扁钢箍出现斜向花纹，柱端沿扁钢箍斜向下出现细小裂缝。加载至 90kN 后改成位移加载，上柱根部出现细长斜裂缝，混凝土剥落，如图 6.19（a）所示。加载至 36mm 时，柱筋开始逐渐屈服，柱根斜裂缝延伸增宽，如图 6.19（b）所示。加载至 48mm 时，节点应变片开始达到屈服强度，节点强度充分利用。加载至-48mm 时，扁钢箍应变达到 1048με，扁钢箍横向屈服，肉眼可见东侧扁钢箍凸起。继续加载至 60mm 时，东侧钢梁上翼缘凸起可见。加载至 72mm 时，东侧钢梁下翼缘有明显屈曲，扁钢箍凸起明显，试件明显侧移，如图 6.19（c）所示，东侧梁端节点的角焊缝出现约 0.1mm 的间隙。加载至峰值荷载的 85%时，试验结束，试件最终破坏时的形状如图 6.19（d）所示。

（a）上柱根部斜裂缝

（b）柱根斜裂缝延伸

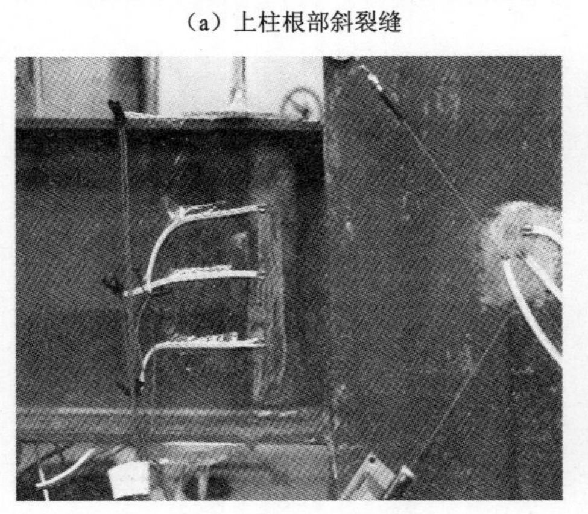

（c）试件明显侧移

（d）试件最终破坏时的形状

图 6.19　试件 RCS-S6

6.3.2 破坏模式分析

1. 柱、梁抗弯承载力比对破坏模式的影响

在板和柱裂缝的发展过程、钢梁和柱筋等的应力发展过程的基础上，分析试件 RCS-S1、RCS-S2 和 RCS-S4 的破坏过程，探讨 $\eta_{\text{c-bua}}$ 对 RCS 组合框架结构破坏机制的影响。

3 个试件的组合梁混凝土板的裂缝分布规律和发展程度差别不大，板顶裂缝主要是集中在柱根部、直交梁上部和单侧板跨三分点处附近产生的横向贯通裂缝，其中柱根部裂缝发展最充分，宽度最宽达 8mm。板底裂缝主要是从柱面钢板的角部和跨中钢梁的上翼缘附近产生斜向延伸并到达板底边缘，其中板底柱面钢板角部附近的混凝土损伤最为严重，试验停止加载时局部有大块混凝土掉落，露出底层板筋。柱端混凝土保护层因为同时受到剪力和扁钢箍及内部抗剪栓钉的挤压作用，而在试验停止加载时基本都完全脱落。

3 个试件的板宽度均是 6 倍的板厚，对于柱、梁抗弯承载力比 $\eta_{\text{c-bua}}$ 为 1.2 的 RCS-S1 试件，在达到规定承载力前，钢梁下翼缘最先屈服，然后靠近柱端的柱筋测点屈服；达到规定承载力后，钢梁腹板开始屈服，下翼缘开始屈曲，远离柱端的柱筋测点开始屈服，试件 RCS-S1 发生的是柱、梁混合破坏。对于柱、梁抗弯承载力比 $\eta_{\text{c-bua}}$ 为 1.4 的 RCS-S2 试件，在达到规定承载力前，钢梁一侧下翼缘最先屈服，紧接着钢梁腹板也开始屈服；达到规定承载力后，靠近柱端的柱筋测点屈服，钢梁下翼缘开始屈曲，远离柱端的柱筋测点始终没有屈服，试件 RCS-S2 发生的是不完全的“强柱弱梁”破坏机制。对于柱、梁抗弯承载力比 $\eta_{\text{c-bua}}$ 为 1.6 的 RCS-S4，在达到规定承载力前，钢梁下翼缘最先屈服，紧接着钢梁腹板也开始屈服；达到规定承载力后，钢梁下翼缘开始屈曲，至试验停止加载时，柱端的柱筋测点始终没有屈服，试件 RCS-S4 可完全实现“强柱弱梁”破坏机制。

综上所述，板宽度都为 6 倍板厚时，当 $\eta_{\text{c-bua}}$ 分别为 1.2、1.4 和 1.6 时，试件发生的破坏机制分别是柱、梁混合破坏机制，不完全实现“强柱弱梁”破坏机制和可完全实现“强柱弱梁”破坏机制。同时，通过对 3 个试件板筋屈服的顺序、位置及数量的对比，可知随着柱、梁抗弯承载力比 $\eta_{\text{c-bua}}$ 的增大，板筋的参与程度也在增大。

2. 楼板宽度对破坏模式的影响

对于试件 RCS-S2 和 RCS-S3，柱、梁抗弯承载力比相同而楼板宽度由 $6t$ 增加到 $8t$。如前所述，试件 RCS-S2 钢梁一侧下翼缘最先屈服，紧接着钢梁腹板也开始屈服；达到规定承载力后，靠近柱端的柱筋测点屈服，另一侧钢梁下翼缘开始屈曲，远离柱端的柱筋测点始终没有屈服，发生的是不完全的“强柱弱梁”破坏机制。而试件 RCS-S3 的破坏过程和破坏模式与 RCS-S2 类似，只是在达到规定承

载力后，其在另一侧钢梁下翼缘屈曲的时间向后推迟了一些，相应的荷载增大，分析原因主要是楼板宽度的增加导致 RCS 梁的承载力提高。

对于试件 RCS-S4 和 RCS-S5，柱、梁抗弯承载力比相同而楼板宽度由 $6t$ 增加到 $10t$。如前所述，试件 RCS-S4 钢梁下翼缘最先屈服，紧接着钢梁腹板也开始屈服；达到规定承载力后，钢梁下翼缘开始屈曲，最终柱筋没有屈服，可完全实现“强柱弱梁”破坏机制。而试件 RCS-S5 的破坏过程和破坏模式与 RCS-S4 类似，只是在最终破坏时混凝土柱最外侧钢筋应力略大，分析原因主要是楼板宽度的增加使 RCS 梁的承载力提高，进而导致柱筋应力增大。

综上所述，在柱、梁抗弯承载力比相同而楼板宽度不同时，随着楼板宽度的增加，参与工作的楼板范围增大，参与受力的板筋数量也增加，进而导致 RCS 梁的承载力提高，也推迟了梁端的“出铰”时间，影响了“强柱弱梁”破坏机制的出现。

6.4　抗震性能试验结果及分析

6.4.1　滞回曲线

试验加载过程中得到的荷载与位移之间对应的关系曲线即为滞回曲线，是评估试件抗震性能的重要依据。各试件的滞回曲线如图 6.20 所示。

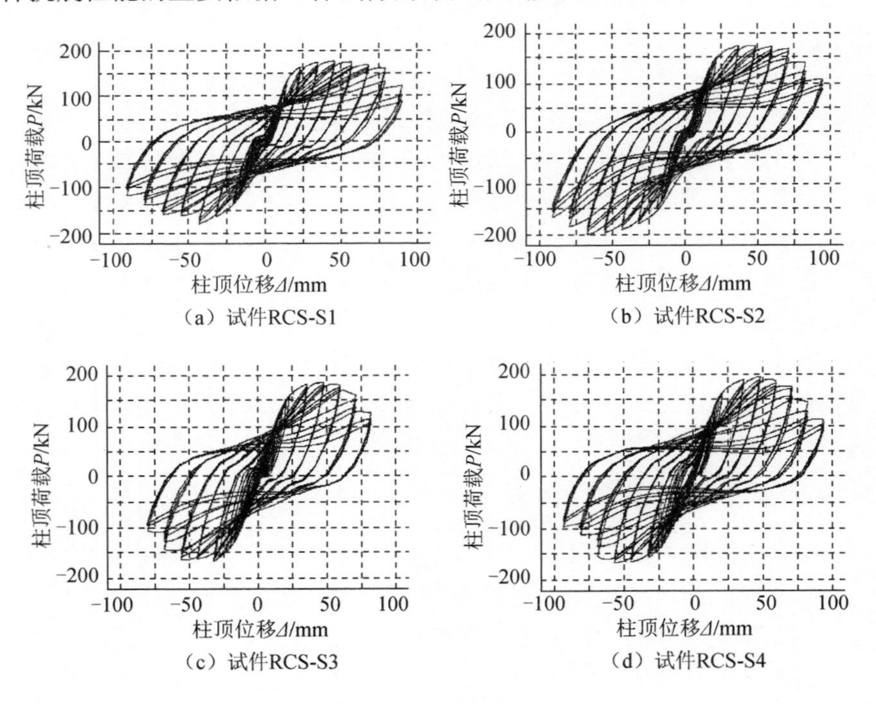

（a）试件RCS-S1　（b）试件RCS-S2

（c）试件RCS-S3　（d）试件RCS-S4

图 6.20　各试件的滞回曲线

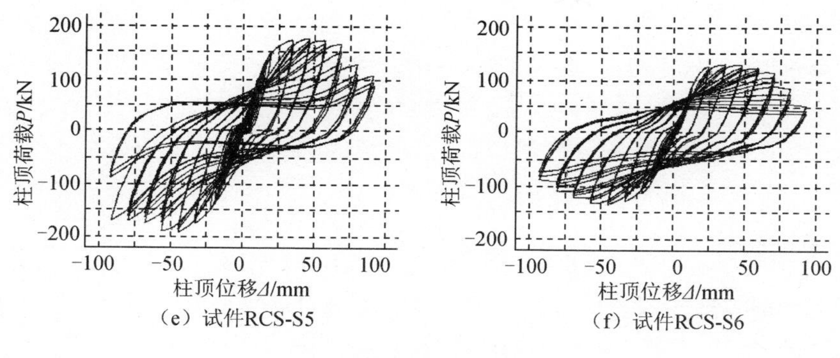

（e）试件RCS-S5　（f）试件RCS-S6

图 6.20（续）

试件 RCS-S1、试件 RCS-S2 及试件 RCS-S4 的滞回曲线形状大体上相似，其滞回曲线形状比较饱满，但饱满程度比梭形稍低，并且具有轻微的“捏缩”效应。试件 RCS-S1 和试件 RCS-S2 的滞回曲线在弹性阶段的“捏缩”效应较为显著，其原因主要是试验加载过程中试验装置存在间隙，产生了较严重的影响。在后续试验过程中，对试验装置的间隙进行了调整，由图 6.20 可见，其余试件在弹性阶段的滞回曲线的“捏缩”效应较弱，但影响一直存在；同时，随着试件 RCS-S1、试件 RCS-S2 及试件 RCS-S4 的柱端弯矩增大系数（柱、梁抗弯承载力比）的依次提高，滞回曲线饱满程度也逐渐增大，说明柱、梁抗弯承载力比的增大提高了结构的耗能能力。尤其是在加载后期，试件进入塑性阶段后，滞回曲线更为饱满，每次反复荷载的滞回环所包围的面积逐渐增加，并且滞回曲线的“捏缩”效应逐渐减小。

通过试件 RCS-S6 与试件 RCS-S2 和试件 RCS-S3 的滞回曲线对比，其中试件 RCS-S6 不考虑楼板作用（即板宽度为零倍的板厚），而后两者为不同楼板宽度的试件，可知试件 RCS-S6 的滞回曲线最为饱满，滞回曲线接近梭形；试件 RCS-S3 的滞回曲线饱满程度最低，滞回曲线呈弓形，显示了现浇楼板及正交梁的存在会使钢梁的转动能力减小，也就是说考虑楼板的空间组合效应后，结构的刚度、强度将显著提高。但试验加载后期，试件进入塑性阶段后，随着钢梁翼缘两侧楼板宽度的增加，现浇楼板及正交梁对钢梁转动能力约束的增强，导致钢梁塑性变形较小，滞回曲线饱满程度降低；并且在试验过程中，混凝土翼缘板发生纵向剪切破坏，钢梁和混凝土板产生相对滑移，又因为楼板中横向钢筋的存在，约束了纵向裂缝的发展，钢梁和混凝土板的相对滑移量不大，所以试件 RCS-S2 与试件 RCS-S3 同试件 RCS-S6 相比，其滞回曲线表现出明显的“捏缩”效应，但总体来说“捏缩”效应表现不明显。

试件 RCS-S4 与试件 RCS-S5 滞回曲线的差异性较为明显，试件 RCS-S5 滞回曲线呈反 S 形，且其滞回曲线的“捏缩”效应也较为显著，其原因主要是试件 RCS-S5 的柱、梁抗弯承载力比最大，在加载过程中钢梁过早发生侧扭屈曲，限制了结构承载能力的有效发挥；同时，组合梁端截面的中和轴发生变化，导致滞回曲线的“捏缩”效应明显增大；并且加载后期，试件进入塑性阶段后，其现浇楼板及正交梁对钢梁转动能力的约束最强，钢梁塑性变形较小，滞回曲线饱满程度较低。

综上所述，当 w 一定时，$\eta_{\text{c-bua}}$ 的增大提高了结构的耗能能力；当 $\eta_{\text{c-bua}}$ 一定时，随着钢梁翼缘两侧楼板宽度的增加，现浇楼板及正交梁对钢梁转动能力约束的增强，导致钢梁塑性变形较小，滞回曲线饱满程度降低，耗能能力下降。

6.4.2　骨架曲线

骨架曲线是取滞回曲线每次循环加载过程中的峰值点得到的外包线，也是反映试件抗震性能的重要参考。各试件的骨架曲线如图 6.21 所示，所有试件的荷载-位移骨架曲线的形状相似，骨架曲线均呈 S 形，表明了在低周反复荷载作用下，所有试件都经历了弹性阶段、屈服阶段和破坏阶段。

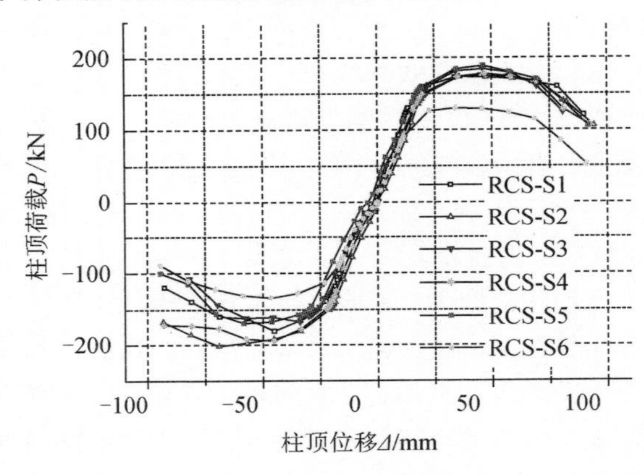

图 6.21　各试件的骨架曲线

板宽度 w 为 6 倍的板厚，柱、梁抗弯承载力比 $\eta_{\text{c-bua}}$ 分别为 1.2、1.4 和 1.6 的试件 RCS-S1、RCS-S2 和 RCS-S4 的骨架曲线如图 6.22 所示。从图 6.22 可看出，$\eta_{\text{c-bua}}$ 对试件弹性阶段的刚度影响不大，正向加载时 $\eta_{\text{c-bua}}$ 对试件峰值的影响也不大。但随着 $\eta_{\text{c-bua}}$ 的增大，试件的延性在降低，这是因为达到极限荷载时，3 个试件的梁端均出现塑性铰屈曲破坏，对于 RCS-S1 试件，柱筋全部屈服；对于 RCS-S2 试件，柱筋部分屈服；对于 RCS-S4 试件，柱筋始终没有屈服。

柱、梁抗弯承载力比 $\eta_{\text{c-bua}}$ 为 1.4，板宽度 w 分别为 6 倍板厚、8 倍板厚和零倍板厚的试件 RCS-S2、RCS-S3 与 RCS-S6 的骨架曲线如图 6.23（a）所示；柱、梁抗弯承载力比 $\eta_{\text{c-bua}}$ 为 1.6，板宽度 w 分别为 8 倍板厚和 10 倍板厚的试件 RCS-S4 与 RCS-S5 的骨架曲线如图 6.23（b）所示。从图 6.23 可以看出，正向加载时试件的承载力随着板宽度的增大而增大，这是因为 3 个试件的梁端都形成了不同程度的塑性铰，试件的承载力主要由组合梁的承载力决定，当板宽度增加时，参与抗弯受拉的板筋和抗弯受压的混凝土的尺寸随之变大，组合梁的承载力得到提高。

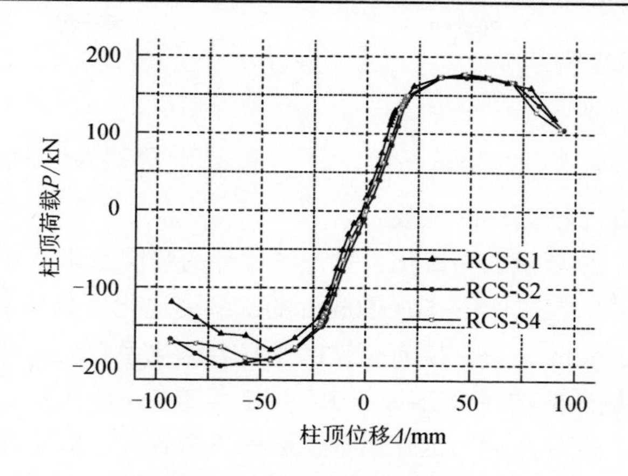

图 6.22　$\eta_{c\text{-}bua}$ 对骨架曲线的影响

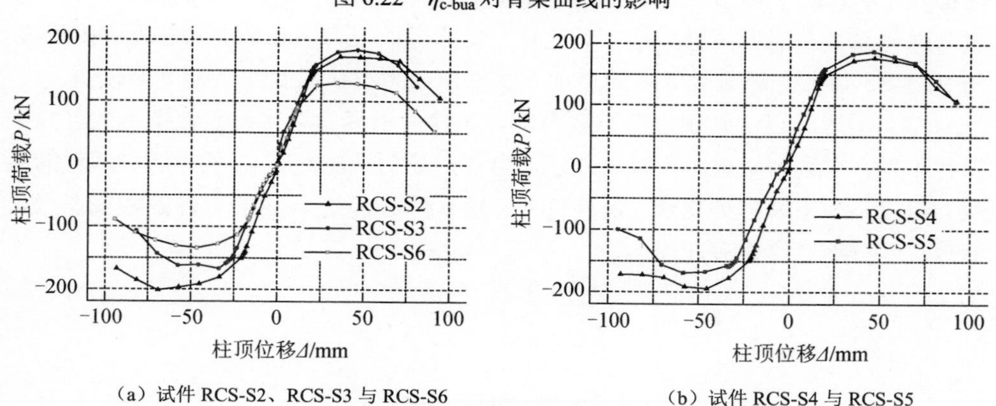

（a）试件 RCS-S2、RCS-S3 与 RCS-S6　　（b）试件 RCS-S4 与 RCS-S5

图 6.23　w 对骨架曲线的影响

综上所述，w 为6倍的板厚，$\eta_{c\text{-}bua}$ 分别为1.2、1.4和1.6的试件RCS-S1、RCS-S2和RCS-S4发生了不同程度的梁铰破坏；随着 $\eta_{c\text{-}bua}$ 的增大，试件的承载力略有提高，但试件的延性在降低，主要是因为 $\eta_{c\text{-}bua}$ 大的试件在极限荷载时柱筋部分或完全没有屈服。当 $\eta_{c\text{-}bua}$ 分别为1.4和1.6时，随着 w 的增加，组合梁的承载力在增大，试件的承载力也在增大，说明对于形成梁铰机制的试件，组合梁的承载力主要决定了试件的承载力，且在 w 达到10倍板厚的范围内不同位置的板筋和混凝土不同程度地参与了组合梁的抗弯。

6.4.3　承载力退化

在位移幅值不变的条件下，结构或构件的承载力随着荷载循环次数的增加而降低的现象称为承载力退化[9]。结构或构件的承载力退化程度可以用加载循环中的第二或第三循环时对应的退化系数来衡量，其表达式为

$$\lambda_i = \frac{q^i_{j\max}}{q^1_{j\max}} \tag{6-1}$$

式中，λ_i 为第 i 循环承载力退化系数；$q^i_{j\max}$ 和 $q^1_{j\max}$ 分别为第 j 加载级别中第 i 次循环的承载力和第 1 次循环的承载力。

本章选用第二循环承载力退化系数，各试件的强度退化系数如图 6.24 所示。从图中可以看出，所有试件在−50～50mm 的承载力退化系数基本保持不变，维持在 0.95 以上；±50mm 之外，所有试件的承载力退化系数均出现明显下降。对比板宽度都是 6 倍板厚的试件 RCS-S1、RCS-S2 与 RCS-S4 可知，随着柱、梁抗弯承载力比的增大，试件承载力退化系数在后期下降较慢；对比柱、梁抗弯承载力比都是 1.4 的试件 RCS-S2、RCS-S3 与 RCS-S6 可知，随着板宽度的增大，试件承载力退化系数在后期下降较快；对比柱、梁抗弯承载力比都是 1.6 的试件 RCS-S4 与 RCS-S5 可知，随着板宽度的增加，试件承载力退化系数在后期下降较快。

综上所述，在达到规定的承载力前，试件的承载力退化系数差别不大且几乎保持不变；在达到规定的承载力之后，当 w 一定时，随着 $\eta_{\text{c-bua}}$ 的增大，试件的承载力退化系数下降速度变快，延性变差。其原因是 $\eta_{\text{c-bua}}$ 偏大的试件的柱筋在极限荷载时部分或完全没有屈服。

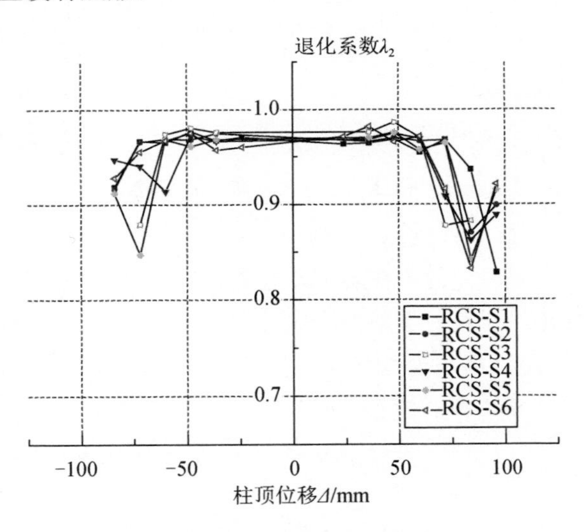

图 6.24　各试件的强度退化系数

6.4.4　刚度退化

试件的刚度退化一般有以下定义方式：刚度随着循环次数的增加和位移接近极限而减少为刚度退化[10]；在保持相同的承载力时，峰值位移随循环次数的增加而增加为刚度退化；在位移幅值不变的条件下，结构或构件的刚度随反复加载次数的增加而降低为刚度退化。试件刚度一般用同级变形下的割线刚度来表示，计算公式如下

$$K_i = \frac{\left|+p_j^i\right| + \left|-p_j^i\right|}{\left|+\Delta_j^i\right| + \left|-\Delta_j^i\right|} \tag{6-2}$$

式中，p_j^i 为第 j 级加载位移时，第 i 次加载循环的承载力；Δ_j^i 为第 j 级加载位移时，第 i 次加载循环的峰值位移。

按照上式计算出的各试件的刚度退化曲线如图 6.25 所示。从图中可以看出：

1）从整体上看，所有试件的刚度退化曲线走势基本接近，但试件 RCS-S6 由于没有楼板的存在，其刚度值始终与其他试件相差一定数值。

2）在 36mm 左右之后，带楼板的 5 个试件的刚度值差别已很小，说明板中的裂缝主要在 36mm 之前形成；同时，观察 36mm 之前的刚度退化曲线，可知板宽度越大，刚度退化有加快的趋势。

板宽度 w 为 6 倍的板厚，柱、梁抗弯承载力比 $\eta_{\text{c-bua}}$ 分别为 1.2、1.4 和 1.6 的试件 RCS-S1、RCS-S2 和 RCS-S4 的刚度退化曲线如图 6.26 所示。从图 6.26 可以看出，$\eta_{\text{c-bua}}$ 越大，试件的初始刚度就越大，在柱顶位移达到 12mm 之前刚度下降速率也越快；之后，3 个试件的刚度退化曲线相差很小，表明 $\eta_{\text{c-bua}}$ 对试件的刚度退化影响主要体现在弹性阶段。

综上所述，在裂缝发展充分之前，随着 w 的增加，试件刚度退化有加快的趋势；$\eta_{\text{c-bua}}$ 对试件的刚度退化影响主要体现在弹性阶段，$\eta_{\text{c-bua}}$ 越大，试件的初始刚度就越大，在柱顶位移达到 12mm 之前刚度的下降速率也越快。

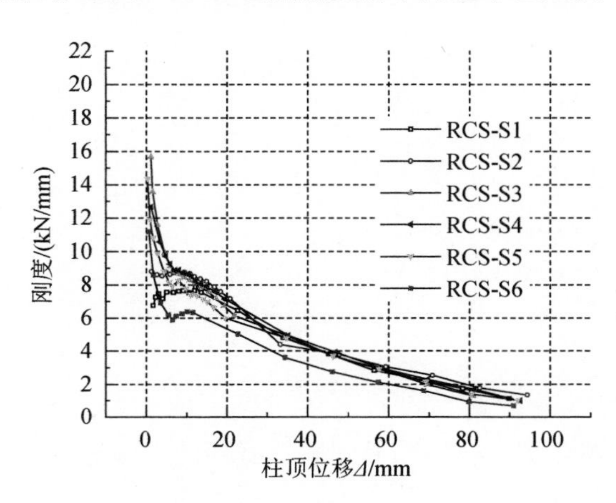

图 6.25　各试件的刚度退化曲线（1）

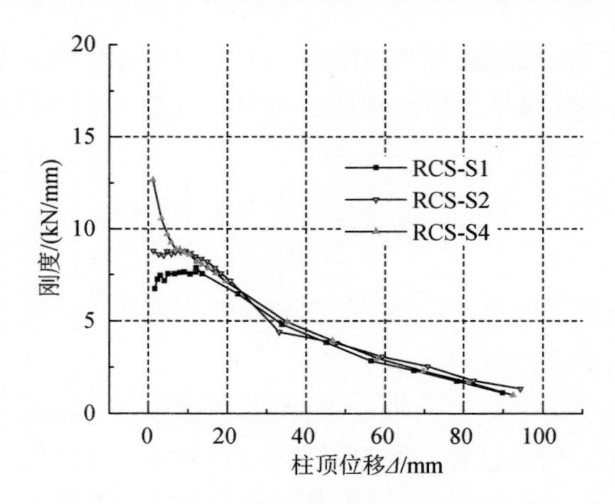

图 6.26　各试件的刚度退化曲线（2）

6.4.5　位移延性

位移延性[11]是反映结构变形能力的重要指标，随着基于位移的抗震设计理论不断被接受，在某些情况下位移延性的重要性甚至超过了结构的强度。对于一个构件或结构，其位移延性系数计算公式如下

$$\mu = \frac{\Delta_u}{\Delta_y} \tag{6-3}$$

式中，Δ_u 为极限位移；Δ_y 为屈服位移。在计算位移延性系数时需要通过适当的方法来确定其屈服位移，本章采用 Park 法[12]确定屈服位移 Δ_y 和屈服荷载 P_y，具体确定方法如图 6.27 所示。

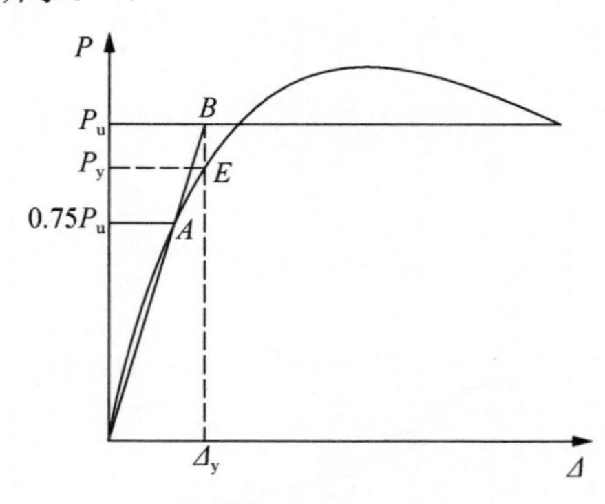

图 6.27　屈服位移和屈服荷载的确定

根据以上方法再依据试验数据得到 6 个试件的位移延性系数及主要阶段的特征点，见表 6.4。

从表 6.4 看出，此次试验所设计的试件，不论发生何种破坏，其位移延性系数大部分在 3 以上；屈服层间侧移角在 1/91～1/73，远超抗震规范给出的混凝土框架 1/550 和多高层钢结构 1/250 的弹性层间位移角限值；极限层间侧移角在 1/28～1/23，远超抗震规范给出的混凝土框架和多高层钢结构弹塑性层间侧移角 1/50 的限值。所有试件均有良好的耗能能力。

表 6.4　主要阶段的特征点及位移延性系数计算结果

试件编号	加载方向	屈服			峰值			极限			M_u/(kN·m)	$\mu=\Delta_u/\Delta_y$
		F_y/kN	Δ_y/mm	θ_y	F_p/kN	Δ_p/mm	θ_p	F_u/kN	Δ_u/mm	θ_u		
RCS-S1	正向	138.0	15.9	1/91	175.0	45.2	1/40	148.75	76.5	1/24	316.65	3.76
	负向	146	24.0		180.2	45.0		153.2	73.6		326.06	
RCS-S2	正向	136.3	18.1	1/87	173.1	48.0	1/34	147.1	74.16	1/23	313.25	3.72
	负向	157.6	23.5		201.2	59.0		171.0	80.72		363.91	
RCS-S3	正向	140.3	17.5	1/83	183.9	46.2	1/42	156.3	68.5	1/27	332.75	3.11
	负向	136.5	26		166.7	39.8		141.7	67.0		301.67	
RCS-S4	正向	138.4	19.5	1/73	177.7	46.8	1/39	151.0	74.2	1/23	321.53	3.49
	负向	151.6	25.5		194.5	45.3		171.7	82.92		351.93	
RCS-S5	正向	138.0	19.5	1/73	188.6	46.3	1/35	160.3	72.8	1/25	341.25	2.97
	负向	141.8	29.8		168.9	58.3		143.6	73.5		305.55	
RCS-S6	正向	99.3	15.5	1/91	129.7	41.4	1/41	110.2	57.2	1/28	234.71	3.29
	负向	106.0	24.5		134.0	46.5		113.9	74.4		242.46	

注：表中 F_y、Δ_y 分别为屈服荷载和屈服位移；F_p、Δ_p 分别为承载力和峰值位移；F_u、Δ_u 分别为极限荷载和极限位移；μ 为位移延性系数。

w 相同的试件 RCS-S1、RCS-S2 和 RCS-S4，随着 $\eta_{c\text{-}bua}$ 的增大，延性在降低，主要是因为 3 个试件发生不同程度的梁铰破坏，$\eta_{c\text{-}bua}$ 大的试件在极限荷载时柱筋部分或完全没有屈服。

6.4.6　耗能特性

试件的能量耗散能力可以用试件的累积耗能及等效黏滞阻尼系数[13]来衡量，相关曲线如图 6.28 和图 6.29 所示。

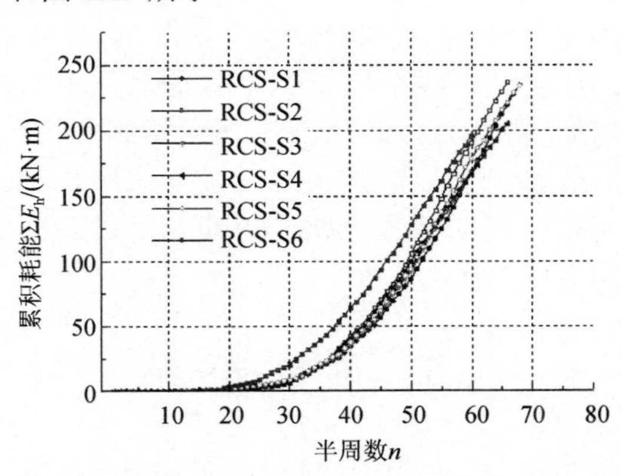

图 6.28　试件的累积耗能曲线

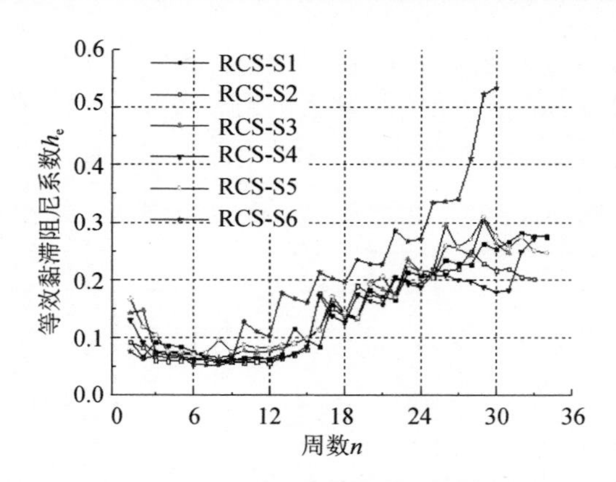

图 6.29　试件的等效黏滞阻尼系数曲线

从图中可知：

1）试件的累积耗能曲线近似呈抛物线形且逐渐增加，曲线的斜率也是逐渐增大的；无楼板的平面试件 RCS-S6 的累积耗能在加载过程中始终比其他 5 个空间试件要大，且差距先增大后减小。对比 3 个板宽相同、$\eta_{c\text{-}bua}$不同的 3 个试件，$\eta_{c\text{-}bua}$为 1.4 的试件 RCS-S2 的累积耗能始终大于$\eta_{c\text{-}bua}$为 1.2、1.6 的试件 RCS-S1 和 RCS-S4；$\eta_{c\text{-}bua}$为 1.2 和 1.6 的试件的累积耗能曲线在 63 半周处相交，相交之前$\eta_{c\text{-}bua}$为 1.2 的试件累积耗能较大，相交之后$\eta_{c\text{-}bua}$为 1.6 的试件累积耗能较大。主要原因是$\eta_{c\text{-}bua}$为 1.4 的试件不完全实现梁铰破坏机制，$\eta_{c\text{-}bua}$为 1.2 的试件实现的是混合铰机制，$\eta_{c\text{-}bua}$为 1.6 的试件完全实现梁铰机制。相比之下，$\eta_{c\text{-}bua}$为 1.4 的试件既有组合梁的耗能，又较大程度上发挥了柱端的耗能能力，所以它的累积耗能一直最大；对于$\eta_{c\text{-}bua}$为 1.2 和 1.6 的试件，前者梁铰形成较晚且后期形成梁、柱铰混合破坏，后者梁铰形成较早且后期没有柱筋屈服，所以两者累积耗能有一个交叉，前期$\eta_{c\text{-}bua}$为 1.6 的试件较大，后期$\eta_{c\text{-}bua}$为 1.2 的试件较大。

2）在荷载加载 3 周之前，由于试验装置的原因，试件的等效黏滞阻尼系数曲线先下降了一段时间；之后至荷载控制加载结束前，等效黏滞阻尼系数基本保持不变；进入位移控制加载后至加载结束，无楼板的平面试件 RCS-S6 的等效黏滞阻尼系数呈折线形增加，在加载结束前出现突增，始终比带楼板的空间试件要大；进入位移控制加载后至 27 周前，带楼板的 5 个空间试件的等效黏滞阻尼系数呈折线形增加，且彼此间相差不大，之后至加载结束，空间试件的等效黏滞阻尼系数趋于稳定并且彼此间出现分散。

6.5　本 章 小 结

本章通过对 6 个 RCS 梁、柱组合试件进行低周反复试验，对其破坏过程、破坏机制、滞回性能、承载力、延性及耗能等进行分析，重点探讨柱、梁抗弯承载力比 $\eta_{c\text{-}bua}$ 和板宽 w 对 RCS 空间梁、柱组合件抗震性能的影响。可以得到以下主要初步结论：

1）w 为 6 倍的板厚，$\eta_{c\text{-}bua}$ 分别为 1.2、1.4 和 1.6 的试件发生的破坏机制分别是柱、梁混合破坏机制，不完全实现“强柱弱梁”破坏机制和可完全实现“强柱弱梁”破坏机制。$\eta_{c\text{-}bua}$ 为 1.4 时，当 w 为零倍的板厚时，试件发生的柱端破坏为更为严重的柱、梁混合破坏机制；当 w 为 6 倍和 8 倍板厚时，试件发生的破坏机制均不完全实现“强柱弱梁”。$\eta_{c\text{-}bua}$ 为 1.6 时，当 w 为 6 倍和 10 倍板厚时，试件发生的破坏机制均可完全实现“强柱弱梁”。

2）对比各试件的滞回曲线可发现：w 一样时，随着试件 $\eta_{c\text{-}bua}$ 的增加，试件塑性铰在梁端发生得更充分，滞回曲线饱满程度加大，试件的耗能能力增加；$\eta_{c\text{-}bua}$ 一样时，随着试件 w 的增加，现浇楼板及正交梁对钢梁转动能力的约束增强，导致钢梁塑性变形较小，滞回曲线饱满程度降低，试件耗能能力有所降低。

3）对比各试件的骨架曲线可发现：w 为 6 倍板厚，$\eta_{c\text{-}bua}$ 分别为 1.2、1.4 和 1.6 的试件 RCS-S1、RCS-S2 和 RCS-S4 发生不同程度的梁铰破坏，随着 $\eta_{c\text{-}bua}$ 的增大，试件的承载力略有提高，但试件的延性在降低，主要是因为 $\eta_{c\text{-}bua}$ 大的试件在极限荷载时柱筋部分或完全没有屈服；当 $\eta_{c\text{-}bua}$ 分别为 1.4 和 1.6 时，随着 w 的增加，组合梁的承载力增大，试件的承载力也增大，说明对于形成梁铰机制的试件，组合梁的承载力主要决定了试件的承载力，且在 w 达到 10 倍板厚的范围内不同位置的板筋和混凝土不同程度地参与了组合梁的抗弯。

4）对比各试件承载力的退化曲线可发现：在达到规定的承载力前，试件的承载力退化系数差别不大且几乎保持不变；在达到规定的承载力后，当 w 一定时，随着 $\eta_{c\text{-}bua}$ 的增大，试件的承载力退化系数下降速度变快，延性变差。其原因是 $\eta_{c\text{-}bua}$ 偏大的试件的柱筋在极限荷载时部分或完全没有屈服。

5）对比各试件的刚度退化曲线可发现：在裂缝发展充分之前，随着 w 的增大，试件刚度退化有加快的趋势；$\eta_{c\text{-}bua}$ 对试件的刚度退化影响主要体现在弹性阶段，$\eta_{c\text{-}bua}$ 越大，试件的初始刚度就越大，在柱顶位移达到 12mm 之前刚度的下降速率也越快。

6）此次试验所设计的试件，不论发生何种破坏，其延性均在 3 以上；屈服层间侧移角在 1/91～1/73，远超抗震规范给出的混凝土框架 1/550 和多高层钢结构 1/250 的弹性层间位移角限值；极限层间侧移角在 1/28～1/23，远超抗震规范给出的混凝土框架和多高层钢结构弹塑性层间侧移角 1/50 的限值。

7）从试件的累积耗能曲线和等效黏滞阻尼系数曲线可知，此次试验所设计的试件不论发生何种破坏，各项耗能参数都达到了耗能指标要求。板宽相同、$\eta_{c\text{-}bua}$ 不同的 3 个试件，$\eta_{c\text{-}bua}$ 为 1.4 的试件 RCS-S2 的累积耗能始终大于 $\eta_{c\text{-}bua}$ 为 1.2、1.6 的试件 RCS-S1 和 RCS-S4；$\eta_{c\text{-}bua}$ 为 1.2 和 1.6 的试件的累积耗能曲线在 63 半周处相交，相交之前 $\eta_{c\text{-}bua}$ 为 1.2 的试件累积耗能较大，相交之后 $\eta_{c\text{-}bua}$ 为 1.6 的试件累积耗能较大。主要是因为 $\eta_{c\text{-}bua}$ 为 1.4 的试件不完全实现梁铰破坏机制，既有组合梁的耗能，又较大程度上发挥了柱端的耗能能力，所以它的累积耗能一直最大；对于 $\eta_{c\text{-}bua}$ 为 1.2 和 1.6 的试件，分别发生的是混合铰机制和梁铰机制，且前者梁铰形成较晚而后期形成梁、柱铰混合破坏，后者梁铰形成较早而后期没有柱筋屈服。

参考文献

[1] 中华人民共和国住房和城乡建设部. 混凝土结构设计规范：GB 50010—2010[S]. 北京：中国建筑工业出版社，2010.

[2] 中华人民共和国建设部，中华人民共和国国家质量监督检验检疫总局. 钢结构设计规范：GB 50017—2003[S]. 北京：中国计划出版社，2003.

[3] 李欢. RCS 混合框架结构“强柱弱梁”机制的实现方法研究[D]. 西安：西安建筑科技大学，2017.

[4] 周婷婷. 考虑楼板影响的 RCS 梁柱组合件地震破坏机理和设计方法研究[D]. 西安：西安建筑科技大学，2017.

[5] 国家质量技术监督局. 钢及钢产品 力学性能试验取样位置及试样制备：GB/T 2975—1998[S]. 北京：中国标准出版社，1999.

[6] 中华人民共和国国家质量监督检验检疫总局，中国国家标准化管理委员会. 金属材料 拉伸试验 第 1 部分：室温试验方法：GB/T 228.1—2010[S]. 北京：中国标准出版社，2011.

[7] 中华人民共和国建设部，国家质量监督检验检疫总局. 普通混凝土力学性能试验方法标准：GB/T 50081—2002[S]. 北京：中国建筑工业出版社，2003.

[8] 中华人民共和国住房和城乡建设部. 建筑抗震试验规程：JGJ/T 101—2015[S]. 北京：中国建筑工业出版社，2015.

[9] 马永欣，郑山锁. 结构试验[M]. 北京：科学出版社，2001.

[10] 姚谦峰，陈平. 土木工程结构试验[M]. 北京：中国建筑工业出版社，2001.

[11] 闫长旺. 钢骨超高强混凝土框架节点抗震性能研究[D]. 大连：大连理工大学，2009.

[12] 唐九如. 钢筋混凝土框架节点抗震[M]. 南京：东南大学出版社，1989.

[13] 卜凡民，聂建国，樊健生. 高轴压比下中高剪跨比双钢板-混凝土组合剪力墙抗震性能试验研究[J]. 建筑结构学报，2013，34(4)：91-98.

第 7 章　考虑楼板影响的 RCS 组合框架有效翼缘宽度分析

试验研究表明，现浇混凝土楼板可以显著提高框架结构在水平荷载作用下的抗弯承载力，并且在节点构造合理的情况下，可以改善构件的延性性能[1,2]。在弹塑性阶段，完全抗剪组合梁通过栓钉与钢梁共同工作，负弯矩区虽然会产生横向裂缝，但框架梁的刚度仍比不考虑楼板组合作用时要大，结构整体抗侧移能力也显著增强[3]。目前，国内外学者多分析竖向荷载作用下现浇板对框架梁刚度的影响，对承受侧向力的 RCS 组合结构有效翼缘宽度的研究还很缺乏。在实际工程中，一般以有效翼缘宽度来衡量现浇楼板的参与程度。而研究分析表明，钢-混凝土组合梁中板厚对于混凝土有效翼缘宽度的影响较小[4]，而宽跨比对混凝土有效翼缘宽度的影响较大，故本章主要以梁跨度、板宽度等为参数，通过有限元分析和理论推导，结合试验研究结果，提出考虑楼板影响的 RCS 组合构件的有效翼缘宽度计算公式，并用于框架结构的刚度计算。

7.1　有效翼缘宽度的取值

7.1.1　有效翼缘宽度的计算公式

钢-混凝土组合梁的混凝土翼缘板的有效宽度，按《钢结构设计规范》（GB 50017—2003）[5]的规定采用。混凝土翼缘板有效翼缘宽度 b_e 按式（7-1）计算取值，即

$$b_e = b_0 + b_1 + b_2 \tag{7-1}$$

式中，b_0 为钢梁上翼缘宽度（无板托）；b_1、b_2 分别为梁翼缘板内外侧的计算宽度。

国外规范在有效翼缘宽度取值方面与我国不同，为了更好地进行对比，选取国内外学者及规范列出的中节点有效翼缘宽度取值列于表 7.1 中。

表 7.1 国内外学者及规范列出的中节点有效翼缘宽度取值

适用	文献	有效翼缘宽度取值/mm
中节点	郑士举、蒋利学等[6]	min（b+4h，0.4l，b+s）
中节点（层间位移角 1/33）	Zerbe and Durrani[7]	b+4h
中节点（大变形）	Pantazopoulou[8]	b+6h
中节点（层间位移角 1/50）	Boroojerdi and French[9]	min（b+16t，0.25l，b+s）
中节点	蒋永生等[10]	b+12t
组合梁	《钢结构设计规范》（GB 50017—2003）[5]	b+2min（6t，l/6，s/2）
组合梁	欧洲 AISC 规范[11]	min（l/6，b+16t，b+s）

注：b 为梁截面宽度，h 为梁截面高度，t 为板厚，l 为板计算跨度，s 为肋梁间距。

由表 7.1 可知，虽然混凝土现浇板有效翼缘宽度取值的式子各不相同，但大都与梁截面宽度、梁截面高度、板厚、板计算跨度有关。这也说明了本章对于有限元参数分析的参数变量设计较为恰当。本章在进行参数分析时，将不同荷载下的试件有效翼缘宽度进行统计，参数变量为板宽、板厚、梁跨、梁高。当按各跨跨度相同的中节点计算时，我国规范中的$b_1 = b_2$。各国在 b_e 取值方面有所不同，我国取值为 min（b+6h，l/6），且不超过翼缘板实际外伸宽度 s，式中符号意义与表 7.1 相同；而在现浇混凝土框架梁端截面有效翼缘宽度的试验研究与分析[6]中取 b_e=min（b+4h，0.4l），式中符号意义与表 7.1 相同。国外多用 b+nh 来表示有效翼缘宽度[12]，因此本章中节点可以从翼缘板伸出的长度与板厚之间的倍数关系来推导有效翼缘宽度公式，即

$$b_e = \min(b + 2nh, s) \tag{7-2}$$

式中，b_e为有效翼缘宽度；b 为工字型钢梁截面翼缘宽度；n 为板厚系数；h 为混凝土板厚度；s 为相邻梁的间距，即肋梁间距。

7.1.2 基于试验结果的有效翼缘宽度计算

对第 6 章中的 5 个带楼板试件在屈服前阶段及强化阶段的纵向受力钢筋进行分析，选取 150kN 及 48mm 荷载对应的混凝土板内钢筋应变值，分析钢筋充分发挥抗弯作用的数量（钢筋应变达到 2000 $\mu\varepsilon$ 时，即视为屈服），分别统计屈服时的钢筋数量及不同钢筋屈服程度下的钢筋数量，如图 7.1 所示。通过板内屈服钢筋的统计，求得不同屈服程度下受力钢筋对应的混凝土板有效翼缘宽度值[13]，即正常使用极限状态下及承载能力极限状态下参与工作的混凝土板宽，见表 7.2 及表 7.3。

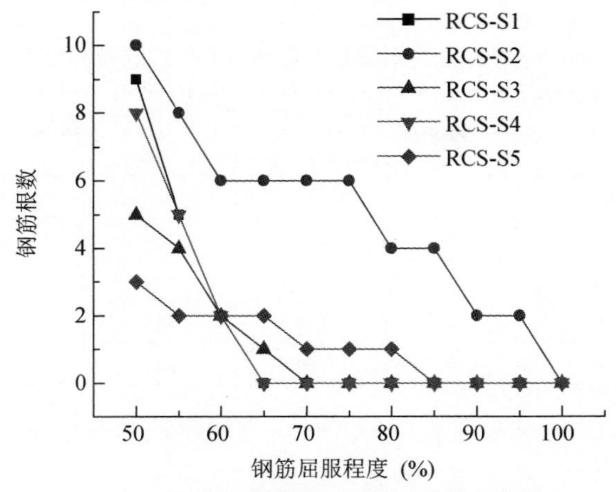

（a）正常使用极限状态下板内钢筋屈服量

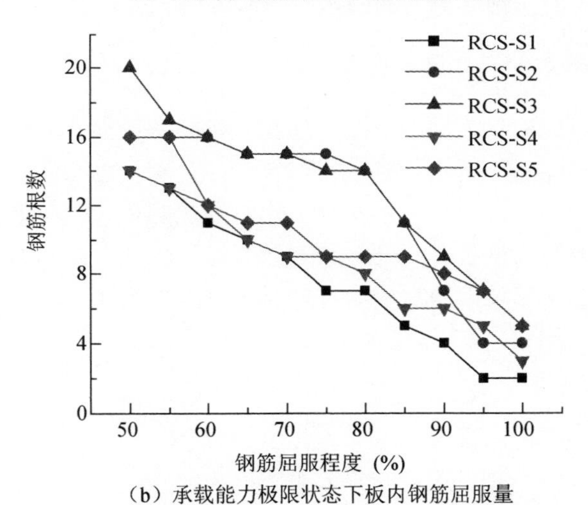

（b）承载能力极限状态下板内钢筋屈服量

图 7.1　实测钢筋屈服量

表 7.2　正常使用极限状态下参与工作的混凝土板宽

试件编号	不同钢筋屈服程度下的实测板宽/mm					
	50%	60%	70%	80%	90%	100%
RCS-S1	580	100	0	0	0	0
RCS-S2	600	340	320	300	100	100
RCS-S3	100	0	0	0	0	0
RCS-S4	340	100	0	0	0	0
RCS-S5	300	200	200	100	0	0

表 7.3　承载能力极限状态下参与工作的混凝土板宽

试件编号	不同钢筋屈服程度下的实测板宽/mm					
	50%	60%	70%	80%	90%	100%
RCS-S1	900	860	580	460	340	100
RCS-S2	860	860	820	700	340	100
RCS-S3	1060	980	840	820	580	340
RCS-S4	900	860	700	580	340	100
RCS-S5	1060	940	700	580	460	340

由图 7.1 可知，随着屈服程度的增加，屈服钢筋的数量逐渐减少，屈服钢筋的数量随着荷载的增加而增加。由表 7.2、表 7.3 可知，进入弹塑性状态后，在同级屈服程度下，混凝土板实测有效翼缘宽度较弹性状态有较大的增长。

7.1.3　基于应力等效的有效翼缘宽度计算

为了更好地研究板对构件的贡献，按应力等效原则换算有效翼缘宽度。水平推力作用下 RCS 组合构件弯矩分布如图 7.2 所示，梁、柱弯矩沿根部向两侧逐渐递减，说明沿梁长方向，混凝土板参与工作的截面随梁长变化而不断变化。不同截面的抗弯承载力与刚度也有不同，按有效翼缘宽度来分析组合构件现浇板的共同工作参与度，不同梁长截面对应的有效翼缘宽度也不相同。

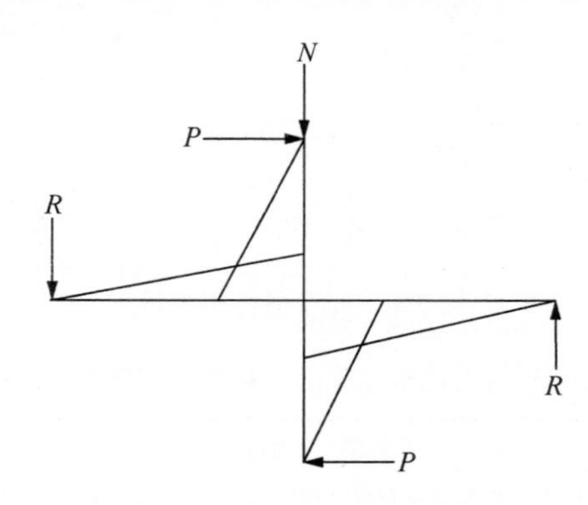

图 7.2　水平推力作用下 RCS 组合构件弯矩分布

在进行组合构件承载力和刚度计算时，现行方法一般根据强度等效原则，对正弯矩下组合梁有效翼缘宽度进行简化计算；对负弯矩下组合梁的受力，根据钢梁上部有效翼缘宽度范围内实测最大钢筋应力之和与全板宽度范围内钢筋应力之和等效原则，来计算有效翼缘宽度。

正弯矩作用下采用强度等效原则，混凝土翼缘有效宽度计算公式为

$$b_{\mathrm{e,r}}=\frac{\int_{-b/2}^{b/2}\int_{0}^{h_{\mathrm{c}}}\sigma_{x}\mathrm{d}y\mathrm{d}z}{\int_{0}^{h_{\mathrm{c}}}\sigma_{x}\big|_{y=0}\,\mathrm{d}z} \tag{7-3}$$

式中，b 为混凝土板宽（实际）；h_{c} 为混凝土板厚；σ_x 为混凝土板纵向应力；$\mathrm{d}y$ 为混凝土板厚度方向的微分；$\mathrm{d}z$ 为混凝土板宽度方向的微分。

不考虑混凝土翼缘板沿荷载方向的弯曲应力变化，忽略板厚对混凝土翼缘板的影响，将式（7-3）简化，即[14]

$$b_{\mathrm{e,r}}=\frac{\int_{-b/2}^{b/2}\sigma_{x}\mathrm{d}z}{|\sigma_{\max}|} \tag{7-4}$$

式中，$\sigma_{\max}$ 为混凝土板纵向最大应力；其余符号意义同式（7-3）。

负弯矩下现浇楼板参与受力，板内裂缝出现后混凝土退出工作，梁端负弯矩由现浇混凝土板内的钢筋与钢梁共同承受。采用换算截面法，将混凝土与钢梁等效换算成工字型钢材料的构件，取梁端板面内的楼板钢筋，通过试验测得钢筋应变值，由应力-应变关系算出相应的钢筋应力并求和，再根据等效应力原则计算有效翼缘宽度。每级荷载下可得到一组有效翼缘宽度值，将每一级加载峰值点对应的有效翼缘宽度连线得到其发展曲线，如图 7.3 所示。从图中可以观察到，有效翼缘宽度大致随荷载级数的增加而增加，增速变化不同；试件 RCS-S1 由于未考虑试验加载装置的初始缺陷及裂缝的发展，有限元分析值较大，但误差控制在了允许范围内，说明本章进行有效翼缘宽度分析时，试验与有限元分析的结果匹配良好。

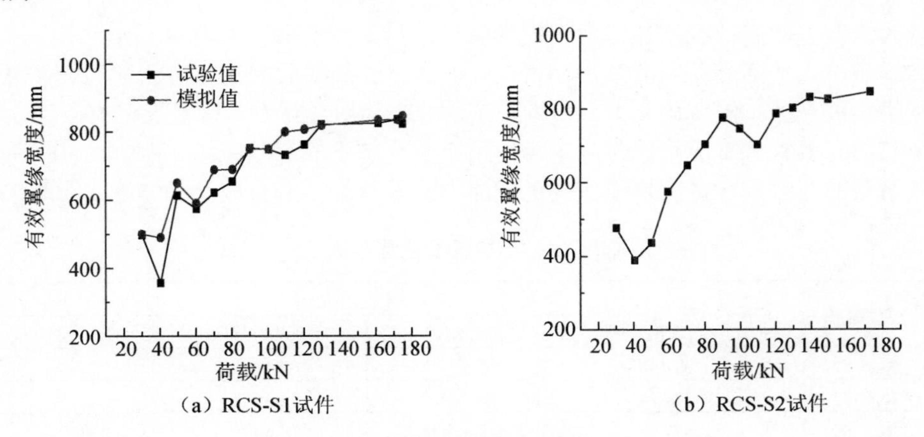

图 7.3　有效翼缘宽度发展曲线

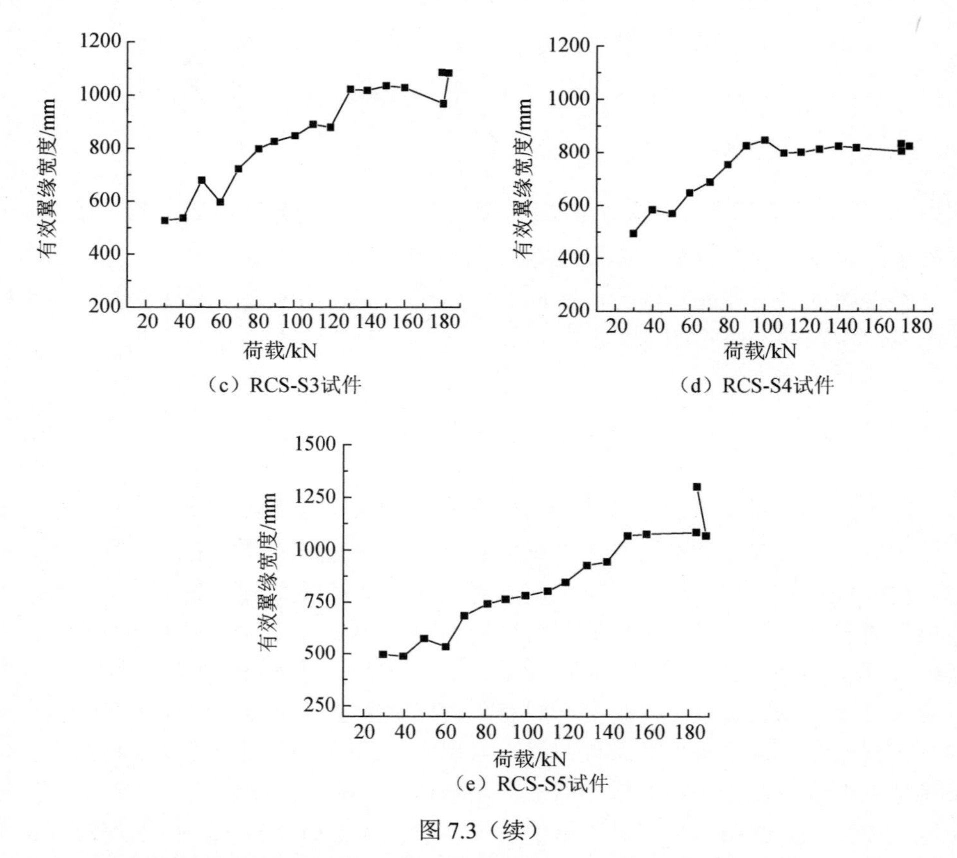

（c）RCS-S3试件　（d）RCS-S4试件

（e）RCS-S5试件

图 7.3（续）

由应力等效原则求得的有效翼缘宽度如图 7.3 所示，荷载出现裂缝（50kN）时，有效翼缘宽度有突变，显示为折线变化；继续加载至荷载屈服前（150kN 左右），有效翼缘宽度随着荷载增加，变化较为明显，其值在 380～1000mm 的区间内，有效翼缘宽度大致随着荷载的增加而增加；达到屈服荷载后至破坏荷载期间，有效翼缘宽度发展充分，但变化不大，较为稳定，但破坏后，有效翼缘宽度略有下降。取屈服前的有效翼缘宽度均值作为正常使用极限状态下的有效翼缘宽度，取屈服后至破坏荷载的有效翼缘宽度均值作为承载能力极限状态下的有效翼缘宽度，见表 7.4。

表 7.4　有效翼缘宽度取值

试件编号	有效翼缘宽度/mm			
	正常使用极限	折合形式	承载能力极限	折合形式
RCS-S1	821.48	$b+2\times5.8h$	845	s
RCS-S2	839.54	$b+2\times6h$	845	s
RCS-S3	877.87	$b+2\times6.3h$	960	$b+2\times7h$
RCS-S4	845	s	845	s
RCS-S5	933.91	$b+2\times6.7h$	1250.38	$b+2\times9.4h$
平均值	863.56	$b+2\times6.2h$	949.08	$b+2\times7.8h$

试验试件的实际有效翼缘宽度在弹性状态下约为 $b+2\times6.2h$，正常使用极限状态下约为 $b+2\times7.8h$。取一定的安全系数，正常使用极限状态下承受荷载的能力较强，而承载能力极限状态下变形增加，安全系数要足够大，故取试件正常使用极限状态下的有效翼缘宽度为 min（$b+2\times6h$，s）；承载能力极限状态下的有效翼缘宽度为 min（$b+2\times7h$，s）。其中，b 为工字型钢梁截面翼缘宽度；h 为现浇板截面高度；s 为相邻梁的间距，即肋梁间距。

7.1.4　基于有限元分析的有效翼缘宽度计算

1. 有限元钢筋应力对比分析

对有限元模型中板内钢筋进行应力分析。构件混凝土在开裂前，随着荷载的增加，各试件有效翼缘宽度变化的规律并不明显，有效翼缘宽度波动较大，呈折线形，大概分布在 300～600mm。随着构件骨架曲线斜率的降低，构件开始屈服，部分板筋先后达到屈服，钢筋刚开始屈服时，有效翼缘宽度有略微减小；之后有效翼缘宽度随着荷载的增加而逐步增大，速率先快后慢。由试验可知，弹性变形下，有效翼缘宽度在 800mm 左右浮动；进入塑性变形后，有效翼缘宽度明显增加，在保证“强柱弱梁”的破坏机制下，6 倍板厚及 8 倍板厚的试件都先后达到了相应于板宽的有效翼缘宽度，但有效翼缘宽度在最终破坏时未达到 10 倍板宽，板内钢筋应力逐渐增加，受力钢筋的范围也在逐渐增大。

2. 有限元试件极限承载力下的有效翼缘宽度对比

有限元试件极限承载力下的有效翼缘宽度对比见表 7.5、表 7.6。

表 7.5　不同荷载下试件有效翼缘宽度对比

试件编号	影响因素	参数值/mm	有效翼缘宽度/mm			
			正常使用	弹性状态（n=6）	极限荷载	塑性状态（n=7）
RCS-S1	板宽 W	845	814	845	845	845
RCS-S2		1085	804	845	1024	965
RCS-S3		1325	817	845	1017	965
RCS-S4	板厚 b	60	823	845	1185	965
RCS-S5		70	814	965	1201	1105
RCS-S6		80	859	1085	1247	1245
RCS-S7	梁跨 L	2600	765	845	972	965
RCS-S8		3000	810	845	1023	965
RCS-S9		3400	845	845	1167	965
RCS-S10	梁高 H	250	763	845	977	965
RCS-S11		300	824	845	1012	965
RCS-S12		350	867	845	1129	965

表 7.6　不同荷载下试件有效翼缘宽度折合值对比

试件编号	有效翼缘宽度/mm			
	正常使用	折合	极限荷载	折合
RCS-S1	814	b+2×5.7h	845	s
RCS-S2	804	b+2×5.7h	1024	b+2×7.5h
RCS-S3	817	b+2×5.8h	1017	b+2×7.4h
RCS-S4	823	b+2×5.8h	1185	b+2×8.8h
RCS-S5	814	b+2×4.9h	1201	b+2×7.7h
RCS-S6	859	b+2×4.6h	1247	b+2×7h
RCS-S7	765	b+2×5.3h	972	b+2×7h
RCS-S8	810	b+2×5.7h	1023	b+2×7.5h
RCS-S9	845	b+2×6h	1167	b+2×8.7h
RCS-S10	763	b+2×5.3h	977	b+2×7.1h
RCS-S11	824	b+2×5.8h	1012	b+2×7.4h
RCS-S12	867	b+2×6.2h	1129	b+2×8.4h
平均值	817	b+2×5.76h	1066	b+2×7.8h

由表 7.5 与表 7.6 可知，正常使用范围时，板的有效翼缘宽度在 800mm 左右波动，均值为 817mm，相当于 5.76 倍板厚的半板宽，有效翼缘宽度折算均值为 min（b+2×5.76h，s）；极限荷载变形下，板有效翼缘宽度在 800～1200mm 波动，均值为 1066mm，有效翼缘宽度折算均值为 min（b+2×7.8h，s），其中 b 为工字型钢梁翼缘宽度，h 为板厚，s 为肋梁间距即板的实际宽度。同样，在弹性状态下承受荷载能力较强，而进入塑性状态后变形增加，应有一定的安全系数，故取试件正常使用极限状态下有效翼缘宽度为 min（b+2×5.5h，s）；承载能力极限状态下有效翼缘宽度为 min（b+2×7h，s）。此时，塑性变形下的计算结果对于极限荷载下的有效翼缘宽度来说是安全的，在模拟试件的有效翼缘宽度范围内。由试件 RCS-S1 有限元与试验对比分析可知，有限元的有效翼缘宽度较实际值要大，除此之外，实际地震荷载下，直交梁、楼板裂缝的重新闭合与开裂可能会导致超强等因素在计算中未考虑，故本章所提的有效翼缘宽度公式有一定的安全系数，可以满足本试验条件下的有效翼缘宽度取值。通过规范对比、有限元分析及试验有效翼缘宽度的确定可知，正常使用极限状态下可取 n 的范围为 5～6，可取 n=5.5；承载能力极限状态下 n 的范围为 6～10，可取 n=7。通过比较分析可知，弹塑性变形下的有效翼缘宽度与钢筋屈服程度为 60%的有效翼缘宽度较为匹配。

7.1.5　有效翼缘宽度的建议取值

由试验分析可知，柱、梁抗弯承载力比一定的情况下，在正常使用极限阶段和承载能力极限阶段，对承载力贡献较大的板内钢筋的范围是不同的，分别是梁两侧各 1.8～5.5 倍板厚和 6.0～7.0 倍板厚范围内板的钢筋对承载力的贡献较大。基于应力等效的有效翼缘宽度计算中，求得一定安全系数的有效翼缘宽度在正常使用极限状态下为 $\min(b+2\times 6h,s)$，承载能力极限状态下有效翼缘宽度为 $\min(b+2\times 7h,s)$。而有限元分析中，建议弹性变形下取 n=5.5；塑性变形下 n 的范围为 6～10，可取 n=7。为保证安全，本章建议低周反复荷载作用下，RCS 组合结构中节点在负弯矩作用下梁端有效翼缘宽度取值为

正常使用极限状态

$$b_{\mathrm{e}}=\min(b+11h,s) \tag{7-5}$$

承载能力极限状态

$$b_{\mathrm{e}}=\min(b+14h,s) \tag{7-6}$$

式中，b 为工字型钢梁截面翼缘宽度；h 为现浇板截面高度；s 为相邻梁的间距，即肋梁间距。

7.2　有效翼缘宽度计算公式的验证

7.2.1　正常使用阶段取值

图 7.4 中，在极限承载力作用下，沿钢梁向板边缘的应变分布呈现正三角形的幂函数形状；但在试验中，板裂缝的发展，板筋的应变产生突变，应变分布不圆滑，而有限元分析没有考虑楼板开裂，故试验结果没有这一现象，应变分布对称且圆滑。

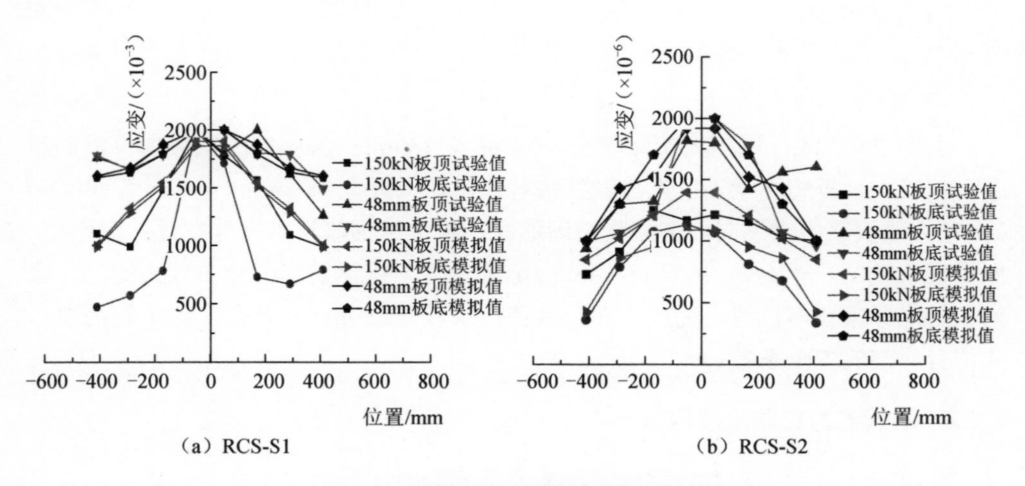

图 7.4　不同荷载下板筋应变分布对比

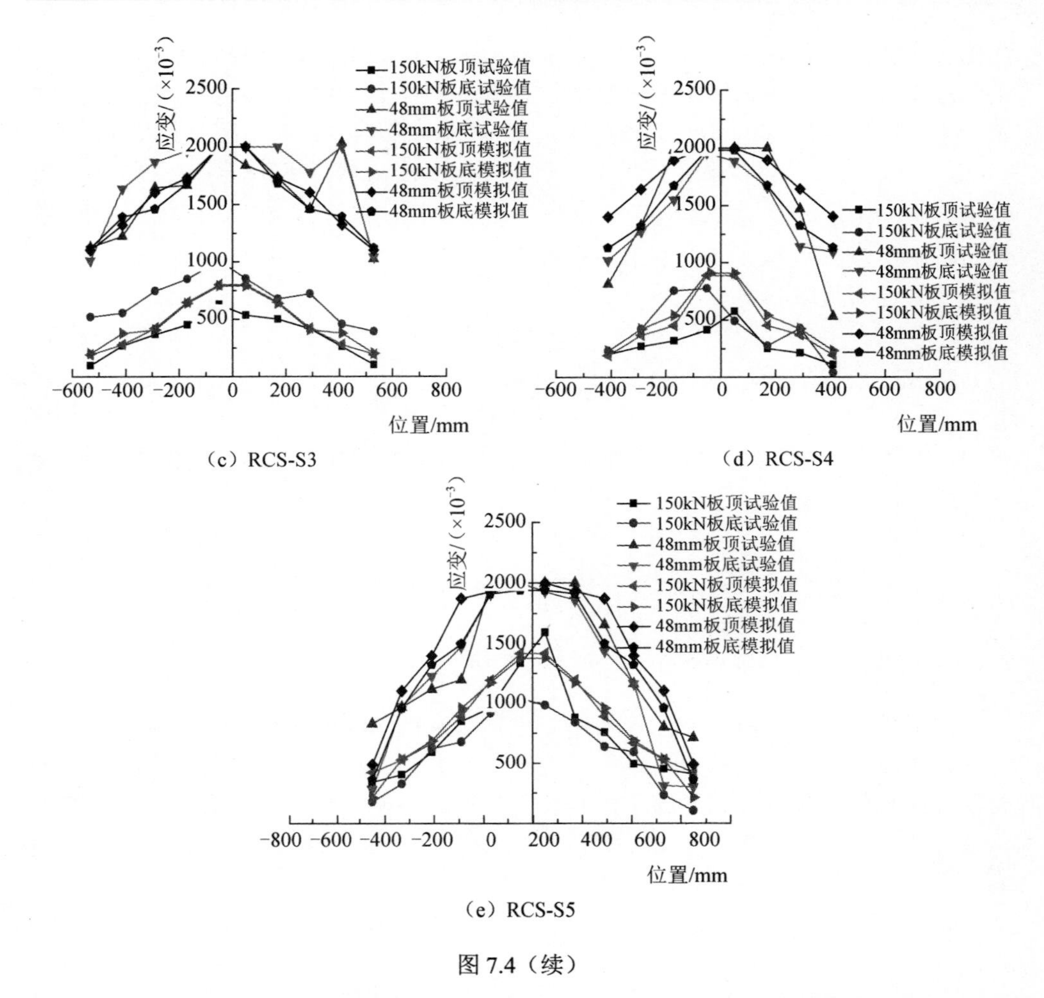

（c）RCS-S3

（d）RCS-S4

（e）RCS-S5

图 7.4（续）

由图 7.4 可知，正常使用荷载下，半板宽 360mm（n=6）的试件中，板钢筋应力也较大，板边缘钢筋可充分发挥抗弯作用。半板宽 480mm（n=8）和 600mm（n=10）的板筋由钢梁向两侧应变逐渐递减，板边缘钢筋没有充分发挥抗弯作用。而极限荷载下，板宽为 360mm、480mm 的试件，板钢筋应力分布较为均匀，边缘钢筋也开始参与抗弯。因此，在正常使用阶段，取 n=5.5 符合实际工程需要，并留有一定的安全系数。

7.2.2 承载能力极限阶段取值

有限元分析结果和有效翼缘宽度建议公式的对比如图 7.5 所示。横坐标表示试件编号，每个试件对应两个数值，分别为塑性状态及建议取值。通过同一试件的有效翼缘宽度取值进行比较，可以看出 n=7 时，塑性状态下不同构造的有效翼缘宽度实际值变化较为零散，而建议取值与实际有效翼缘宽度最为接近，都小于塑性状态下的实际有效翼缘宽度，因此取值具有一定的安全系数，这与实际工程较为符合。n 为其他数值时，部分试件的有效翼缘宽度取值较高，超过了实际有效翼缘宽度，过高估计了组合梁的受力，故不予选取。

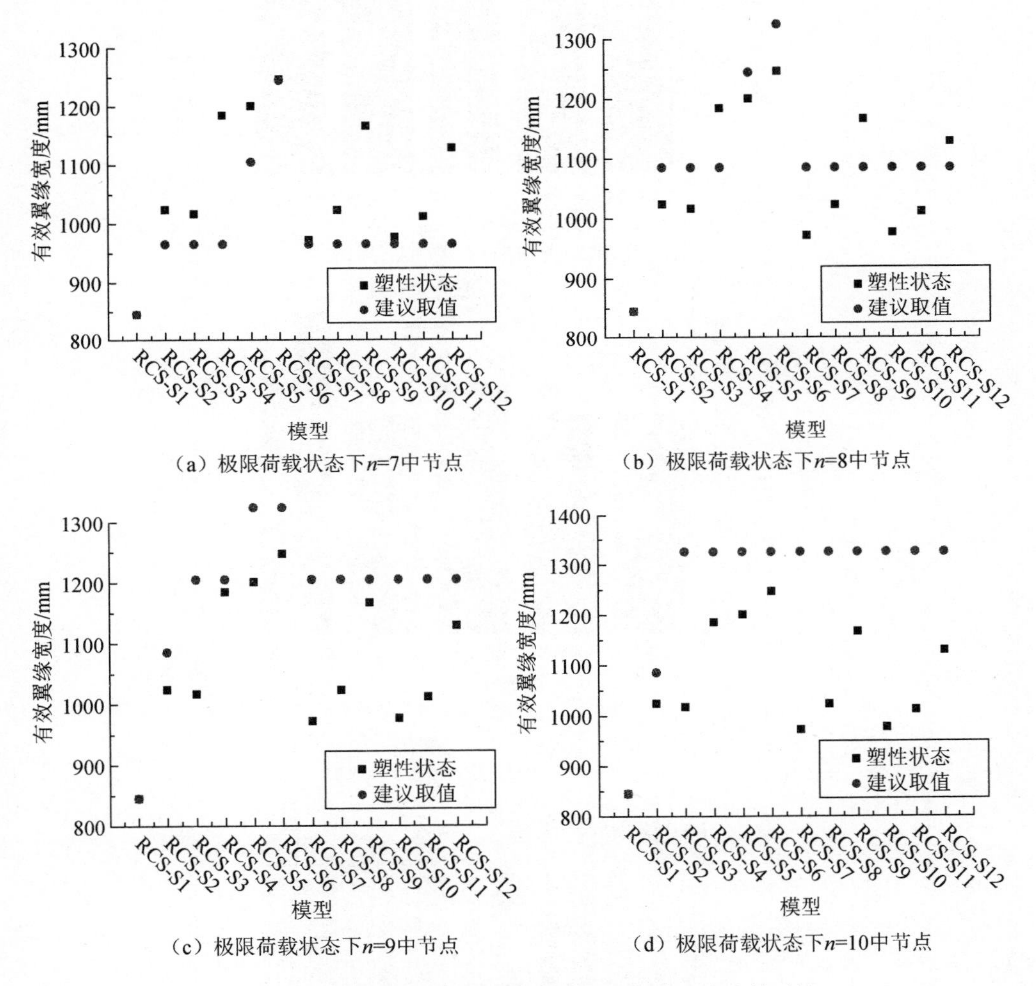

（a）极限荷载状态下n=7中节点

（b）极限荷载状态下n=8中节点

（c）极限荷载状态下n=9中节点

（d）极限荷载状态下n=10中节点

图 7.5　有限元分析结果和有效翼缘宽度建议公式的对比

7.2.3　验证分析

将有效翼缘宽度模拟值、试验值与公式值进行对比分析，如图 7.6 所示，测得的误差较为集中，误差控制在允许范围内，且公式值都有一定的安全系数，故公式值可以成立。因此，在正常使用极限阶段可取 n=5.5，在承载能力极限阶段取 n=7 符合实际工程需要，并留有一定的安全系数。

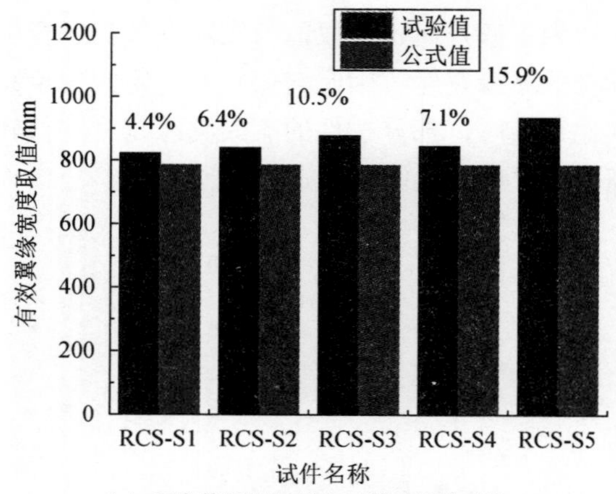

（a）正常使用极限状态下试验试件对比

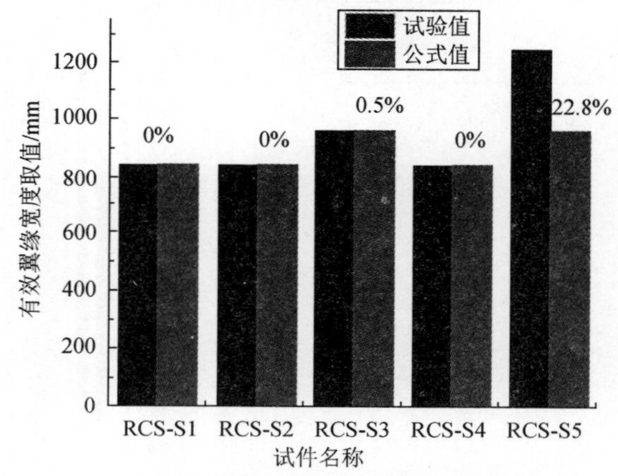

（b）承载能力极限状态下试验试件对比

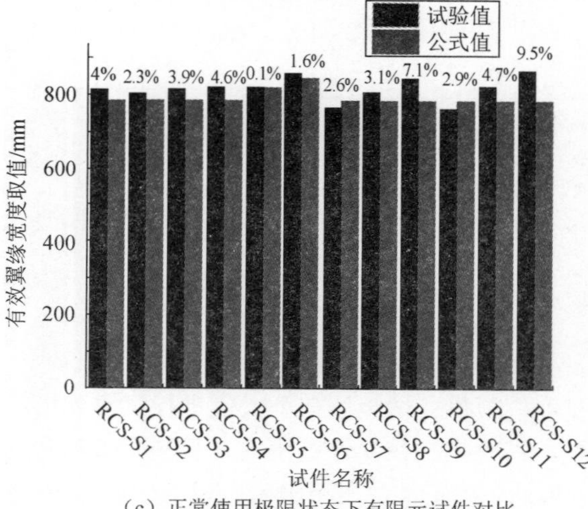

（c）正常使用极限状态下有限元试件对比

图 7.6　有效翼缘宽度模拟值、试验值与公式值误差分析

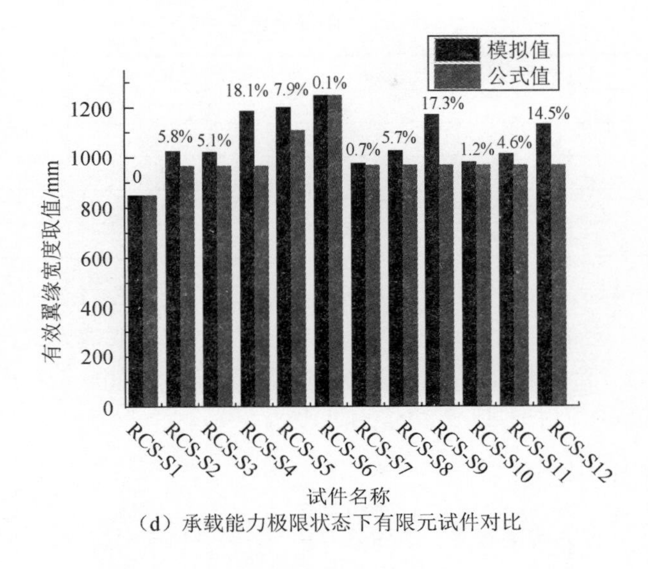

（d）承载能力极限状态下有限元试件对比

图 7.6（续）

综上所述，7.1.5 节所提的有效翼缘宽度计算式（7-5）和式（7-6）与实际较为匹配，误差符合规定，可以在 RCS 组合框架结构中参照使用。

7.3　考虑楼板影响的 RCS 组合框架刚度计算方法

由前述分析可知，现浇混凝土楼板主要对 RCS 组合框架梁的刚度及抗弯承载力有较大影响，钢梁与混凝土板通过抗剪连接件形成组合截面，共同承受弯矩，使得构件的抗弯承载力增加。组合梁通过截面换算增大了有效截面的惯性矩，使得钢梁的抗弯刚度增加。

7.3.1　刚度计算

荷载作用下负弯矩区的刚度计算要考虑钢梁和板内钢筋的共同作用，《高层建筑混凝土结构技术规程》（JGJ 3—2010）[15]建议在结构的内力与位移计算中，现浇楼盖对梁刚度的影响可以通过刚度增大系数来表示，根据梁翼缘及梁截面尺寸的不同情况，在 1.3～2.0 之间取值。对于本章探讨的 RCS 组合框架结构，有效翼缘宽度对组合梁的换算截面惯性矩有影响，而换算截面惯性矩的改变会直接改变刚度取值，因此楼板对构件刚度的影响通过换算截面惯性矩来体现。现求得组合梁的实际刚度，与框架钢梁的刚度做比较，得出刚度增大系数，见表 7.7。

表 7.7　刚度增大系数

试件编号	框架梁刚度/（N・mm^2）	组合梁刚度/（N・mm^2）	刚度增大系数
RCS-S1	8.02×10^{12}	9.31×10^{12}	1.2
RCS-S4	8.41×10^{12}	9.83×10^{12}	1.2
RCS-S5	8.86×10^{12}	10.87×10^{12}	1.3
RCS-S6	9.27×10^{12}	11.49×10^{12}	1.2
RCS-S11	1.51×10^{13}	2.02×10^{13}	1.3

通过计算可知，本次试验试件的刚度增大系数取值在 1.2～1.3。因为本章所取的弹性状态下有效翼缘宽度考虑了一定的安全系数，取值为试验及模拟的最小值，所以对于正常使用极限状态下的 n=5.5 取值较规范中的 n=6 而言偏小，因此刚度增大系数较规范中 1.3～2.0 的取值偏小。

7.3.2　抗弯承载力计算

荷载作用下的负弯矩区域，楼板钢筋与钢梁共同受力，对于两者的贡献，本章采用《钢结构设计规范》（GB 50017—2003）中的相关公式来考虑，即

$$M_{\mathrm{u}} = M_{\mathrm{s}} + A_{\mathrm{st}} f_{\mathrm{st}} \left(y_3 + \frac{y_4}{2} \right) \tag{7-7}$$

$$M_{\mathrm{s}} = (S_1 + S_2) f \tag{7-8}$$

式中，M_{u}为负弯矩设计值；A_{st}为负弯矩区混凝土翼缘板有效宽度范围内的纵向钢筋截面面积；f_{st}为钢筋抗拉强度设计值；y_3为纵向钢筋截面形心至组合梁塑性中和轴的距离；y_4为组合梁塑性中和轴至钢梁塑性中和轴的距离，当组合梁塑性中和轴在钢梁腹板内时，取 $y_4=A_{\mathrm{st}}f_{\mathrm{st}}/(2t_{\mathrm{w}}f)$，当该中和轴在钢梁翼缘内时，可取 y_4 等于钢梁塑性中和轴至腹板上边缘的距离；S_1、S_2 分别为钢梁塑性中和轴（平分钢梁截面面积的轴线）以上和以下截面对该轴的面积矩。

考虑楼板效应后，取有效翼缘宽度范围内的钢筋应力值，将组合梁进行组合截面的等效代换。换算截面的惯性矩随有效翼缘宽度的变化而变化，即不同荷载下的有效翼缘宽度取值不同，截面惯性矩随之变化，从而影响梁的抗弯承载力。通过试验数据分析，得到两种状态下的梁端实测弯矩，再除以梁净跨长得到梁端实测抗弯承载力；利用式（7-7）、式（7-8）计算由式（7-5）、式（7-6）所得的有效翼缘宽度下的梁端弯矩，将组合梁等效换算，同样转换成梁端抗弯承载力；将规范中规定的有效翼缘宽度进行刚度计算，通过截面换算，求得梁端抗弯承载力，上述三者的计算结果见表 7.8。

由表 7.8 中可看出，考虑楼板影响的组合梁抗弯承载力较大，且提出了两种状态下的抗弯承载力计算，得到了有效翼缘宽度取值不同时的抗弯承载力值。对比分析发现，弹性状态下，因为有效翼缘宽度取值较规范公式的安全系数更高，

因此截面换算惯性矩偏低，弹性状态下规范公式的取值要高于本章公式的取值；但弹性及弹塑性状态下，本章公式推导所得的抗弯承载力更接近试验实测值。

表 7.8　抗弯承载力对比

试件编号	抗弯承载力/（kN·m）				
	实测正常使用极限状态	实测承载能力极限状态	规范公式取值	式（7-5）	式（7-6）
RCS-S1	97.36	160.37	125.89	100.89	151.92
RCS-S2	101.74	164.45	125.89	100.89	151.92
RCS-S3	87.81	153.33	125.89	100.89	151.92
RCS-S4	103.71	168.28	125.89	100.89	151.92
RCS-S5	106.82	171.90	125.89	100.89	151.92

7.4　本 章 小 结

在 RCS 组合框架结构中，现浇混凝土楼板可以提高钢梁或组合梁的刚度。基于有限元分析、应力等效和试验结果，通过增大翼缘的方法来考虑现浇混凝土楼板对完全抗剪组合梁刚度的影响，提出了考虑楼板影响的 RCS 组合构件的有效翼缘宽度计算方法，并分别给出了其在正常使用极限状态和承载能力极限状态下的表达式。计算分析表明，有效翼缘宽度在正常使用极限阶段取 11 倍的板厚，在承载能力极限阶段取 14 倍的板厚时，均可满足工程需要并留有一定的安全储备。楼板对 RCS 组合框架梁刚度的贡献可用刚度增大系数来表示，计算分析表明，在弹性计算时，该系数可取 1.2～1.3。楼板对 RCS 组合框架梁承载力的影响较为明显，计算分析表明，在弹性状态下，本章建议方法所得承载力要低于规范取值，而在弹塑性状态下本章建议方法所得承载力要高于规范取值。

参 考 文 献

[1] 石永久，苏迪，王元清．混凝土楼板对钢框架梁柱节点抗震性能影响的试验研究[J]．土木工程学报，2006，45(8)：33-40．

[2] 胡吉，石启印．低周反复荷载下新型组合框架结构受力性能的试验[J]．四川建筑科学研究，2006，32(6)：59-66．

[3] 孙传伟．钢-混凝土组合楼盖空间作用的研究[D]．北京：清华大学，2004．

[4] AMADIO C，FEDERIGO C．Experimental evaluation of effective width in steel-concrete composite beams[J]．Journal of Constructional Steel Research，2004，60(6)：199-220．

[5] 中华人民共和国建设部．钢结构设计规范：GB 50017—2003[S]．北京：中国建筑工业出版社，2003．

[6] 郑士举，蒋利学，等．现浇混凝土框架梁端截面有效翼缘宽度的试验研究与分析[J]．结构工程师，2009，25(2)：134-140．

[7] ZERBE H E，DURRANI A J．Seismic response of connections in two-bay reinforced concrete frame subassemblies with a floor slab[J]．ACI Structural Journal，1990，87(4)：406-415．

[8] PANTAZOPOULOU S J，MOEHLE J P，SHAHROOZ B M．Simple analytical model for t-beams in

flexure[J]. Journal of Structural Engineering，1998，114(7)：1507-1523.

[9] FRENCH C W，BOROOJERDI A. Contribution of RC floor slabs in resisting lateral loads[J]. Journal of Structural Engineering，1989，115(1)：1-18.

[10] 蒋永生，陈忠范，周绪平，等. 整浇梁板的框架节点抗震研究[J]. 建筑结构学报，1994，15(6)：11-16.

[11] AISC. Seismic provisions for structural steel buildings: AISC 341-05[S]. Chicago, Illinois: American Institute of Steel Construction, 2005.

[12] 胡佳安，张先蓉. 钢-混凝土组合结构连续梁有效宽度[J]. 土木工程与管理学报，2011，28(2)：50-53.

[13] 周婷婷. 考虑楼板影响的 RCS 梁柱组合件地震破坏机理和设计方法研究[D]. 西安：西安建筑科技大学，2017.

[14] 聂建国. 钢-混凝土组合结构原理与实例[M]. 北京：科学出版社，2009.

[15] 中华人民共和国住房和城乡建设部. 高层建筑混凝土结构技术规程：JGJ 3—2010[S]. 北京：中国建筑工业出版社，2011.

第 8 章　RCS 组合框架结构抗震性能试验研究

目前，国内外对钢筋混凝土柱-钢梁组合框架结构整体抗震性能的试验研究还很缺乏，仅有 Iizuka[1]、Yamamoto[2]、Chen 和 Cordova[3]等分别针对不同构造形式的节点共计进行了 4 榀 RCS 组合框架的抗震性能试验。

为了深入揭示 RCS 组合框架结构的地震破坏机理和抗震性能，作者基于前几章的研究成果，选取柱面钢板节点形式，设计并制作了一榀两层两跨 RCS 组合平面框架。通过低周反复加载试验，研究其破坏过程、破坏机制、破坏形态、滞回性能、承载能力、延性和耗能能力等。本次研究既可以验证前面章节所提的节点承载力计算方法、有效翼缘宽度建议方法等的有效性，还可以为 RCS 组合框架结构基于“强柱弱梁”破坏模式、基于性能的抗震设计方法等提供数据支撑。

8.1　试 验 概 况

8.1.1　试件设计与制作

考虑到试验条件，以 1∶3 的缩尺比例设计了一榀两层两跨 RCS 组合平面框架[4,5]。该框架跨度为 2m，层高为 1.2m，钢筋混凝土柱为矩形截面，尺寸为 200mm×200mm。钢梁为热轧 10 号工字钢。框架选用 C60 商品混凝土，钢筋混凝土柱保护层厚度为 10mm。RCS 组合框架的柱端和柱头箍筋加密，加密区箍筋为 ϕ6@40mm，加密区高度为 400mm；非加密区箍筋为 ϕ6@80mm。钢筋均采用 HRB335 热轧钢筋，纵筋直径为 16mm，箍筋直径为 6mm。框架边柱轴压比取 0.15，中柱轴压比取 0.3。试件的几何尺寸、节点构造和基本参数详见图 8.1，试件的制作过程如图 8.2 所示。

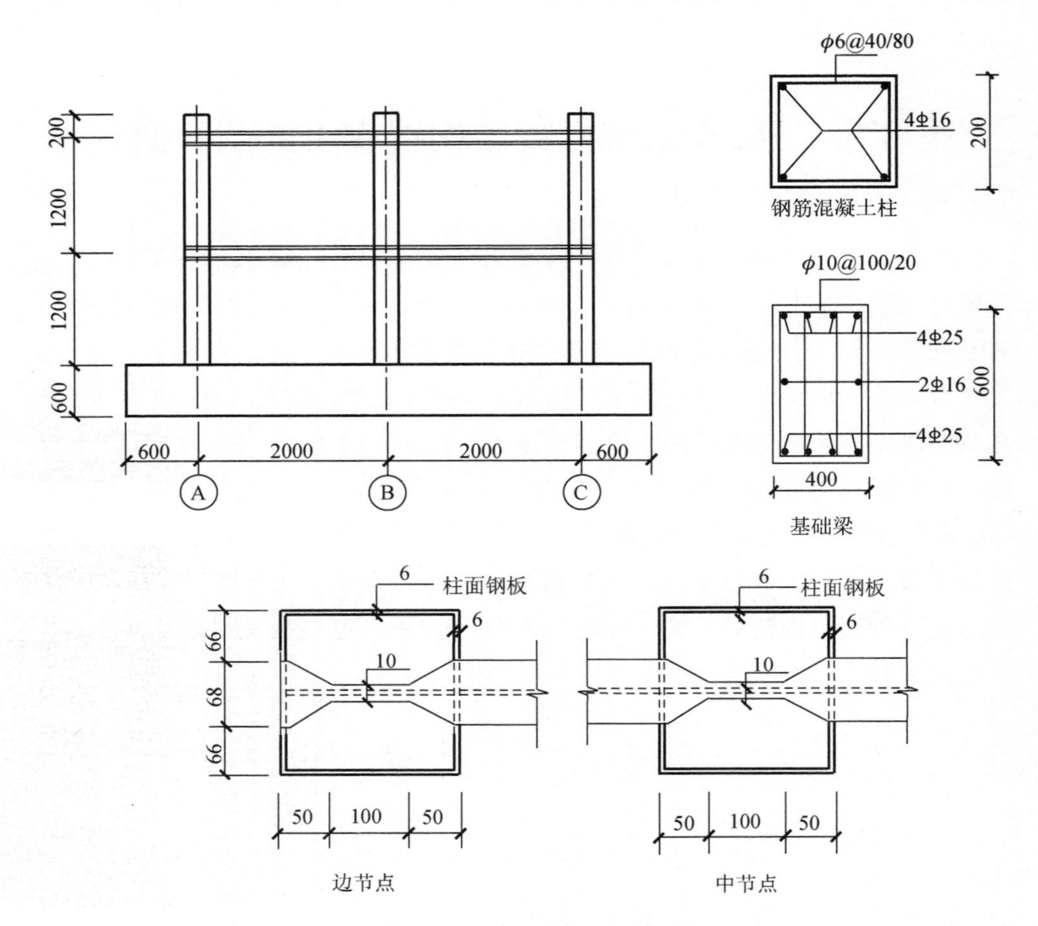

图 8.1　试件的几何尺寸、节点构造和基本参数

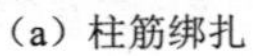

（a）柱筋绑扎　　（b）钢梁和柱模板安装

图 8.2　试件的制作过程

8.1.2　材料性能

1. 钢材

试验采用热轧钢筋、热轧工字型钢和钢板，工字型钢尺寸为100mm×68mm×4.5mm×7.6mm，柱面钢板厚度为6mm。钢板和钢筋的物理、力学性能见表 8.1，其中钢筋采用 HRB335 热孔钢筋。

表 8.1　钢板和钢筋的物理、力学性能

部件	厚度或直径/mm	屈服强度 f_y/MPa	极限强度 f_u/MPa
钢梁	I10	359.9	515.7
柱面钢板	6	243.0	379.0
ϕ6	6	350.0	535.0
⌀16	16	320.0	445.0

2. 混凝土

本章框架混凝土设计的强度等级为 C60，所有试件均采用木模板立式振捣浇筑。试件在室外自然条件下养护 28d 后进行试验。试件在浇筑的同时，预留150mm×150mm×150mm 的标准立方体试块 6 组，同条件养护，以测定混凝土材料的力学性能。因为混凝土分批浇筑，所以其混凝土强度略有不同，基础梁混凝土28d 立方体试块的抗压强度为 58.8MPa，柱混凝土 28d 立方体试块的抗压强度为57.8MPa。

8.1.3　试验装置和加载制度

1. 试验装置

本试验装置示意图如图 8.3 所示。首先，用千斤顶在柱顶施加恒定的竖向荷载，其中边柱和中柱分别按照设计轴压比 0.15 和 0.3 施加；然后，在顶层梁端由作动器施加水平反复荷载。此外，在二层钢梁两侧布置平面外侧向支撑，以防止框架平面外失稳。图 8.4 为试验装置照片。

2. 加载制度

正式加压前，试件先要进行几何对中；然后预加载 15%，校正试件和仪器、仪表后卸载；隔数分钟后，正式实施加载。加载制度采取连续均匀加载，试验按照《建筑抗震试验规程》（JGJ/T 101—2015）[6]的规定，采用荷载-位移双控制的方法。试件达到屈服前由荷载控制，每级荷载循环 1 次；当试件屈服后由位移控制加载，并按屈服位移的倍数递增，每级位移循环 3 次，直至试件荷载达到峰值荷载的 85%左右，试验停止。加载制度如图 2.6 所示。

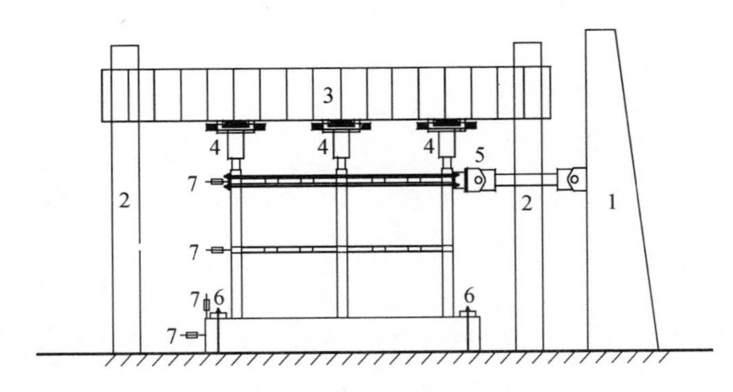

图 8.3　试验装置示意

1—反力墙　2—门式刚架　3—反力梁　4—千斤顶　5—作动器　6—地脚螺栓　7—位移计

图 8.4　试验装置照片

8.1.4　测量内容和数据采集

主要测量内容有：框架的水平荷载、一层水平位移、二层水平位移、梁端塑性铰区钢梁屈服应变、柱端塑性铰区钢筋应变、柱端箍筋应变、节点核心区钢腹板应变等。其中，节点核心区钢腹板 1 个测点，用以测量节点核心区钢腹板应变；各梁端在塑性铰区布置 4 个测点，用以测量钢梁屈服应变；柱端塑性铰区纵筋和箍筋各布置 3 个测点，用以测量柱端纵筋与箍筋应变。

以中节点为例，位移计和应变片布置示意如图 8.5 所示，边节点及角节点的测点布置与中节点相似。为研究试件的变形能力，在各层梁端布置位移计，以测定各层位移；另外，在基础梁上布置水平位移计，以检测基础梁的滑移，具体位移计布置如图 8.5 所示。水平荷载由电液伺服 MTS 加载系统自动采集，其余测点均通过 TDS-602 数据采集仪自动动态采集。

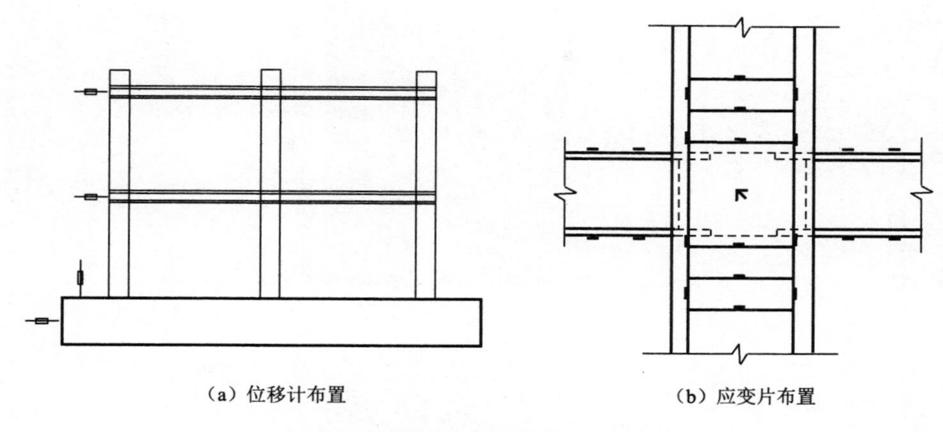

（a）位移计布置　　（b）应变片布置

图 8.5　位移计和应变片布置示意

8.2　试件破坏过程和破坏模式分析

8.2.1　试件破坏过程

当荷载加载到 40kN 时，边柱柱脚距基础 20cm 的位置产生第一条受拉水平裂缝，裂缝长度约 2cm。当荷载加载到负向时，边柱柱脚附近产生水平裂缝（反方向加载时裂缝闭合）。此时，柱纵筋应变最大值为-400με，钢梁应变最大值为 551με，节点核心区腹板应变为-184με，柱脚箍筋应变最大值为 201με。当荷载施加到 50kN 时，边柱柱脚距离基础 80cm 处混凝土产生水平裂缝；中柱柱脚距基础梁 10cm 和 20cm 处各产生一条水平裂缝。荷载施加到 60kN 和-60kN 时，三个柱脚均产生多条水平裂缝。荷载施加到 90kN 后，采用位移控制继续加载。当位移加载到 35mm 时，中节点处柱面钢板对混凝土的挤压造成柱端混凝土表面有少许开裂，且柱脚混凝土裂缝增多。当位移施加到 43cm 时，中柱二层的柱端塑性铰区产生两条水平裂缝。当位移施加到-34cm 时，中柱二层的柱端塑性铰区产生多条水平裂缝。当位移荷载施加到 51cm 时，边柱、中柱柱脚水平裂缝的宽度增加。当位移荷载施加到 75cm 时，中节点梁压柱处鼓起并有缝隙。当位移荷载施加到-64cm 时，中柱柱脚混凝土压碎脱落。当位移荷载施加到 83cm 时，中柱节点梁压柱处脱落一块，边柱一层节点梁压柱处开裂。当位移荷载施加到-72cm 时，中柱柱根压溃严重。框架试验中，A、B 和 C 分别为框架的左柱、中柱和右柱，编号 1 和 2 分别表示一层和二层。RCS 组合框架 A1 节点处钢梁挤压混凝土柱，混凝土产生局压裂缝。RCS 组合框架的最终破坏形态如图 8.6 所示。

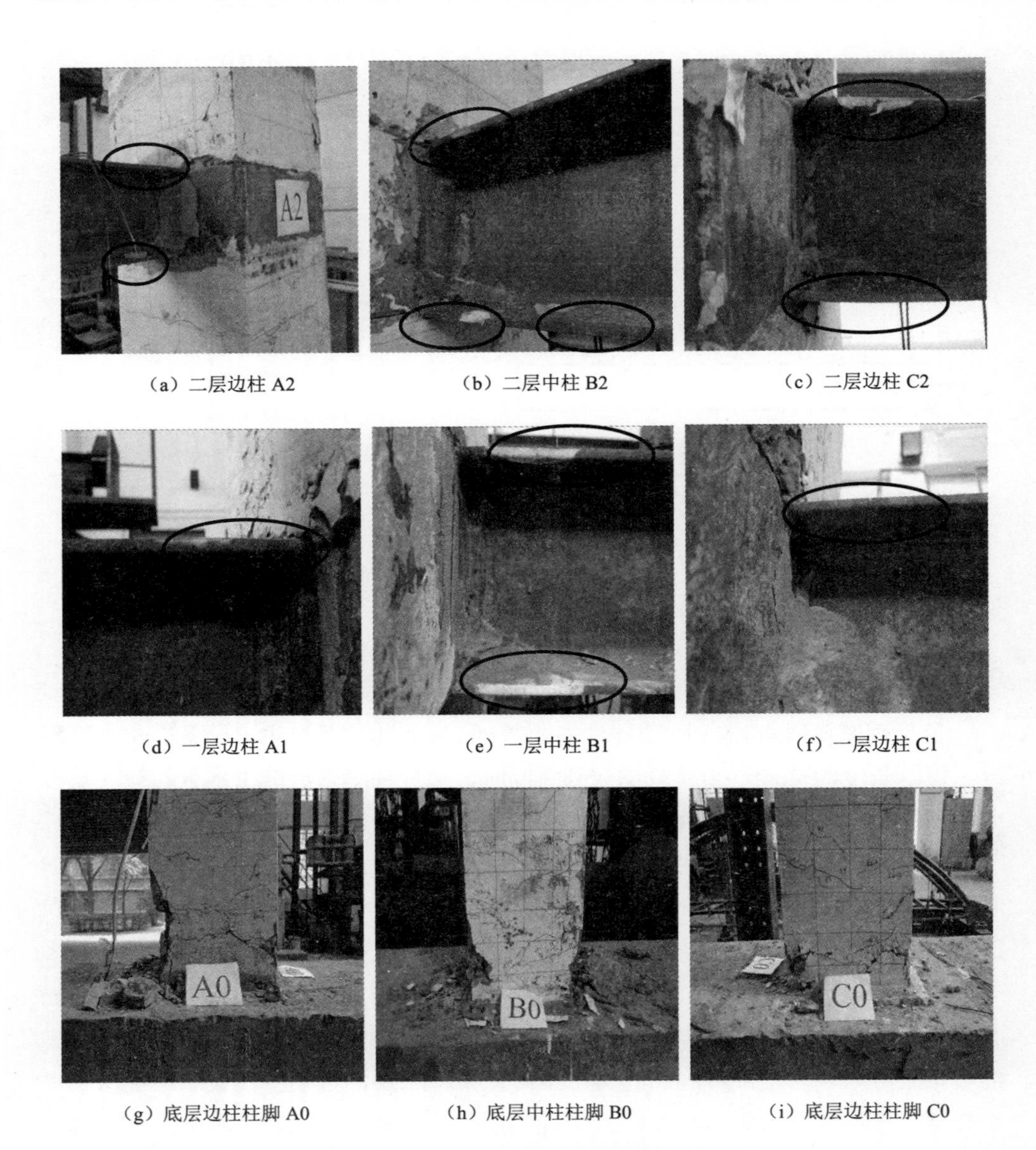

（a）二层边柱 A2　（b）二层中柱 B2　（c）二层边柱 C2

（d）一层边柱 A1　（e）一层中柱 B1　（f）一层边柱 C1

（g）底层边柱柱脚 A0　（h）底层中柱柱脚 B0　（i）底层边柱柱脚 C0

图 8.6　RCS 组合框架的最终破坏形态

8.2.2　破坏模式分析

该两层两跨钢筋混凝土柱-钢梁组合框架，梁端翼缘首先屈服，随后底层柱下端的塑性铰区纵筋屈服，其余柱端的塑性铰区纵筋未屈服，且中柱柱脚较边柱柱脚的破坏要严重。节点核心区钢腹板在加载到峰值荷载前未屈服；随着荷载的继续增加，各梁梁端相继屈服，并有明显的翼缘屈曲，柱脚破坏进一步加重。图 8.7

给出了框架试件在水平反复荷载作用下塑性铰出现的顺序，由图可知，试件在正负两个方向加载下均表现为梁先出铰，柱后出铰，说明该框架破坏模式属于梁铰机制，符合抗震设计要求。

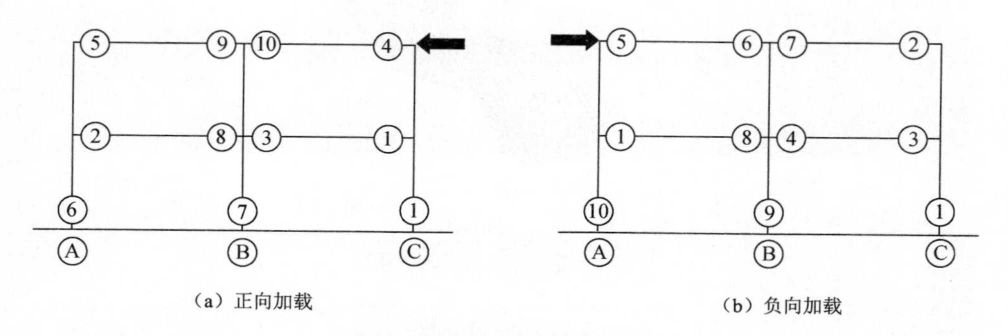

图 8.7　框架塑性铰的出现顺序

8.3　试验结果与分析

8.3.1　滞回曲线

滞回曲线可以综合反映框架的受力、延性及耗能性能。RCS 组合框架的整体荷载-位移滞回曲线如图 8.8（a）所示，可以看出，初始阶段的 RCS 组合框架处于弹性阶段，残余变形较小；随着荷载的增加，梁端塑性铰区的钢梁开始屈服，框架刚度退化明显，同时还有较大的残余变形；随着荷载继续增加，框架开始屈服，但承载力继续提高，耗能增大。当荷载施加到峰值荷载时，钢梁屈服明显，部分梁端翼缘屈曲。随着荷载的进一步增加，试件承载力开始降低，刚度退化明显，但滞回曲线下降缓慢，框架还有较大的承载能力。试件的滞回曲线基本对称，并呈明显的弓形，曲线较为饱满，说明 RCS 组合框架抗震性能良好。当荷载施加到峰值荷载的 85%左右，试验结束。如图 8.8（b）和图 8.8（c）所示，RCS 组合框架一层和二层的滞回曲线并不对称，一层的滞回曲线正向位移较大，而二层的滞回曲线负向位移较大，其主要原因是 RCS 组合框架正向加载和负向加载时，RCS 组合框架的损伤程度不一样，造成正负向滞回曲线不对称，且一层和二层框架的损伤程度也不一样，二层钢梁屈服程度较一层要明显。

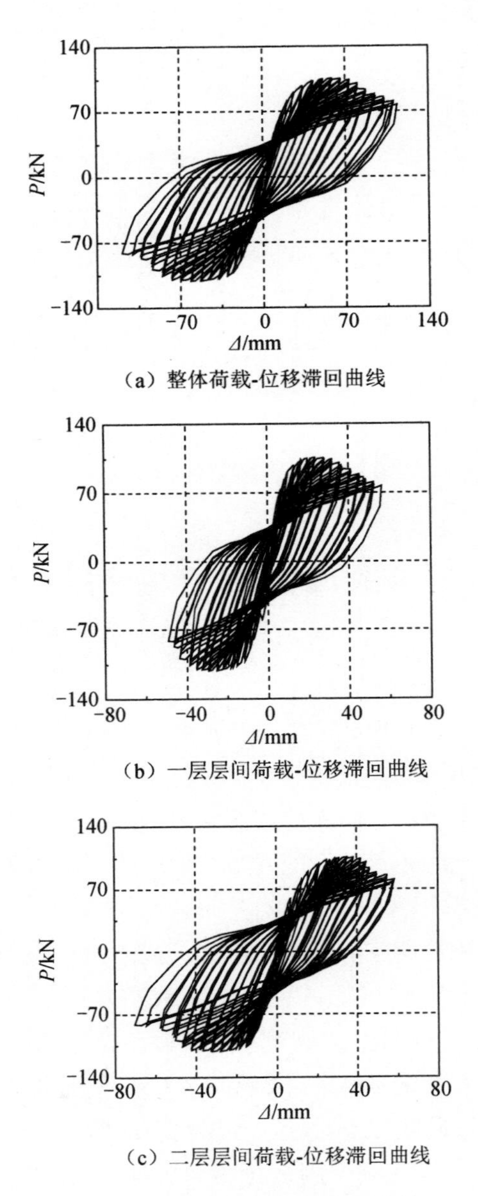

（a）整体荷载-位移滞回曲线

（b）一层层间荷载-位移滞回曲线

（c）二层层间荷载-位移滞回曲线

图 8.8　RCS 组合框架的滞回曲线

8.3.2　骨架曲线

试件的骨架曲线如图 8.9 所示，可以看出试件有明显的弹性阶段、塑性阶段和下降段。RCS 组合框架一层和二层的骨架曲线负向基本重合；正向前期基本重合，但曲线整体趋势基本相同。中后期框架二层位移比一层位移偏大，主要原因是框架水平荷载的加载点在框架顶点，且二层梁端首先屈服，所以二层位移发展较一层要大。

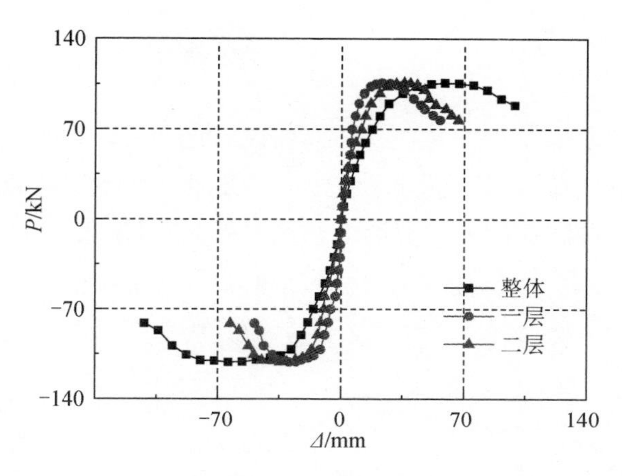

图 8.9　试件的骨架曲线

为了更好地研究 RCS 框架的抗震性能，根据试验现象和 RCS 组合框架骨架曲线等综合考虑，给出 RCS 组合框架的特征点，其确定方式和节点试件基本相同，不再赘述。表 8.2 分别给出了 RCS 组合框架的开裂荷载 P_{cr}、屈服荷载 P_y、峰值荷载 P_{max} 和破坏荷载 P_u；对应的位移分别是 Δ_{cr}、Δ_y、Δ_{max} 和 Δ_u,；对应的层间位移角分别为 θ_{cr}、θ_y、θ_{max} 和 θ_u，其中破坏荷载取峰值荷载的 85%；μ 为位移延性系数，由 $\mu=\Delta_u/\Delta_y$ 计算。

表 8.2　RCS 组合框架承载力、位移和层间位移角

高度	P_{cr}/kN	Δ_{cr}/mm	θ_{cr}	P_y/kN	Δ_y/mm	θ_y	P_{max}/kN	Δ_{max}/mm	θ_{max}	P_u/kN	Δ_u/mm	θ_u	μ
顶层	39.78	7.73	1/310	86.99	25.46	1/94	105.95	59.01	1/40	90.06	96.19	1/25	3.78
	−39.80	−6.16	1/390	−97.95	−25.46	1/94	−111.26	−63.98	1/38	−94.57	−98.57	1/24	3.87
一层	39.78	4.13	1/291	86.99	9.30	1/129	105.95	23.21	1/52	90.06	43.64	1/27	4.69
	−39.80	−3.05	1/393	−97.95	−9.73	1/123	−111.26	−29.47	1/41	−94.57	−45.16	1/27	4.64
二层	39.78	3.6	1/333	86.99	16.16	1/74	105.95	35.80	1/34	90.06	52.55	1/23	3.25
	−39.80	−3.11	1/386	−97.95	−15.73	1/76	−111.26	−34.51	1/35	−94.57	−53.41	1/22	3.40

《建筑抗震设计规范》（GB 50011—2010）[7]规定，在罕遇地震作用下，框架结构的弹塑性层间位移角应小于 1/50，以防止结构倒塌。由表 8.2 可知，破坏时试件的整体峰值位移角达到 1/24，层间峰值位移角介于 1/27～1/22，均超过了规范的限值要求，说明 RCS 组合框架具有较强的抗倒塌能力。表 8.2 中同时列出了

框架的位移延性系数。表中的数据显示，RCS 框架顶层的位移延性系数在正负两个方向分别为 3.78 和 3.87，而层间位移延性系数介于 3.25～4.69，说明 RCS 组合框架具有较好的延性抗震能力。

8.3.3　应变分析

RCS 组合框架钢梁翼缘荷载-应变关系曲线如图 8.10 所示，RCS 组合框架钢筋混凝土柱柱脚纵筋荷载-应变关系曲线如图 8.11 所示，水平荷载与节点核心区钢腹板斜向应变关系曲线如图 8.12 所示，应变片布置如图 8.5 所示。

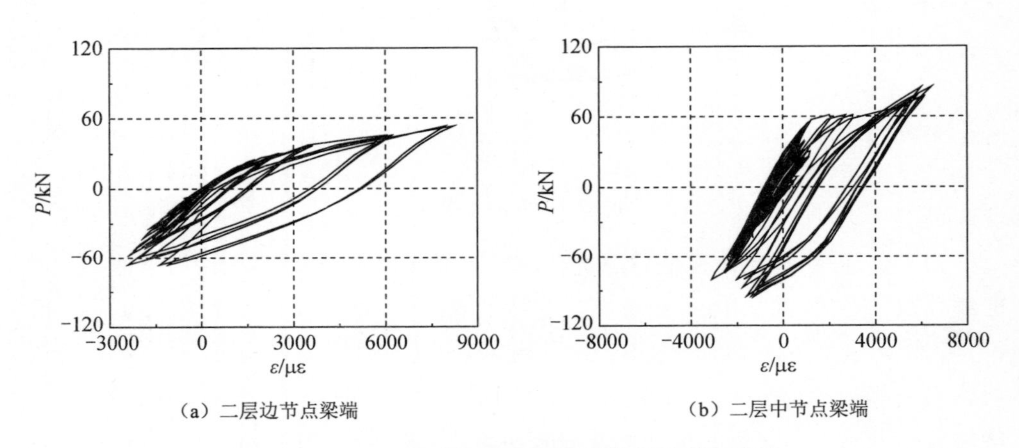

（a）二层边节点梁端　　（b）二层中节点梁端

图 8.10　RCS 组合框架钢梁翼缘荷载-应变关系曲线

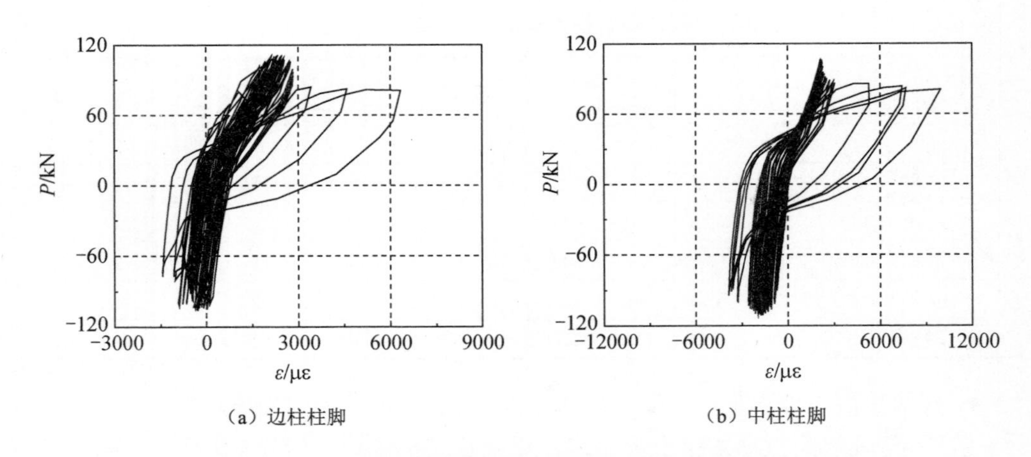

（a）边柱柱脚　　（b）中柱柱脚

图 8.11　RCS 组合框架钢筋混凝土柱柱脚纵筋荷载-应变关系曲线

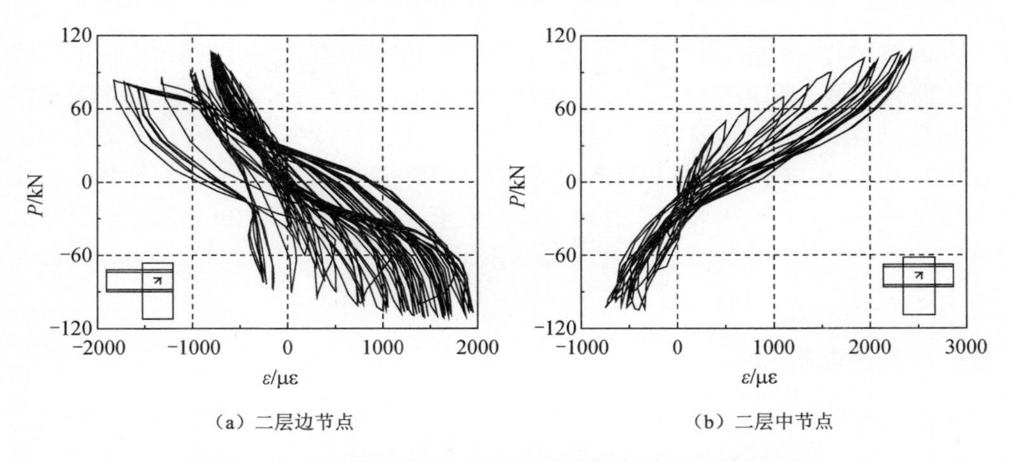

（a）二层边节点　　　　　　　　　　　　　（b）二层中节点

图 8.12　水平荷载与节点核心区钢腹板斜向应变关系曲线

由图 8.10 可知，钢梁塑性铰区翼缘在荷载初期基本处于弹性状态，随着荷载的增加，梁端塑性铰区翼缘应变增大，钢梁残余应变也增大。由图 8.11 可知，钢筋混凝土柱柱脚塑性铰区的纵筋应变总体上较小，只有位移加载到最后一级时纵筋应变发展较大。由图 8.12 可知，节点核心区钢腹板应变发展不大，基本处于弹性状态，后期钢腹板应变发展较大。通过各部位应变的发展可以看出，钢梁屈服早于柱纵筋屈服，虽然节点核心区钢腹板在后期应变发展较大，但钢梁屈服早于节点核心区腹板。

8.3.4　承载力退化规律

本章通过同级荷载承载力退化曲线和总体荷载承载力退化曲线（图 8.13），从两个方面综合反映 RCS 组合框架的承载力退化规律。

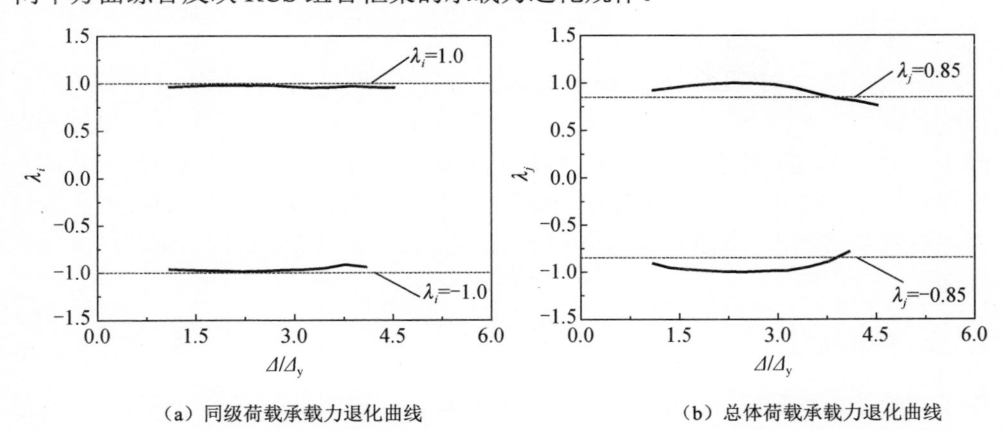

（a）同级荷载承载力退化曲线　　　　　　　　（b）总体荷载承载力退化曲线

图 8.13　RCS 组合框架承载力退化曲线

由图 8.13（a）可以看出，同级荷载承载力退化系数 λ_i 随着加载位移 Δ/Δ_y 的增大略有减小，RCS 组合框架的同级荷载承载力退化程度并不明显。这主要是因为试件只有加载到钢梁屈曲、变形较大时，才能出现较为明显的强度降低。由图 8.13（b）可以看出，总体荷载承载力退化系数 λ_j 在加载位移 Δ/Δ_y 达到 3 之前的变化并不明显，RCS 框架试件的总体荷载承载力退化程度只在试验后期退化比较明显。主要原因是 RCS 组合框架随着水平荷载的增加，梁端翼缘屈曲，柱脚混凝土被压溃，试件承载力降低。

8.3.5　刚度退化规律

刚度退化是指在位移不变的条件下，构件刚度随着加载次数的增加而降低的特性[8]。本章以整体框架的刚度变化情况和各层框架的刚度退化情况来研究试件的刚度退化规律。RCS 组合框架的刚度退化曲线如图 8.14 所示。

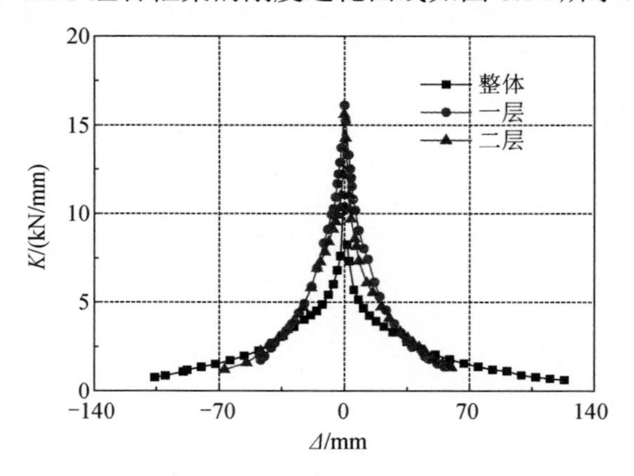

图 8.14　RCS 组合框架的刚度退化曲线

由图 8.14 可以看出，试件在反复荷载作用下，刚度退化曲线并不对称，主要原因是试件本身并不完全对称；此外，框架水平加载时，荷载作用在一侧钢筋混凝土柱上，通过钢梁传递水平荷载到另一侧钢筋混凝土柱上，造成框架正负向损伤程度不同。但随着荷载的增加，框架正负向损伤情况趋于相同，刚度退化曲线基本对称。试件各层刚度的退化规律与整体的退化规律基本相同，退化速度由快到慢。

8.3.6　耗能能力

耗能能力是研究结构抗震的一个重要指标，一般来说，滞回环越饱满，耗散的能量就越多，结构破坏的可能性就越小。为了便于分析结构构件的耗能能力，研究者提出了不同的系数，如功比系数、能量耗散系数、能量系数、正规化的能量系数和等效黏滞阻尼系数等。本章采用等效黏滞阻尼系数来评价节点的耗能能力（表 8.3），等效黏滞阻尼系数的定义参见 2.6.7 节。

表 8.3　框架试件的耗能指标

试件编号	能量耗散系数 E_d	等效黏滞阻尼系数 h_e
整体	0.83	0.133
一层	0.84	0.134
二层	0.79	0.126

由表 8.3 可以看出，试件整体的能量耗散系数为 0.83，试件一层和二层的能量耗散系数分别为 0.84 和 0.79；试件整体的等效黏滞阻尼系数为 0.133，一层和二层的等效黏滞阻尼系数分别为 0.134 和 0.126。等效黏滞阻尼系数大于型钢混凝土框架[9]，说明 RCS 组合框架具有较好的抗震性能。

试件的耗能能力还和试件加载过程中的实际耗能相关。本章使用耗能（E_h）和累积耗能（E_{total}）来说明 RCS 组合框架在加载过程中的耗能情况，如图 8.15 所示。

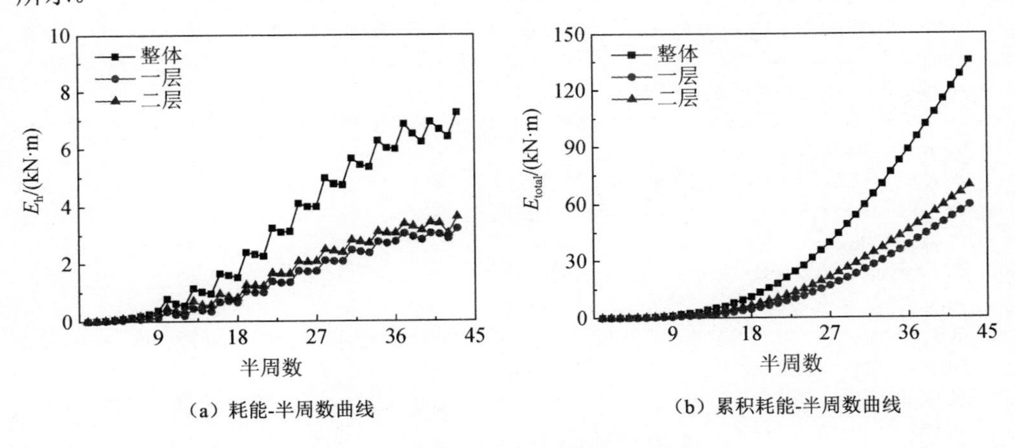

（a）耗能-半周数曲线　（b）累积耗能-半周数曲线

图 8.15　RCS 组合框架的耗能关系曲线

由图 8.15 可以看出，RCS 组合框架的耗能发展较为连续，耗能无明显下降。一层与二层耗能情况基本相同，其中二层耗能比一层耗能略高，主要原因是二层钢梁损伤较大，且二层层间侧移较一层要大。

8.4　本 章 小 结

通过对一榀 RCS 组合框架的低周反复试验得出以下结论：

1）破坏时，RCS 组合框架整体的位移角为 1/24，各层层间峰值位移角范围介于 1/27～1/22，均超过了规范的限值要求，说明 RCS 组合框架具有较强的抗倒塌能力。试件整体的位移延性系数在正负两个加载方向分别为 3.78 和 3.87，而各层的位移延性系数介于 3.25～4.69，说明 RCS 组合框架具有良好的延性，抗震能力较强。

2）RCS 组合框架的同级荷载承载力退化程度不明显，但 RCS 组合框架的总体荷载承载力退化在加载位移 Δ/Δ_y 达到 3 之后比较明显。试件在反复荷载作用下，刚度退化曲线并不对称，主要原因是试件本身并不完全对称，加载初期时，RCS 框架正负向损伤程度不同；但随着荷载的增加，框架正负向均有较大损伤，刚度退化曲线基本对称。试件各层的刚度退化规律与整体的退化规律基本相同，退化速度由快到慢。RCS 框架的等效黏滞阻尼系数略大于型钢混凝土框架，说明 RCS 组合框架具有良好的抗震性能。

参 考 文 献

[1] IIZUKA S，KASAMATSU T，NOGUCHI H. Study on the a seismic performances of mixed frame structures[J]. Journal of Structure Construction Engineering，AIJ，1997，62(497)：189-196.

[2] YAMAMOTO T，OHTAKI T，OZAWA J. An experiment on elasto-plastic behavior of a full-scale three-story two-bay composite frame structure consisting of reinforced concrete columns and steel beams[J]. Journal of Architecture and Building Science，2000，6(10)：111-116.

[3] CHEN C H，LAI W C，CORDOVA P. Pseudo-dynamic test of full-scale RCS frame：part I-design，construction，testing[J]. Structures，2004：1-15.

[4] 郭智峰. 钢筋混凝土柱-钢梁混合框架抗震性能及设计方法研究[D]. 西安：西安建筑科技大学，2015.

[5] MEN J J，ZHANG Y，GUO Z. Experimental research on seismic behavior of a composite RCS frame[J]. Steel and Composite Structures，2015，18(4)：971-983.

[6] 中华人民共和国住房和城乡建设部. 建筑抗震试验规程：JGJ/T 101—2015[S]. 北京：中国建筑工业出版社，2015.

[7] 中华人民共和国住房和城乡建设部，中华人民共和国国家质量监督检验检疫总局. 建筑抗震设计规范：GB 50011—2010[S]. 北京：中国建筑工业出版社，2010.

[8] 王文达，韩林海，陶忠. 钢管混凝土柱-钢梁平面框架抗震性能的试验研究[J]. 建筑结构学报，2006，27(3)：48-58.

[9] 周起敬，姜维山，潘泰华. 钢与混凝土组合结构设计施工手册[M]. 北京：中国建筑工业出版社，1991.

第 9 章　RCS 组合框架结构抗震设计方法

“强柱弱梁”是框架结构防止倒塌的重要保证原则，虽然国内外学者对 RCS 组合结构的抗震性能进行了一些研究，但关于 RCS 组合结构“强柱弱梁”破坏机制及设计方法的研究尚不足。本章在考虑楼板影响的基础上，重点考虑柱、梁抗弯承载力比对 RCS 组合框架结构“强柱弱梁”机制的影响。通过有限元分析，结合试验研究结果，探究“强柱弱梁”破坏机制的实现条件，并给出基于该破坏机制的 RCS 组合框架结构设计方法。

基于性能（位移）的抗震设计方法可以实现结构或构件的多级抗震性能目标[1]，已被纳入我国《建筑抗震设计规范》（GB 50011—2010）[2]。然而，因为 RCS 组合框架结构的梁、柱承重构件是由受力特点完全不同的两种构件组成的，即钢筋混凝土柱和钢梁，所以有必要结合 RCS 组合框架结构的受力特点，对其抗震设计理论与方法进行探讨。本章通过分析国内外 RCS 组合框架结构的相关研究成果，提出其性能水平、性能目标，建立其在不同地震作用下的量化指标，并根据 RCS 组合框架结构的受力和变形特性提出其基于性能的抗震设计方法。

9.1　RCS 组合框架结构“强柱弱梁”破坏机制的相关分析

9.1.1　RCS 框架结构“强柱弱梁”破坏机制的有限元分析

由第 6 章中试件的破坏机制分析可知，$\eta_{c\text{-}bua}$=1.2 的试件发生的是柱、梁混合破坏，$\eta_{c\text{-}bua}$=1.6 的试件发生的破坏机制可完全实现“强柱弱梁”。为了弥补试验试件数量的不足，利用数值模拟增加两个柱、梁抗弯承载力比为 1.1 和 1.8 的模型，以全面分析 $\eta_{c\text{-}bua}$ 对 RCS 组合结构破坏机制的影响规律。

1. 柱、梁抗弯承载力比为 1.1 时

（1）钢梁受力屈服过程与 $\eta_{c\text{-}bua}$=1.2 时的对比

$\eta_{c\text{-}bua}$=1.1 的试件，钢梁下翼缘应力最早在位移加载至 7.7mm 时超过名义屈服应力 235MPa，开始屈服；$\eta_{c\text{-}bua}$=1.2 的试件，钢梁下翼缘应力最早在位移加载至 7.2mm 时超过名义屈服应力 235MPa，开始屈服，相应的受力云图对比如图 9.1 所示。

$\eta_{c\text{-}bua}$=1.1 的试件，钢梁在位移加载至−59.8mm 时，钢梁下翼缘及相邻腹板的应力发展到最大程度，之后出现屈曲应力并开始下降。$\eta_{c\text{-}bua}$=1.2 的试件，钢梁在位移加载至-57.9mm 时，钢梁下翼缘及相邻腹板的应力发展到最大程度，之后出现屈曲应力并开始下降，相应的受力云图对比如图 9.2 所示。

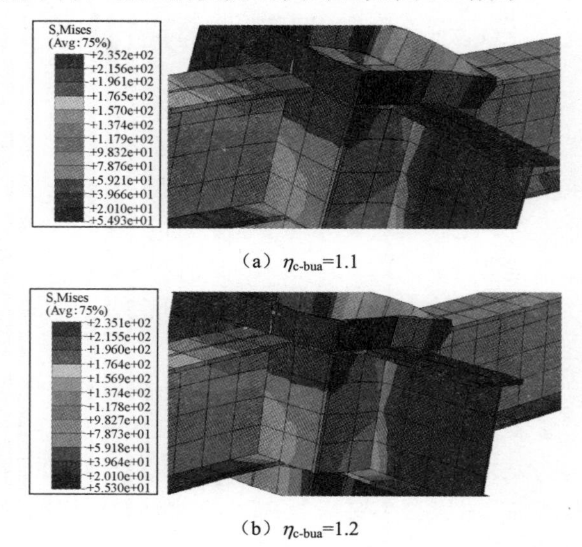

（a）$\eta_{\text{c-bua}}$=1.1

（b）$\eta_{\text{c-bua}}$=1.2

图 9.1　钢梁下翼缘开始屈服时的状态对比（一）

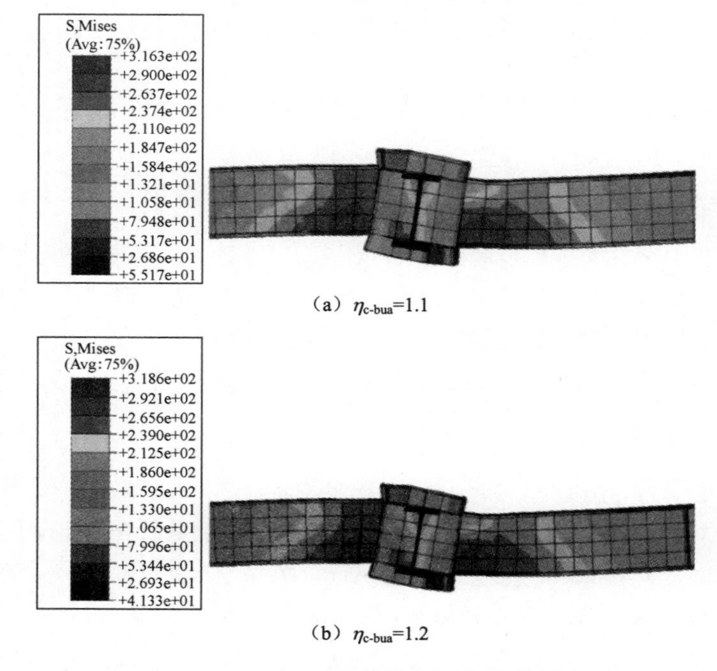

（a）$\eta_{\text{c-bua}}$=1.1

（b）$\eta_{\text{c-bua}}$=1.2

图 9.2　钢梁下翼缘及相邻腹板应力最大时的状态对比（一）

极限状态时，$\eta_{c\text{-}bua}$=1.1 和 $\eta_{c\text{-}bua}$=1.2 的试件，钢梁下翼缘及相邻腹板出现屈曲应力下降，中部腹板应力得到发展（变大），相关应力云图对比如图 9.3 所示。极限状态时板筋中部应力发展充分，且 $\eta_{c\text{-}bua}$=1.2 的试件比 $\eta_{c\text{-}bua}$=1.1 的试件的板筋应力达到屈服的范围更广。

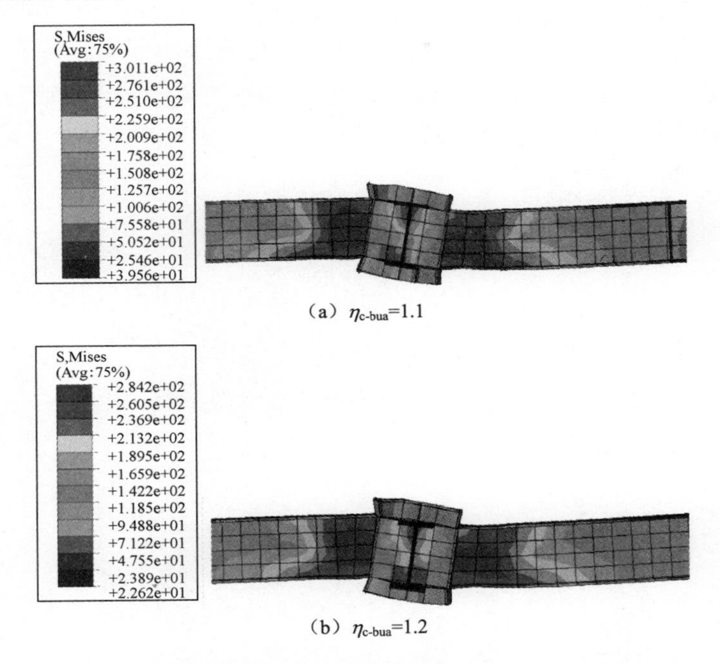

（a）$\eta_{c\text{-}bua}$=1.1

（b）$\eta_{c\text{-}bua}$=1.2

图 9.3　极限状态时钢梁受力状态对比（一）

（2）柱筋受力屈服过程与 $\eta_{c\text{-}bua}$=1.2 时的对比

$\eta_{c\text{-}bua}$=1.1 的试件，柱筋应力最早在位移加载至 23.5mm 时超过名义屈服应力 400MPa，开始屈服；$\eta_{c\text{-}bua}$=1.2 的试件，柱筋应力最早在位移加载至 30.1mm 时超过名义屈服应力 400MPa，开始屈服。达到峰值状态，$\eta_{c\text{-}bua}$=1.1 的试件比 $\eta_{c\text{-}bua}$=1.2 的试件的柱筋应力达到最大值的区域更广且应力发展更充分。

从以上分析及对比中可得以下结论：$\eta_{c\text{-}bua}$=1.1 的试件，钢梁开始屈服时位移较 $\eta_{c\text{-}bua}$=1.2 的要大；$\eta_{c\text{-}bua}$=1.1 的试件，钢梁下翼缘及相邻腹板应力发展最充分时的位移较 $\eta_{c\text{-}bua}$=1.2 的要大；极限状态时 $\eta_{c\text{-}bua}$=1.2 的试件，钢梁下翼缘和相邻腹板因屈曲而应力下降的面积较 $\eta_{c\text{-}bua}$=1.1 的试件要大，板筋应力均发展较充分且最边缘处钢筋有部分区域的应力达到屈服；$\eta_{c\text{-}bua}$=1.1 的试件，柱筋开始屈服时位移较 $\eta_{c\text{-}bua}$=1.2 的要小；峰值状态时 $\eta_{c\text{-}bua}$=1.1 的试件，柱筋应力发展程度较 $\eta_{c\text{-}bua}$=1.2 的试件更严重。

综上所述，$\eta_{c\text{-}bua}$=1.1 的试件与 $\eta_{c\text{-}bua}$=1.2 的试件相比，柱端钢筋的应力达到屈服的时间更早，且屈服范围更大，应力发展更为严重，钢梁屈服及屈曲程度相对较低。前文试验部分根据试验结果及现象将 $\eta_{\text{c-bua}}$=1.2 的试件发生的破坏判定为柱、梁混合破坏机制，所以在此将 $\eta_{\text{c-bua}}$=1.1 的试件发生的破坏判定为柱端破坏机制。

2. 柱、梁抗弯承载力比为 1.8 时

（1）钢梁受力屈服过程与 $\eta_{\text{c-bua}}$=1.6 时的对比

$\eta_{\text{c-bua}}$=1.6 的试件，钢梁下翼缘应力最早在位移加载至 7.9mm 时超过名义屈服应力 235MPa，开始屈服；$\eta_{\text{c-bua}}$=1.8 的试件，钢梁下翼缘应力最早在位移加载至 7.6mm 时超过名义屈服应力 235MPa，开始屈服，相应的受力云图对比如图 9.4 所示。

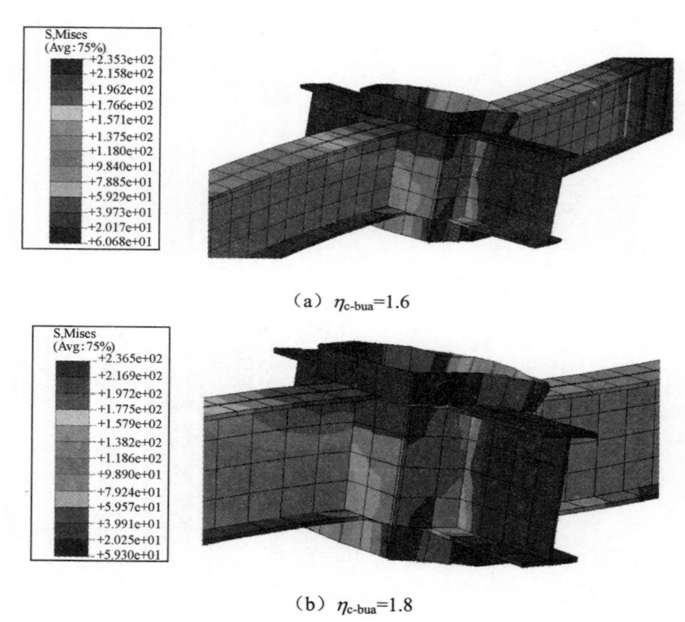

（a）$\eta_{\text{c-bua}}$=1.6

（b）$\eta_{\text{c-bua}}$=1.8

图 9.4　钢梁下翼缘开始屈服时的状态对比（二）

$\eta_{\text{c-bua}}$=1.6 的试件，钢梁在位移加载至−47.6mm 时，钢梁下翼缘及相邻腹板的应力发展到最大程度，之后出现屈曲应力并开始下降。$\eta_{\text{c-bua}}$=1.8 的试件，钢梁在位移加载至−45.1mm 时，钢梁下翼缘及相邻腹板的应力发展到最大程度，之后出现屈曲应力并开始下降，相应的受力云图对比如图 9.5 所示。

极限状态时，$\eta_{\text{c-bua}}$=1.6 和 $\eta_{\text{c-bua}}$=1.8 的试件的钢梁下翼缘及相邻腹板出现屈曲应力下降，中部腹板应力得到发展（变大），板筋应力发展充分且边缘局部钢筋已达屈服。极限状态时钢梁受力状态对比如图 9.6 所示。

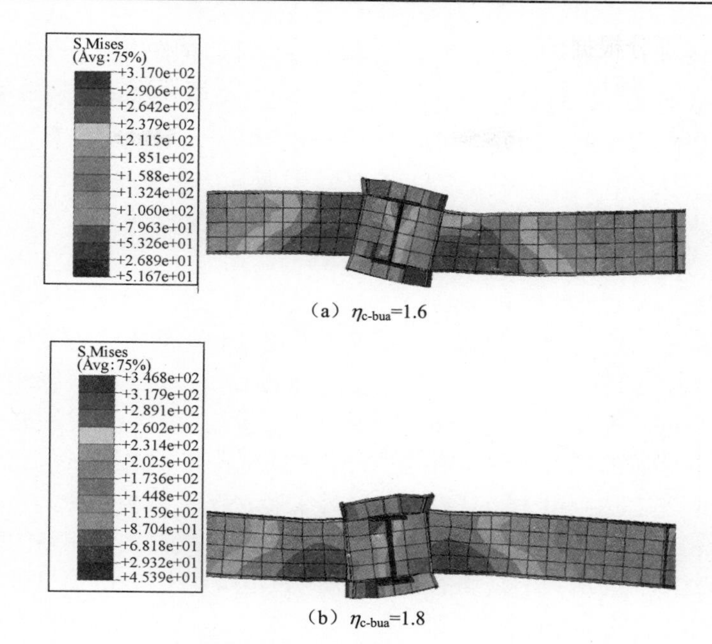

（a）$\eta_{\text{c-bua}}$=1.6

（b）$\eta_{\text{c-bua}}$=1.8

图 9.5　钢梁下翼缘及相邻腹板应力最大时的状态对比（二）

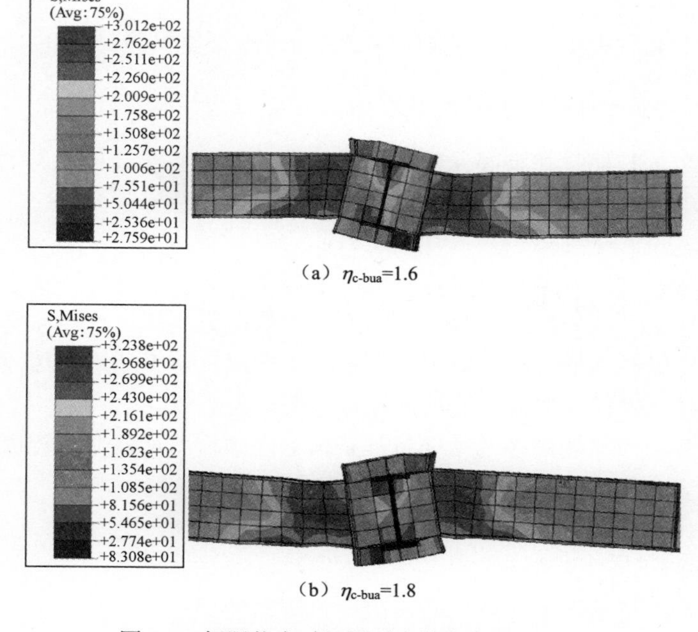

（a）$\eta_{\text{c-bua}}$=1.6

（b）$\eta_{\text{c-bua}}$=1.8

图 9.6　极限状态时钢梁受力状态对比（二）

（2）柱筋受力屈服过程与 $\eta_{\text{c-bua}}$=1.6 时的对比

$\eta_{\text{c-bua}}$=1.6 的试件，柱筋应力在位移加载至−59.2mm 时应力发展到最大，最大应力达到 416MPa，之后因为钢梁梁端翼缘和腹板屈曲导致梁端和柱端弯矩缓慢下降，柱筋应力开始下降。$\eta_{\text{c-bua}}$=1.8 的试件，柱筋应力最早在位移加载至 58.9mm 时发展到最大，最大应力达到 402MPa，之后因为钢梁梁端翼缘和腹板屈曲导致梁端和柱端弯矩缓慢下降，柱筋应力开始下降。

从以上分析及对比可得以下结论：$\eta_{\text{c-bua}}$=1.8 的试件，钢梁开始屈服时位移较 $\eta_{\text{c-bua}}$=1.6 的要小；$\eta_{\text{c-bua}}$=1.8 的试件，钢梁下翼缘及相邻腹板应力发展最充分时的位移较 $\eta_{\text{c-bua}}$=1.6 的要小；极限状态时 $\eta_{\text{c-bua}}$=1.8 的试件，钢梁下翼缘和相邻腹板因屈曲而应力下降的面积较 $\eta_{\text{c-bua}}$=1.6 的试件要大，板筋应力均发展较充分且最边缘处钢筋有部分区域的应力达到屈服；$\eta_{\text{c-bua}}$=1.8 的试件和 $\eta_{\text{c-bua}}$=1.6 的试件，柱筋应力均在 59mm 左右达到最大，且后者的应力发展程度要大于前者。

综上所述，$\eta_{\text{c-bua}}$=1.8 的试件与 $\eta_{\text{c-bua}}$=1.6 的试件相比，柱端钢筋的应力发展更慢且极限荷载时受力最大的柱筋的应力和屈服范围均较小，钢梁屈服及屈曲程度相对较低。前文试验部分根据试验结果及现象将 $\eta_{\text{c-bua}}$=1.6 的试件发生的破坏判定为可完全实现“强柱弱梁”破坏机制，所以在此也将 $\eta_{\text{c-bua}}$=1.8 的试件发生的破坏判定为可完全实现“强柱弱梁”破坏机制。

9.1.2 基于“强柱弱梁”破坏机制的 RCS 组合框架结构设计方法

1. 基于“强柱弱梁”破坏机制的 RCS 组合框架结构设计步骤

根据前文试验加载和有限元数值模拟的分析结果并结合相关规范[3~6]，提出 RCS 组合框架实现“强柱弱梁”破坏机制的设计要点和步骤如下：

（1）节点的设计

RCS 组合节点有两种典型破坏形态：承压破坏和剪切破坏。其中承压破坏的特征是梁、柱相交处的柱端混凝土被钢梁传来的压力压坏，这往往是因为混凝土强度较低、柱纵筋强度或配筋率不足造成的。因此，对于承压破坏，可以通过在节点区设置柱面钢板、加密柱端箍筋等构造措施来避免。

RCS 组合节点剪切破坏的主要特征是节点区腹板剪切屈服且混凝土也受剪破坏，故对于剪切破坏可通过抗剪强度计算来保证其承载力。具体的计算方法见后文。

（2）柱端弯矩的调整

框架结构的抗地震倒塌能力与其破坏机制密切相关。试验研究表明，梁端屈服型框架有较大的内力重分布和能量消耗能力，极限层间位移较大，抗震性能较好，柱端屈服型框架容易形成倒塌机制。在强震作用下结构构件不存在承载力储备，梁端受弯承载力即为实际可能达到的最大弯矩，柱端实际可能达到的最大弯矩也与其偏压下的受弯承载力相等。这是地震作用效应的一个特点，因此“强柱弱梁”可以理解为节点处柱端弯矩设计值 $\sum M_{c}$ 要大于梁端抗弯承载力 $\sum M_{bua}$，从设计角度考虑，引入柱、梁抗弯承载力比 $\eta_{c\text{-}bua}$ 对柱端弯矩进行调整，有 $\sum M_{c}=\eta_{c\text{-}bua}\sum M_{bua}$。《建筑抗震设计规范》（GB 50011—2010）[2]中针对混凝土框架结构的 $\eta_{c\text{-}bua}$ 的取值，主要是根据混凝土梁的实配钢筋面积与计算配筋面积的比并乘以 1.1 后近似得到的。相关学者[7,8,9]主要是根据不同 $\eta_{c\text{-}bua}$ 下框架结构的破坏机制来给出满足“强柱弱梁”的 $\eta_{c\text{-}bua}$ 建议取值。

对于 RCS 组合框架结构，本书以所有试件在不同受力状态下层间侧移角的数值远大于规范限值为前提，根据不同 $\eta_{c\text{-}bua}$ 下试件的破坏机制，同时考虑不同等级框架结构会有相应的构造措施来保证其抗震能力，给出了不同框架结构等级下的柱、梁抗弯承载力比的建议取值。

（3）梁、柱构件的配钢和配筋

在 RCS 组合框架结构中，若采用完全抗剪连接的现浇混凝土楼板，则钢梁与混凝土楼板形成组合梁，可按组合梁进行抗弯强度计算和抗剪连接件计算，设计出钢梁的配钢及抗剪连接件。

在 RCS 组合框架结构中，钢筋混凝土柱往往是偏压构件，可按偏心受压构件进行正截面和斜截面设计计算柱的纵筋和箍筋，并进行必要的构造措施设计。

2. RCS 组合结构“节点”的设计建议

根据试验结果，无论是从节点区域构造措施的应力还是变形来看，节点均保持了良好的抗剪能力，本书中 RCS 组合结构节点采取的构造措施满足“强节点”的设计要求。

RCS 组合结构节点的抗剪承载力和节点区域构造有很大关系，本书中 RCS 组合结构节点采用的构造措施有：柱面钢板、扁钢箍、抗剪栓钉、交叉梁。日本学者 Sakaguchi[10]在对柱面钢板型 RCS 组合节点进行反复荷载试验后认为，节点四周的柱面钢板可直接提供节点区域的抗剪强度和对节点区域混凝土的约束作用，所以在抗震设计时只需考虑节点区域的剪切破坏模式，而节点混凝土承压破坏可以忽略不计。

节点的抗剪承载力由三部分组成：钢梁腹板、节点核心区内混凝土、节点核心区外混凝土。本章采用美国土木工程师协会的公式[11]验证节点的抗剪承载力，计算公式为

$$V_{j}=0.6F_{ysp}t_{sp}jh+1.7\sqrt{f_{c}'}b_{p}h+1.7\sqrt{f_{c}'}b_{0}h \tag{9-1}$$

式中，F_{ysp} 为钢梁腹板的屈服强度；f_{c}' 为混凝土的圆柱体轴心抗压强度；t_{sp}、jh 分别为钢梁腹板的厚度和节点区域的长度（保守估计将这里的节点区长度取为 $0.7h$）；b_{p}、b_{0} 分别为混凝土柱内部和外部宽度；h 为混凝土柱截面高度。

当然，本章的节点抗剪计算公式只是针对本章所采取构造措施的建议公式，其他不同构造措施可采用其他学者给出的不同的 RCS 组合节点抗剪计算公式[12,13]。

3. 柱端弯矩的调整

在实际抗震设计中，考虑到不同框架结构所处地震烈度地区和高度的不同，将框架结构分为一、二、三、四级框架，不同等级的框架会有相应的构造措施来提高其抗震能力，类似于《建筑抗震设计规范》（GB 50011—2010）[2]中根据框架结构的不同等级进行柱、梁抗弯承载力比的调整。根据本书的研究结果，一、二、三、四级框架柱的梁、柱节点处，除框架顶层和柱轴压比小于 0.15 及框支梁与框支柱的节点外，柱端组合的弯矩设计值应按下式计算

$$\sum M_{\mathrm{c}} = \eta_{\mathrm{c\text{-}bua}} \sum M_{\mathrm{bua}} \tag{9-2}$$

式中，$\sum M_{\mathrm{c}}$ 为节点上下柱端截面顺时针或逆时针方向组合的弯矩设计值之和，上下柱端的弯矩设计值可按弹性分析分配；M_{bua} 为节点左右组合梁两端截面顺时针或逆时针方向实配的正截面抗震受弯承载力所对应的弯矩值之和，计入钢梁两侧各 6 倍板厚的翼缘宽度范围内混凝土板和板筋的抗弯作用；$\eta_{\mathrm{c\text{-}bua}}$ 为柱、梁抗弯承载力比，即柱端弯矩增大系数，其建议取值见下文。

对于本书所列的试件，不论发生何种破坏，其延性均在 3 以上；屈服层间侧移角在 1/91～1/73，远超抗震规范给出的混凝土框架 1/550 和多高层钢结构 1/250 的弹性层间位移角限值；极限层间侧移角在 1/28～1/23，远超抗震规范给出的混凝土框架和多高层钢结构弹塑性层间侧移角 1/50 的限值。

根据本书试验研究和有限元的分析结果可知：当考虑钢梁两侧各 6 倍板厚的翼缘宽度范围内混凝土板和板筋参与组合梁受弯承载力计算时，柱、梁抗弯承载力比 $\eta_{\mathrm{c\text{-}bua}}$ 为 1.1 时，试件发生的是不可接受的柱端破坏；柱、梁抗弯承载力比 $\eta_{\mathrm{c\text{-}bua}}$ 为 1.2 时，试件发生的是柱、梁混合破坏；柱、梁抗弯承载力比 $\eta_{\mathrm{c\text{-}bua}}$ 为 1.4 时，试件可基本实现“强柱弱梁”破坏机制；柱、梁抗弯承载力比 $\eta_{\mathrm{c\text{-}bua}}$ 为 1.6 和 1.8 时，可完全实现“强柱弱梁”破坏机制。

综上所述，以本书所列试件在不同受力状态下层间侧移角的数值远大于规范限值为前提，根据不同 $\eta_{\mathrm{c\text{-}bua}}$ 下试件的破坏机制，同时考虑不同等级框架结构会有相应的构造措施以保证其抗震能力，给出不同框架结构等级下的柱、梁抗弯承载力比的建议取值：一级取 1.6 或 1.5，二级取 1.4 或 1.3，三级取 1.2 或 1.1，四级取 1.1 或 1.0。

4. RCS 组合结构梁、柱配钢及配筋计算方法

（1）组合梁配钢计算建议方法

RCS 组合框架结构组合梁梁端抗弯承载力 $M_{\mathrm{bs}}^{\pm}$ 按第一类 T 形截面组合梁计

算。当组合梁受正弯矩使板受压时，计算板参与受力时只考虑混凝土的抗压，不计钢筋的作用；当组合梁受负弯矩使板受拉时，计算板参与受力时只考虑板筋的抗拉，不计混凝土的作用。组合梁 $M_{bs}^{\pm}$ 计算示意如图 9.7 所示，相关公式见式（9-3）～式（9-7）。

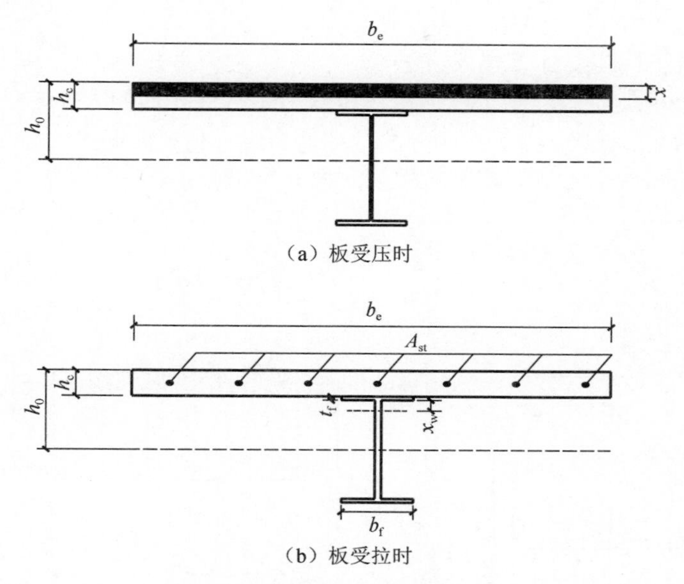

图 9.7　组合梁 $M_{bs}^{\pm}$ 计算示意

板受压时计算公式

$$x = A_f / (b_e f_{ck}) \tag{9-3}$$

$$M_{bs}^{+} = b_e x f_{ck}\left(h_0 - \frac{x}{2}\right) \tag{9-4}$$

板受拉时计算公式

$$x_w = \left(A - A_{st} f_{stk} / f_{yk} - 2b_f t_f\right) / 2t_w \tag{9-5}$$

$$W_x = b_f t_f (h - t_f) + \frac{1}{4} x_w t_w (h - 2t_f) \tag{9-6}$$

$$M_{bs}^{-} = W_x f_{yh} \tag{9-7}$$

式中，M_{bs}^{+} 为组合梁正弯矩承载力；A_f 为钢梁截面面积；x 为混凝土板受压区高度；h_0 为组合梁的有效高度，即钢梁截面形心轴至混凝土翼缘板顶面的距离；f_{ck}、f_{yk} 分别为混凝土抗压强度标准值和钢梁抗拉强度标准值；M_{bs}^{-} 为组合梁负弯矩承载力；A_{st} 为负弯矩区混凝土翼缘板有效宽度范围内的纵向钢筋截面面积；f_{stk} 为钢筋抗拉强度标准值；x_w 为钢梁腹板受拉区高度；t_w 为钢梁腹板厚度；b_e 为混凝土翼缘板有效宽度；A 为总截面面积；b_f 为钢梁翼缘宽度；t_f 为钢梁翼缘厚度；h

为钢梁高度，W_x 为对 x 轴的截面模量。

框架设计时，通常先由竖向荷载计算出梁端弯矩并进行调幅得到梁端弯矩设计值 M_b，然后计算梁端配筋；将式（9-4）和式（9-7）中的 M_{bs}^+ 和 M_{bs}^- 换为 M_b，然后计算出 RCS 组合框架组合梁的配钢面积（A_f 根据计算结果取两者的最大值进行配钢）。

（2）混凝土柱配筋计算建议方法

RCS 组合框架结构混凝土柱的抗弯承载力按对称配筋的大偏心受压柱计算，计算示意如图 9.8 所示。由上节得到的柱端弯矩设计值，根据式（9-8）和式（9-9）即可计算出实际承载力下的柱单侧配筋面积 A_{sc}。

$$x = N_u / \alpha_1 f_c b \tag{9-8}$$

$$M_c = N_u\left(\frac{h}{2}-\frac{x}{2}\right)+f_{yk}A_{sc}\left(h_0-a_s'\right) \tag{9-9}$$

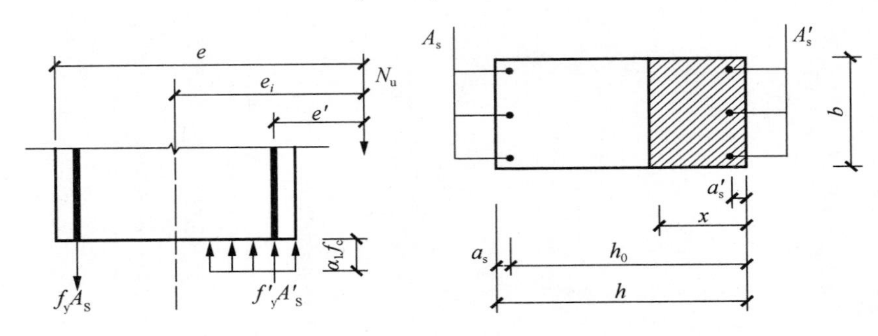

图 9.8　矩形截面对称配筋大偏心受压构件计算示意

式中，M_c 为柱端弯矩设计值；N_u 为柱的轴压力；h 和 h_0 分别为柱截面高度和有效高度；x 和 a_s' 分别为柱截面受压区高度和钢筋保护层厚度；f_{yk} 和 A_{sc} 分别为钢筋受拉强度标准值和柱单侧配筋面积；α_1 为等效矩形应力图的图形系数；f_c 为混凝土抗压强度设计值；b 为混凝土柱宽度。

9.2　RCS 组合框架结构基于性能的抗震设计方法

9.2.1　RCS 组合框架结构的性能水平和性能目标

1. RCS 组合框架结构性能水平的建立

结构的性能水平和性能目标是结构进行基于性能的抗震设计的前提。性能水平表示结构在未来地震作用下可能达到的破坏状态，包括结构和非结构构件的破坏。对结构不同性能水平的描述一般包括构件的开裂程度、构件的屈服程度及是否倒塌等。

因为 RCS 组合框架结构的梁、柱承重构件由受力特点完全不同的两种构件组成，即钢筋混凝土柱和钢梁，所以有必要结合 RCS 组合框架结构的受力特点，对其性能水平进行重新定义。此外，根据作者前期对 RCS 组合框架受力特点的研究[14]，若按照一般框架结构的设计方法进行抗震设计，钢筋混凝土柱会过早出现塑性铰，很难实现“强柱弱梁”破坏机制。因此，在对 RCS 组合框架结构性能水平的定义中，本节还增加了对构件端部塑性铰状态的要求[15]（表 9.1），以验证所设计的构件是否满足相应的性能水平要求。也就是说，结构的性能抗震设计，除了需要满足相应的层间位移角限值（后文介绍）外，还必须达到相应的性能水平，特别是结构进入弹塑性受力阶段的塑性铰状态，这在以往的性能抗震设计研究中是相对缺失的。

表 9.1　RCS 组合框架结构的性能水平

性能水平	结构性能描述			塑性铰分布与状态
	构件受力状态	构件损坏情况	修复工作量	
正常运行	梁、柱均处于弹性工作状态	功能完好	不经修复可立即使用	无塑性铰
暂时使用	梁、柱均近似处于弹性工作状态	允许 RC 柱轻微开裂，非结构构件损坏明显	结构经少量修复可继续使用	无塑性铰
修复后使用	梁、柱均进入弹塑性工作状态，且钢梁的塑性发展快于 RC 柱	非承重构件损坏严重	结构必须经修复方可使用	部分钢梁形成塑性铰且发展较充分；允许个别柱端刚开始形成塑性铰
生命安全	梁、柱均全面进入弹塑性工作状态	构件损坏严重，但结构仍有足够的抗倒塌能力	需经大量维修后方可暂时使用	梁端和柱端大量出现塑性铰，且梁铰发展充分
防止倒塌	梁、柱多进入塑性状态	梁、柱均损坏严重	RCS 框架因柱铰机构形成而失去承载力，威胁到生命安全	柱铰机构形成，允许底层柱塑性铰发展较深

2. RCS 组合框架结构的性能目标

结构的性能目标是指建筑物在未来地震作用下可能达到的性能水平，它反映了建筑物在某一特定地震作用水平下预期破坏的最大程度。性能目标的建立需要综合考虑建筑物的重要性、投资规模、震后修复等方面。结构性能目标可以根据设计要求采用比规范更高的水平。

本章主要根据建筑物使用功能的重要性，按其遭受地震破坏可能产生的后果，将建筑物的性能目标分为三组，即①基本目标、②重要目标、③非常重要目标，对于三组目标建筑物的判别可分别参考《建筑工程抗震设防分类标准》（GB 50223—2008）[16]中的丙、乙、甲三类建筑物的相关规定。

对于不同组别的建筑物，根据不同地震作用水平、不同结构性能水平（表 9.1），可建立 14 个 RCS 组合结构抗震性能目标，该性能目标与普通 RC 框架结构的类似，可参考文献[1]中的论述。在此，本章以性能目标为基本目标的建筑物为例，对多级性能目标的选择方法进行阐述。对于①组别的建筑物，在小震作用下应处于“正常运行”水平；中小震作用下可处于“暂时使用”或“修复后使用”水平，中震作用下可处于“修复后使用”或“生命安全”水平；大震作用下应处于“防止倒塌”水平，对于不同的地震作用水平共有 6 个性能目标可供选择。同样，对于②、③组别的建筑物，分别有 5 个和 3 个性能目标可供选择。

此外，需要说明的是，除了上述性能水平的要求外，在进行基于性能的抗震设计时，往往还需要采用量化的性能指标对其抗震性能进行控制或验算。

9.2.2　RCS 组合框架结构性能指标的量化

1. RCS 组合框架结构性能指标的选择

在基于性能的抗震设计方法中，结构性能的量化指标可用一个或多个性能参数来标定，可选用的性能参数有力、变形、延性、能量等。研究表明[17]，层间位移角与结构破坏程度、节点转动及层间倒塌能力等直接相关。另外，为了与《建筑抗震设计规范》（GB 50011—2010）[2]的性能指标相一致，文中采用层间位移角作为 RCS 组合框架结构的量化指标。

2. RCS 组合框架结构性能量化指标的试验统计

目前，国内外对 RCS 组合框架结构的试验研究较少，一般通过对已有的相关试验资料进行统计分析，作为确定 RCS 组合框架结构层间位移角限值的依据。

文献[18]中对两榀两层两跨的缩尺 RCS 组合框架结构进行了拟静力试验研究，得到屈服层间位移角为 1/100，此时框架结构部分钢梁屈服，梁、柱均进入弹塑性工作状态；达到峰值荷载点的层间位移角约为 1/50，此时框架结构的梁、柱全面进入弹塑性工作状态；极限状态时的层间位移角为 1/33～1/25，此时框架结构的梁、柱损坏严重，RCS 框架形成柱铰机构。结合对 RCS 组合框架结构性能水平的描述，上述层间位移角可以分别作为表 9.1 中“修复后使用”“生命安全”和“防止倒塌”性能水平的层间位移角限值的依据。

文献[19]中对一榀两层两跨的缩尺 RCS 组合框架结构进行了拟静力试验研究，得到了 RC 柱开裂、钢梁腹板屈服、底层柱钢筋屈服、荷载下降到约峰值荷载的 85%时的层间位移角分别为 1/333、1/100、1/50、1/25。此时，层间位移角对应的 RCS 框架结构性能水平分别为“梁、柱均处于弹性工作状态，功能完好”“梁、柱均进入弹塑性工作状态，非承重构件损坏严重”“梁、柱均全面进入弹塑性工作状态”，以及“梁、柱均损坏严重”，上述层间位移角可以分别作为表 9.1 中“正常运行”“修复后使用”“生命安全”及“防止倒塌”性能水平的层间位移角限值的依据。

文献[20]中对一榀实尺寸三层两跨的 RCS 组合框架结构进行了拟静力试验研究，考虑了楼板对钢梁的约束作用。当层间位移角为 1/248～1/100 时，梁端出现大量塑性铰，梁、柱均进入弹性工作状态，非结构构件损坏严重；层间位移角为 1/90～1/75 时，梁端和柱端形成混合塑性铰，梁、柱全面进入弹塑性工作状态，结构损坏严重。上述层间位移角可分别作为表 9.1 中“修复后使用”和“生命安全”性能水平的层间位移角限值的依据。

文献[21]中对一榀实尺寸的三层三跨的 RCS 组合框架结构进行了拟动力试验研究，在小震作用下，一层 RC 柱的根部混凝土有轻微开裂，钢梁稍有屈服，此时层间位移角为 1/67～1/50；在中震作用下，一层柱的根部混凝土开裂，钢梁屈服，层间位移角为 1/67～1/33；在大震作用下，钢梁大量屈服，一层柱的根部和基础之间产生 10mm 宽的裂缝，层间位移角为 1/18。因为该试件为预制构件拼接后再浇筑混凝土，所以会导致结构的变形偏大。

本课题组[22]对一榀两层两跨的 RCS 组合框架结构进行了低周反复加载试验，当边柱柱脚产生第一条水平裂缝时，层间位移角约为 1/346，可认为结构处于“正常运行”性能水平；当钢梁上翼缘开始屈服时，层间位移角为 1/131，认为结构处于“修复后使用”性能水平，此时柱的根部裂缝很多；当层间位移角达到 1/39 时，一、二层钢梁大量屈服，部分梁端翼缘屈曲，但结构仍有一定的承载力，可以认为结构处于“生命安全”性能水平；当层间位移角达到 1/25 时，结构各层塑性铰完全形成，柱根部的塑性铰发展至接近倒塌阶段，因此可以认为结构处于“防止倒塌”性能水平。

对以上试验结果进行分析和归并处理，得到 RCS 组合框架结构在 5 个性能水平下的层间位移角限值的范围，见表 9.2[15]。

表 9.2　层间位移角统计结果

性能水平	正常运行	暂时使用	修复后使用	生命安全	防止倒塌
层间位移角限值	1/346～1/333	1/200～1/50	1/248～1/33	1/90～1/18	1/33～1/10

3. RCS 组合框架结构性能量化指标的建立

以本课题组[22]得到的试验结果，参考表 9.2 中的 RCS 组合结构层间位移角限值，并结合我国抗震规范中对钢筋混凝土框架结构和钢框架结构层间位移角限值的规定，建立 RCS 组合框架结构在不同性能水平时的层间位移角限值[15]，见表 9.3。

表 9.3　RCS 组合框架结构在不同性能水平时的层间位移角限值

性能水平	正常运行	暂时使用	修复后使用	生命安全	防止倒塌
层间位移角限值	1/400	1/250	1/150	1/70	1/50

9.2.3 RCS 组合框架结构基于性能的抗震设计方法和步骤

结合层间位移角和结构出现的塑性铰状态，对 RCS 组合框架结构的性能目标或设计结果的合理性进行判别。通过层间位移角的验算，对结构的整体受力和变形情况进行控制；通过构件端部塑性铰的发展程度、数量及位置的判断，分析结构构件的具体受力状态和破坏过程，以实现“延性框架”的设计目的。对 RCS 组合框架结构进行基于性能的抗震设计时，具体步骤如下[15]：

1）根据设计要求，首先确定结构的性能目标和性能水平。

2）根据结构构件的不同性能水平，确定相应的层间位移角限值，以该层间位移角限值为主要控制指标，即满足表 9.3 的要求，对结构构件进行设计（确定构件截面形式、截面尺寸和配筋等）。

3）分别对结构进行弹性和弹塑性分析，根据构件的受力状态（塑性铰状态），依据表 9.1 对设计结果进行性能水平的校验。

4）若不满足表 9.1 中的要求（主要是 RC 柱和型钢梁塑性铰的要求），则需要重新确定截面尺寸和配筋等，直到同时满足表 9.3 的层间位移角限值的要求和表 9.1 的构件受力状态要求。

需要说明的是，上述方法不仅适用于 RCS 组合框架结构的性能设计，同时也可用于其他类型框架结构的设计，只是需要确定不同类型框架结构的性能水平和层间位移角限值。

9.2.4 RCS 组合框架结构性能指标和方法的验证

1. 工程概况和结构设计

以某 8 层 RCS 组合框架结构作为算例，该结构底层层高 4.5m，2～8 层层高 3.6m；横向 3 跨，纵向 5 跨，跨度均为 9m。抗震设防烈度为 8 度，Ⅱ类场地，设计地震分组为第一组，T_g 为 0.35s。基本风压为 0.35kN/m^2。参照我国相关规范[2,23,24]，利用 PKPM 软件对结构进行设计[15]（可认为按照“①基本目标”进行初步设计，满足小震处于“正常使用”性能水平），得到 RC 柱截面尺寸：1～2 层为 850mm×850mm；3～8 层为 750mm×750mm。1～2 层 RC 柱的配筋率为 2.04%，3～8 层 RC 柱的配筋率为 1.75%。梁截面规格为 HN600×200×11×17，Q235 钢。柱中混凝土强度等级为 C60，纵筋和箍筋均采用 HRB400。在进行结构设计和有限元建模时，梁、柱构件端部按固定端处理，节点区按刚结考虑。

2. 静力弹塑性分析

因为结构的质量和刚度分布均较对称，所以可取其中一榀框架进行受力分析[2]。采用 SAP2000 软件对结构进行有限元建模和静力弹塑性分析，梁、柱的截面属性均采用框架截面；在钢梁两端设置 M3 塑性铰，RC 柱端设置 P-M2-M3 塑性铰；节点束缚类型为 Body，保证每层各个节点的侧向位移一致。进行静力弹塑性分析时，按第一振型加载，观察该结构塑性铰的出现顺序、分布等，并与对应的最大楼层层间位移角 θ_{max} 相结合，按照 9.2.3 节中的方法对结构设计结果的合理性进行判断。

静力弹塑性分析得到的塑性铰的出现顺序、分布情况及塑性铰的发展程度，如图 9.9 所示。其中 B、IO、LS、CP、C、D、E 分别代表屈服状态、直接使用、生命安全、防止倒塌、承载能力极限状态、残余承载力、完全失效。

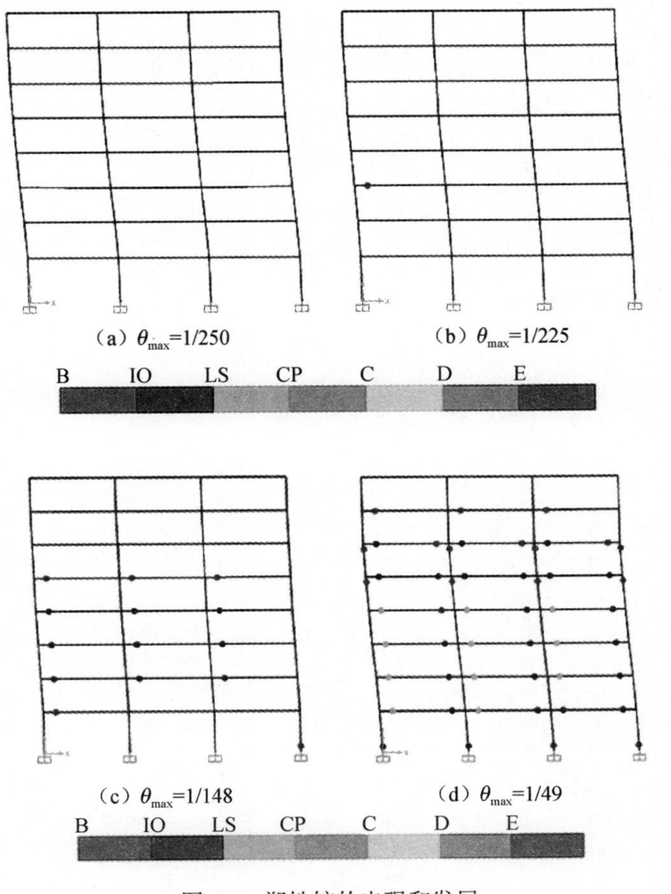

图 9.9　塑性铰的出现和发展

从图 9.9（a）可以看出，当结构的最大层间位移角达到 1/250 时，所有梁、柱构件均没有出现塑性铰，认为结构功能基本完好，既满足正常使用性能水平，也满足暂时使用性能水平的要求。随着荷载的增加，第 3 层钢梁首先出现塑性铰，如图 9.9（b）所示，此时结构的最大层间位移角为 1/225。之后荷载增加有限，但钢梁的塑性铰增多，且底层柱出现塑性铰，如图 9.9（c）所示，对应的最大层间位移角为 1/148，此时认为结构处于修复后使用性能水平。继续进行推覆分析，结构中大部分梁、柱构件开始屈服，形成梁铰-柱铰混合机制，底层柱底的塑性铰发展到 IO 程度，如图 9.9（d）所示，结构的最大层间位移角为 1/49，此时结构接近倒塌，但仍有一定的承载力和变形能力。

从上述静力推覆分析的结果可知，结构在达到本章所提出的各性能水平要求的层间位移角限值时（表 9.3），可以实现其相应性能状态或塑性铰状态的要求（表 9.1），表明按照本章提出的 RCS 组合框架结构性能目标的实现方法是有效的。

3. 动力时程分析

为了进一步验证本章所提方法的有效性和指标限值的合理性，对该结构进行动力时程分析[15]。选择 3 条地震波，分别为 EI-Centro 波、Tar 波和兰州波，其峰值加速度分别为 341.7cm/s^2、970.74cm/s^2 和 219.7cm/s^2。

（1）层间位移角

图 9.10 为结构在不同地震作用下（小震、中小震、中震和大震），结构各层的层间位移角 θ 分布情况。结构在不同地震作用下，最大层间位移角 θ_{max} 及其出现的楼层位置见表 9.4。

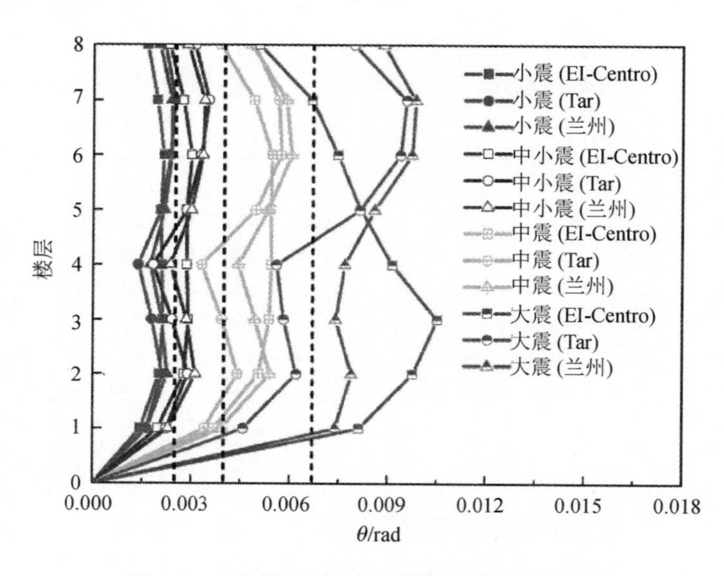

图 9.10　不同地震作用下结构层间位移角分布

表 9.4　最大层间位移角 θ_{max} 及所在楼层

地震波	最大层间位移角 θ_{max}（所在楼层）			
	小震	中小震	中震	大震
EI-Centro 波	1/466(6)	1/334(6)	1/183(6)	1/95(3)
Tar 波	1/402(7)	1/284(7)	1/175(6)	1/105(7)
兰州波	1/419(7)	1/296(7)	1/165(6)	1/102(7)
均值	1/429	1/305	1/174	1/101

从图 9.10 和表 9.4 可以看出，按照“①基本目标”进行初步设计的结构，在小震作用下满足“正常使用”性能水平的层间位移角限值要求，3 条地震波作用下楼层的最大层间位移角均小于 1/400。同时，还满足其他四个性能水平对层间位移角限值的要求：暂时使用（1/250）、修复后使用（1/150）、生命安全（1/70）和防止倒塌（1/50）。按照“小震不坏”设计的结构，可以同时实现“中小震暂时使用”“中震可修”和“大震不倒”的性能目标。

（2）塑性铰出现顺序和分布

在小震和中小震作用下，梁、柱构件均没有出现塑性铰，这与表 9.1 中对“正常运行”和“暂时使用”性能状态的描述一致。在中震和大震作用下，结构的塑性铰分布情况如图 9.11 所示。从图 9.11 可以看出，对于中震作用，在 3 条地震波作用下，梁端均出现大量塑性铰；而对于 EI-Centro 波和兰州波，左侧边柱根部也有塑性铰出现，且刚进入屈服状态，符合表 9.1 中对“修复后使用”性能状态的描述情况。对于大震作用，在 3 条地震波作用下，梁端塑性铰的数量增多，且发展程度加深；此外，在底层柱根部均出现塑性铰，且均刚进入屈服状态，这与表 9.1 中对“生命安全”性能状态的描述是一致的，既可以实现“生命安全”，也可以保证“防止倒塌”。

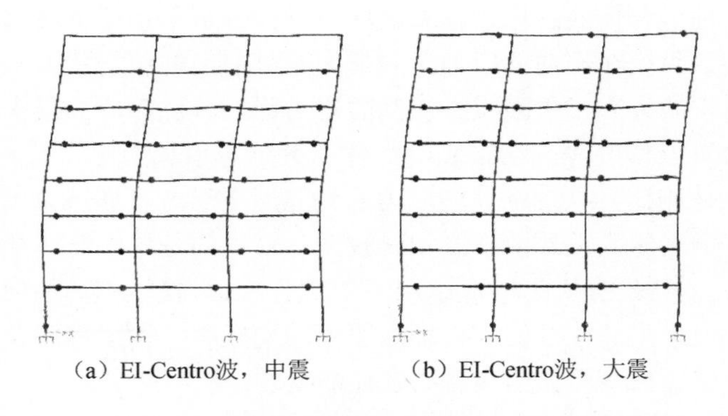

（a）EI-Centro波，中震　　（b）EI-Centro波，大震

图 9.11　中震和大震作用下结构的塑性铰发展

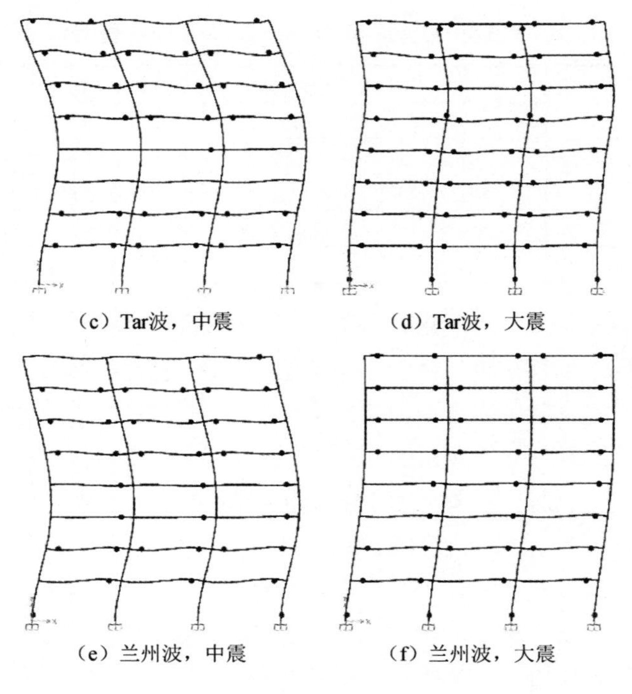

（c）Tar波，中震　（d）Tar波，大震

（e）兰州波，中震　（f）兰州波，大震

图 9.11（续）

从上述时程分析的结果可见，按照“小震不坏”设计的结构，在层间位移角限值和性能状态两个方面，均可以同时实现本章所提的其他四个性能水平的要求。按照本章提出的 RCS 组合框架结构的性能抗震设计方法也是是可行的。

9.3　本 章 小 结

通过有限元建模和分析，探讨了柱、梁抗弯承载力比 $\eta_{c\text{-}bua}$ 为 1.1 和 1.8 时 RCS 组合框架梁、柱组合体的破坏过程和破坏机制；分析了钢梁下翼缘屈服前后、钢梁下翼缘及相邻腹板在屈曲前应力达到最大时刻前后的应力状态，以及达到极限状态时屈曲面积的大小、极限状态板筋的受力状态、柱筋应力最大时刻前后的应力状态和应力发展程度等。结果表明，柱、梁抗弯承载力比 $\eta_{c\text{-}bua}$=1.1 的试件与 $\eta_{c\text{-}bua}$=1.2 的试件相比，柱端钢筋的应力达到屈服更早，且屈服范围更大，应力发展更为严重，钢梁屈服及屈曲程度相对较低，发生的是柱端破坏机制；柱、梁抗弯承载力比 $\eta_{c\text{-}bua}$=1.8 的试件与 $\eta_{c\text{-}bua}$=1.6 的试件相比，柱端钢筋的应力发展更慢且极限荷载时受力最大的柱筋的应力和屈服范围均较小，钢梁屈服及屈曲程度相对较低，发生的破坏机制可完全实现“强柱弱梁”。

基于试验研究和有限元分析结果，根据不同 $\eta_{c\text{-}bua}$ 下试件破坏机制的差异，同时考虑不同抗震等级框架结构的构造措施，给出了不同抗震等级下 RCS 组合框架结构柱、梁抗弯承载力比的建议值，即一级取 1.6 或 1.5，二级取 1.4 或 1.3，三级取 1.2 或 1.1，四级取 1.1 或 1.0。

RCS 组合框架结构的承重构件由受力特点不同的两种构件组成，因此重点考虑构件端部的塑性铰状态，建立了 RCS 组合框架结构的 5 档性能水平。以层间位移角为性能指标，在统计分析有关试验资料和我国相关规范的基础上，得到了 RCS 组合框架结构在不同性能水平下的指标量化值，即正常运行、暂时使用、修复后使用、生命安全和防止倒塌性能水平的层间位移角限值分别为 1/400、1/250、1/150、1/70 和 1/50；提出了 RCS 组合框架结构性能设计的建议：利用层间位移角验算和塑性铰状态判断相结合的方法，对结构性能设计结果的合理性进行判别。算例分析表明，对于初始设计满足“小震不坏”的结构，按照本章方法进行性能设计，还可以同时实现“中小震暂时使用”“中震可修”和“大震不倒”等多个性能目标；同时，在层间位移角限值和梁、柱塑性铰状态两个方面均满足相应的设计要求。

参 考 文 献

[1] 门进杰，史庆轩，周琦．框架结构基于性能的抗震设防目标和性能指标的量化[J]．土木工程学报，2008，41(9)：76-82．

[2] 中华人民共和国住房和城乡建设部，中华人民共和国国家质量监督检验检疫总局．建筑抗震设计规范：GB 50011—2010[S]．北京：中国建筑工业出版社，2010．

[3] National Standards Authority of Ireland Glasnevin．Eurocode 8-design of structures for earthquake resistance：EN 1998-6[S]．Berlin，Heidelberg：Dictionary Geotechnical Engineering/Wörterbuch Geo Technik．Springer，2014．

[4] ACI．Building code requirements for structural concrete and commentary：ACI 318-08[S]．Farmington Hills，MI：American Concrete Institute，2008．

[5] AISC．Seismic provisions for structural steel buildings：AISC 341-05[S]．Chicago，Illinois：American Institute of Steel Construction，2005．

[6] SN Zealand．Concrete structures standards：NZS3101：2006[S]．New Zealand，Wellington：Standards New Zealand，2006．

[7] 唐九如．钢筋混凝土框架节点抗震[M]．南京：东南大学出版社，1989．

[8] 蔡健，周靖，方小丹．柱端弯矩增大系数取值对 RC 框架结构抗震性能影响的评估[J]．土木工程学报，2007，40(1)：6-14．

[9] 叶列平，马千里，缪志伟．钢筋混凝土框架结构强柱弱梁设计方法的研究[J]．工程力学，2010，27(12)：102-113．

[10] SAKAGUCHI N. Strength and behavior of frames composed of reinforced．concrete columns and steel beams[D]．Tokyo，Kyoto U-niv.，1992：182．

[11] American Society of Civil Engineers．Guidelines for design of joints between steel beams and reinforced concrete columns[J]．Journal of Structural Engineering，1994，120(8)：2330-2357．

[12] 易勇．钢梁-钢筋混凝土柱组合框架中间层中节点抗震性能试验研究[D]．重庆：重庆大学，2005．

[13] 门进杰，李慧娟，王晓丹．钢筋混凝土柱-钢梁组合节点抗剪承载力研究[J]．建筑结构，2014，44(6)：79-83．

[14] 门进杰，胡俊，王秋维，等．基于 OpenSees 的 RCS 组合框架结构抗震性能模拟分析[J]．防灾减灾工程学报，2014，34(5)：649-659．

[15] 门进杰，周婷婷，张雅融，等. 钢筋混凝土柱-钢梁组合框架结构基于性能的抗震设计方法和量化指标[J]. 建筑结构学报，2015，36(S2)：28-34.

[16] 中华人民共和国住房和城乡建设部. 建筑工程抗震设防分类标准：GB 50223—2008[S]. 北京：中国建筑工业出版社，2008.

[17] 吕西林，王亚勇，郭子雄. 建筑结构抗震变形验算[J]. 建筑科学，2002，18(1)：11-15.

[18] IIZUKA S，KASAMATSU T，NOGUCHI H. Study on the aseismic performances of mixed frame structures[J]. Journal of Structural and Construction Engineering，Architectural Institute of Japan，1997，62(497)：189-196.

[19] BABA N，NISHIMURA Y. Seismic behavior of RC column to S beam moment frames[C]. Tokyo：Architectural Institute of Japan，1999：61-64.

[20] YAMAMOTO T，OHTAKI T，OZAWA J. An experiment on elasto-plastic behavior of a full-scale three-story two-bay composite frame structure consisting of reinforced concrete columns and steel beams[J]. Journal of Architectural and Building Science，2000，6(10)：111-116.

[21] CHEN C H，LAI W C，et al. Pseudo-dynamic test of full-scale RCS frame：part I-design，construction，testing[J]. Structures，2004：1-15.

[22] MEN J J，ZHANG Y，GUO Z. Experimental research on seismic behavior of a novel composite RCS frame[J]. Steel and Composite Structures，2015，18(4)：971-983.

[23] 中华人民共和国建设部，中华人民共和国国家质量监督检验检疫总局. 钢结构设计规范：GB 50017—2003[S]. 北京：中国计划出版社，2003.

[24] 中华人民共和国住房和城乡建设部. 混凝土结构设计规范：GB 50010—2010[S]. 北京：中国建筑工业出版社，2010.